目录 Contents

幼儿园小学的组合套装——手提包、鞋袋、小口袋

午餐包组合套装——便当包、水壶套、餐垫、餐具包

使用方便的各式小包

便利小物

附录

本书附有一张实物大小的纸样，包括罩衫和围裙以及部分小物的纸样和贴布图案。制作时参见P95的“实物大小纸样的使用方法”，将其誊到另外的纸上。

幼儿园小·学的组合套装

——手提包、鞋袋、小口袋

手提包和鞋袋是入园入学时的必需品，一定要亲手做给孩子。小口袋可以放罩衫或运动服以及平时替换的衣服等，换洗的衣服也可以放进去。有时幼儿园会指定包包的尺寸，所以要确认好之后再做。

小熊

手提包和鞋装都使用麻质绗缝布料，不需里布，所以制作简单。条纹布料上有小脚印构成的贴布图案，巧妙搭配在可爱的口袋上。穿着漂亮衣服的小熊是整个包包的亮点。

1～3 做法：P64

小熊腿用了麻绳，晃悠悠的样子很是抢眼。

不加贴布，条纹口袋也很有型！

4
5

花熊猫

在粉色方格纹绗缝面料的基底上，圆点印染和蕾丝花边相得益彰。对比鲜明的可爱花熊猫贴在上面更加招人喜欢。

4~6 做法：P8

不加贴布，简单的蕾丝花边也充满了女生气息。

制作前的准备

■需要准备的基本工具

1. 镇纸
誊写实物大小的纸样或图案时，为了避免纸发生偏移，作为镇纸来使用的。

2. 透明薄纸 卷筒型
用来做画图的纸样，誊写实物大小的纸样或图案。

3. 复写纸
通过复写纸可以看见下面的图案，用来誊写花样。

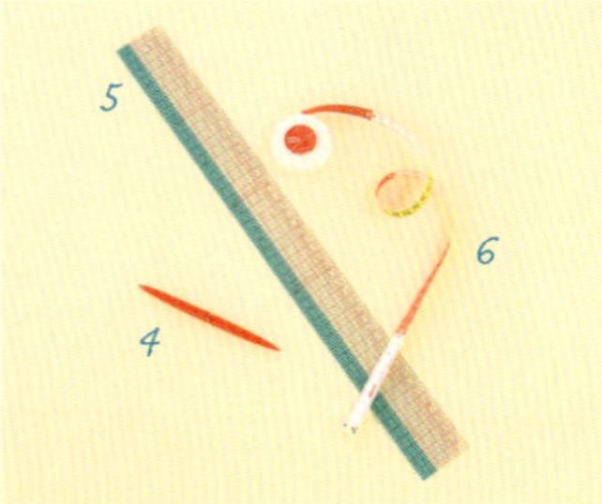

4. 铁笔（描线用）
誊写花样时所用的铁笔。

5. 方格尺 *方格尺50cm
用来画直线。上面有方格线，方便测量缝份的宽度。

6. 卷尺 *分色自动卷尺（1.5m）
用来测量尺寸。刻度每隔10cm用不同颜色区分，方便使用。

7. 纸画粉 *双面可清洗型

8. 纸画粉
*单面可清洗型，带笔擦
在布上画线时，和轮盘一起使用。可以用水清除，非常便利。

9. 水性画线笔 *带笔擦
用于在布上画标记，荧光笔的样式。使用专用笔擦或水都可以轻易擦除。

10. 自动铅笔式样的画粉
*水溶性
用于在布上画标记，自动铅笔的样式。用浸水的布就可以擦除。

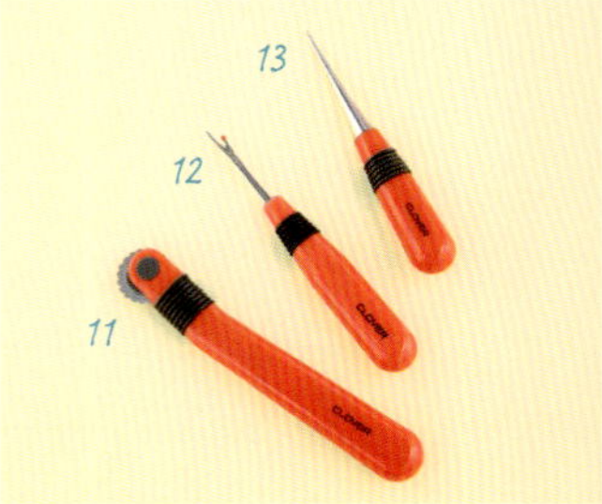

11. 点线器
用纸画粉在布上画标记时使用。

12. 折线器
用于解开针脚或断开线。

13. 锥子
用于整理口袋的边角和解开线头。

14. 裁线剪刀 *黑刃
用于剪断线。

15. 裁布剪刀 *24cm
用于裁剪布。

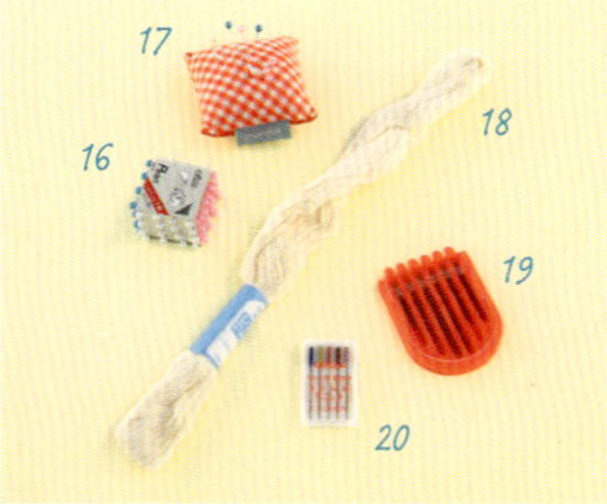

16. 珠针 *骰子珍珠大头针
用于固定布和布、纸样和布，针尾珠状。

17. 针插 *彩色针插
用于插放缝纫针或珠针。

18. 假缝线
用缝纫机车缝之前先临时固定用的线。

19. 缝针 *针线盒（缝纫型）
用于手工缝合布料。

20. 车缝针
*家用缝纫机针（组合装）
缝纫机用针。根据布料厚度，针的粗细也不同，数字越大的针越粗。手提包一类用11号或14号针。

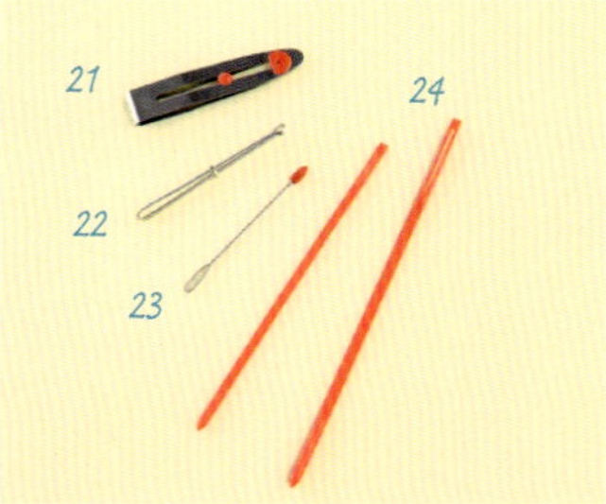

21. 穿绳器 *宽幅穿绳器
夹住布带或宽（15mm以上）的橡皮筋后再穿过。

22. 穿绳器 *夹子式
夹住橡皮筋或绳子的一端后再穿过。

23. 穿绳器
把橡皮筋或绳子的一端打结，然后从空隙中穿过。

24. 穿绳器
*快速穿绳器（长、短2根装）
塑料材制柔韧性强，适用于把皮筋或绳子穿过较长距离或有拐角的布料。

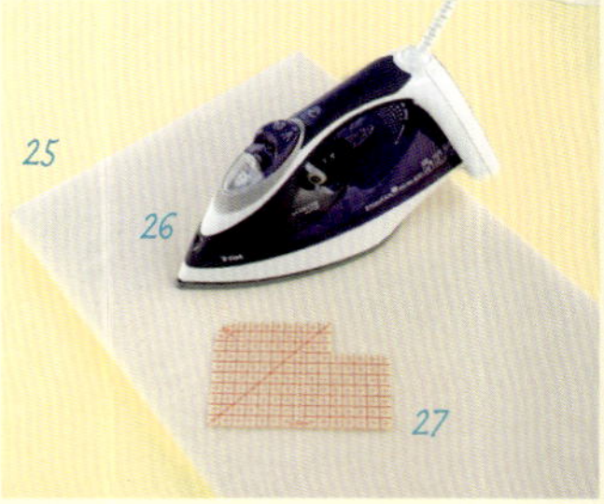

25. 熨台
放熨斗时垫在下面使用。

26. 熨斗
用来熨平布料上的褶皱，或折叠缝份时使用。

27. 熨烫规尺
用熨斗熨烫时可以用它来测量缝份的宽度。

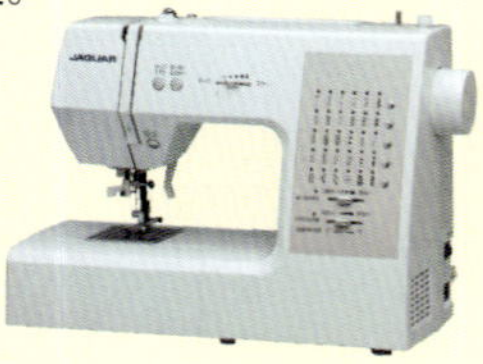

28. 缝纫机

■使用起来更方便的工具

1. 穿线器 ★从细针到粗针，全都可以轻易穿过

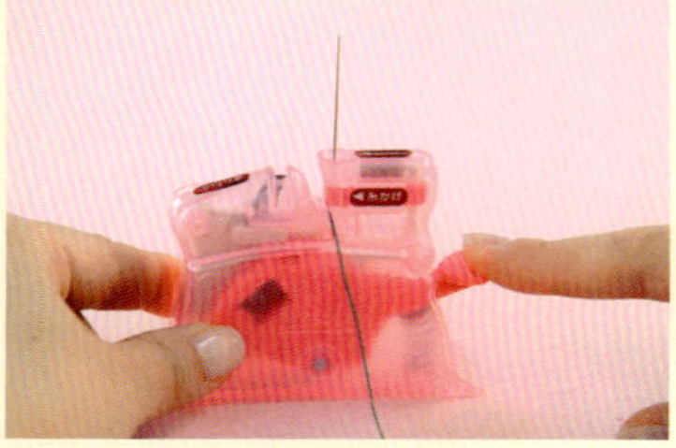

①组合好针和线，按下按钮。

②提起针，线就穿过了针眼。

2. 防脱线 *防脱线液

只要把液体涂在上面，就能防止布料或丝带边缘脱线。涂在纽扣线上有加强的作用。

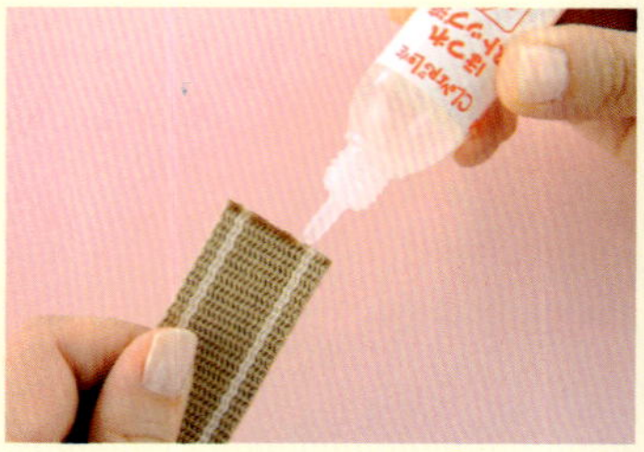

①涂在化纤丝带的断边上，晾干。

■布料选择

基本上选择棉质材料。手提包和小口袋等有提手或肩带的部位，尽量选用绗缝材料或厚质棉布。使用中等厚度的棉布时，要在布的里侧粘贴布衬以增加厚度。荷包、罩衫、围裙等应该用中厚或薄质棉布。添加里布适用于需要加厚表布和隐藏缝份的情况，布料并没有特殊要求，比较倾向于薄质棉布。一边和孩子商量，一边选择布料吧。

绗缝质地

亚麻布绗缝

厚质棉布

斜纹粗棉布

中厚棉布

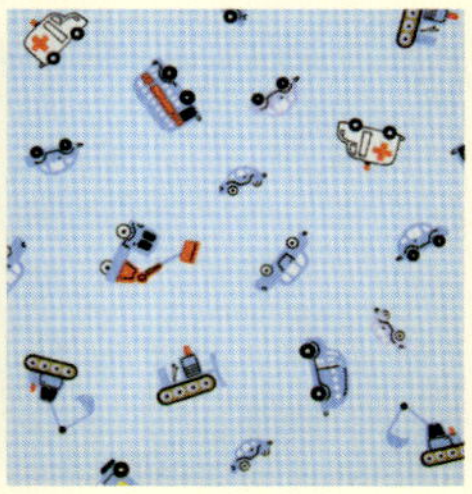

条纹印花布

中厚棉布

核桃色条纹布

薄质棉布

方格纹布

薄质棉布

细平纹印花布

■关于布衬

布衬在其内侧有黏合树脂，用熨斗加热后熔化黏合树脂，粘贴在布料上。用于增加布料张力、防止变形等。

粘贴需严丝合缝，防止走形，适用于有提手的袋子。

1. 填充质地（粘贴型）

适用于洋装的贴边或者小口袋等需要柔软内衬的小物。

2. 填充质地（松软型）

■制作贴布的便利工具

1. 熨烫胶纸

用于制作徽章或贴布。是利用熨斗的热度就可以粘贴上的双面胶带。

①把图案用复写纸誊写下来，然后翻过来。

②放上剥离纸，誊下反面的图案。

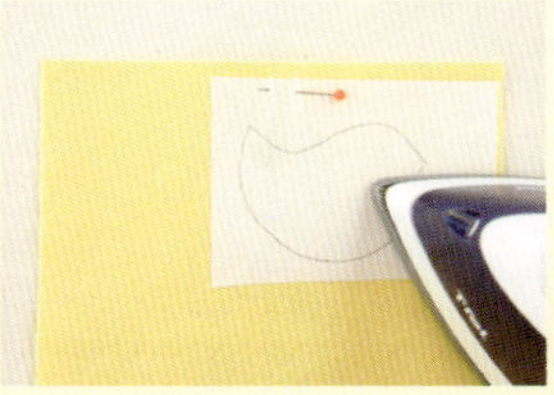

③在毡布上放上胶纸，再叠放上剥离纸，中温（150℃以下）干熨，使粘贴上。

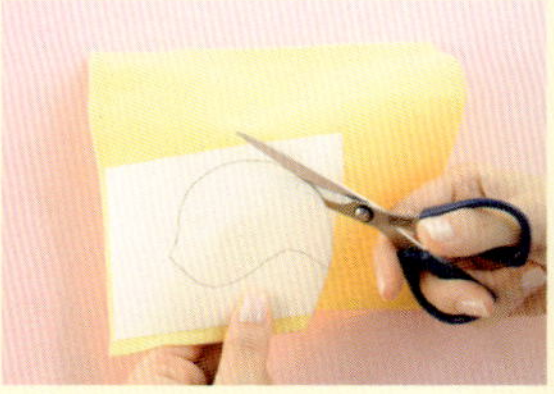

④沿着图案剪下毡布。

⑤撕下剥离纸。

⑥把贴布放置在底布的合适位置，中温熨烫粘贴。

2. 手工胶水

胶水不易渗出，使用时没有板结感。

①把胶水涂在毡布、贴布的反面。

②粘贴在底布上。

P4、5

4、5、6

开始做花熊猫吧

首先学习单层的“手提包、鞋袋、小口袋”的做法。贴布的粘贴方法也有介绍，P2、P3的“小熊”、P14、P15的“花布大撞色”也可以参考这个制作方法。

★为了能看清针脚走向，缝纫线和绣花线都选用了红色。在实际制作时应根据布料和毡布来选择颜色。

组合的材料

- A布（方格绗缝棉）70cm×70cm
- B布（圆点印花布）60cm×80cm
- 毡布（白色、黑色、粉色、黄色）20cm正方形各1块
- 棉质蕾丝1.4cm×164.5cm
- 彩色布带2.5cm×108cm
- 彩色线绳0.6cm粗 160cm长
- D形环2.5cm宽 1个
- 25号刺绣线（白色、黑色、黄色、黄绿色）各少量
- 双面胶带5mm宽（参见P9）
- 双面胶纸（参见P9）

*实物大小的贴布图案见纸样A面。

A布的裁剪方法图

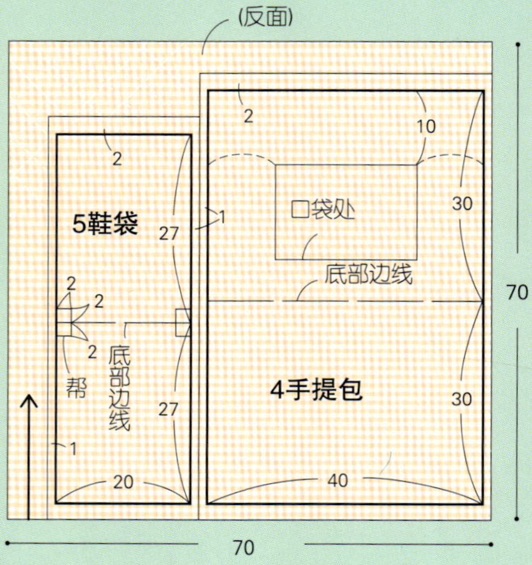

B布的裁剪方法图

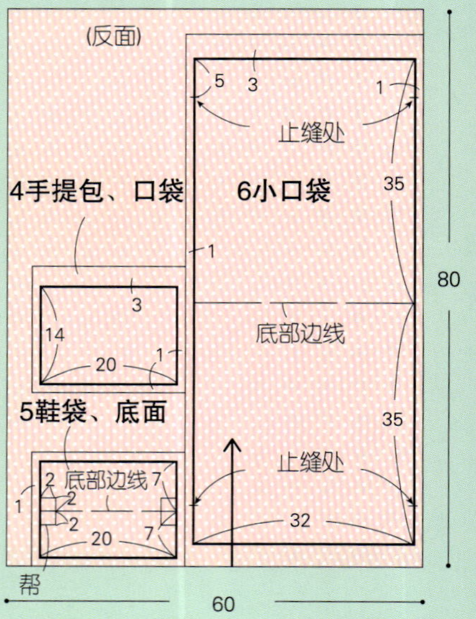

4 手提包的做法

手提包的材料（以制作单品为例）

- A布（方格绗缝棉）45cm×65cm
- B布（圆点印花布）25cm×20cm
- 毡布（白色、黑色）各10cm×5cm
- 毡布（粉色）3cm×3cm
- 棉质蕾丝1.4cm×106cm
- 彩色布带2.5cm× 68cm
- 25号刺绣线（白色、黑色、黄色、黄绿色）各少量
- 双面胶带宽5mm（参见P9）
- 双面胶纸（参见P9）

*实物大小的贴布图案见纸样A面。

1 在布上画图、剪下。

①按照裁剪方法图，在布的反面用画粉笔画下图案。

②用裁布剪刀沿缝份的外围剪下。

2 制作口袋。

①把除开口以外的缝份的边缘用锯齿缝缝好。把开口处的缝份用熨烫规尺折起1cm。

②熨烫规尺放在完成线上，用熨斗把剩余的缝份折起2cm。

※制作图中未标明单位的尺寸均以厘米（cm）为单位。

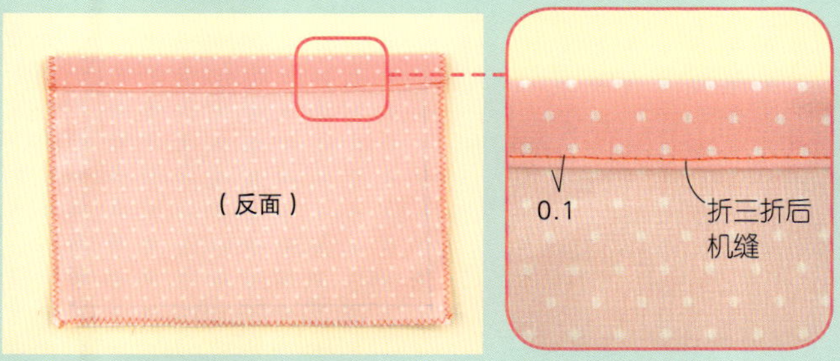

③用珠针固定住，折三折后机缝。

便利工具

贴蕾丝或斜裁丝带、翻折布边时，用来代替假缝线而起到临时固定的作用，非常方便。

带有剥离纸的熨烫双面胶带（5mm 宽）

④用中温（140~160℃）蒸汽熨斗把双面胶带贴在裁成22cm的蕾丝的反面。

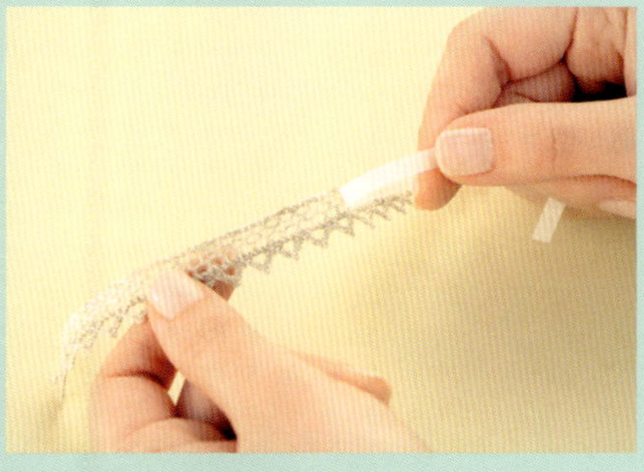

⑤冷却下来后，撕下剥离纸。

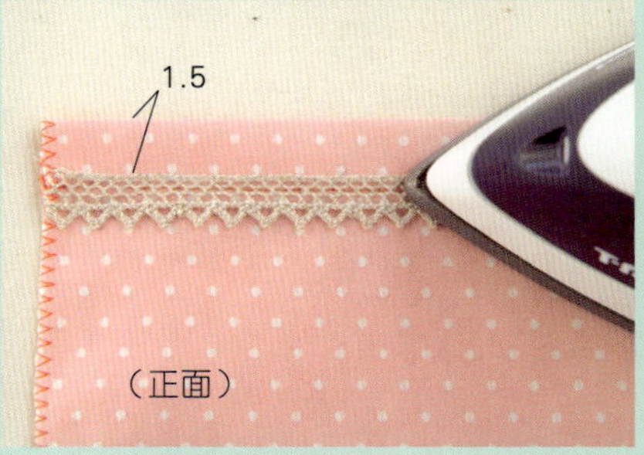

⑥把蕾丝放置在距离开口处1.5cm处，用中温（140~160℃）蒸汽熨斗熨烫粘贴。

⑦把蕾丝边缘机缝固定。

3 粘贴贴布。

①把纸样上的贴布图案誊写到复写纸或较薄的牛皮纸上。在口袋布的正面叠放上可擦除的纸画粉（单面蓝色），再在上面叠放上图案，用描图器或圆珠笔把图案描下来。这样，贴布的位置就固定了。

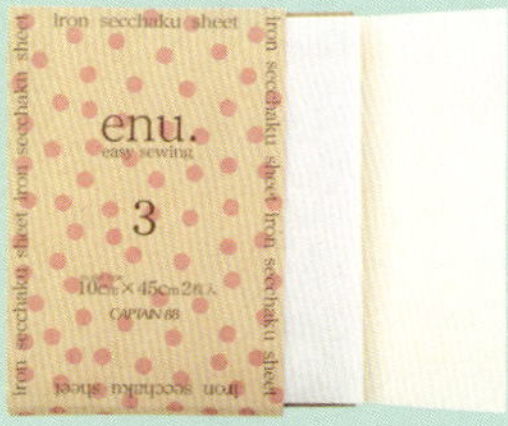

便利工具

适用于把贴布粘贴到毡布或布料上。

带有剥离纸的熨烫双面胶纸

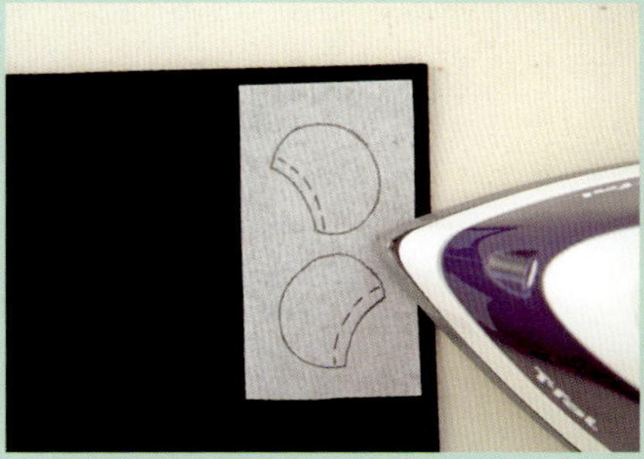

②在双面胶纸的剥离纸上分别誊写下贴布各部位的图案，然后再把画上图案的双面胶纸用中温（140~160℃）蒸汽熨斗熨烫粘贴在毡布上。

③按照图案剪下毡布。

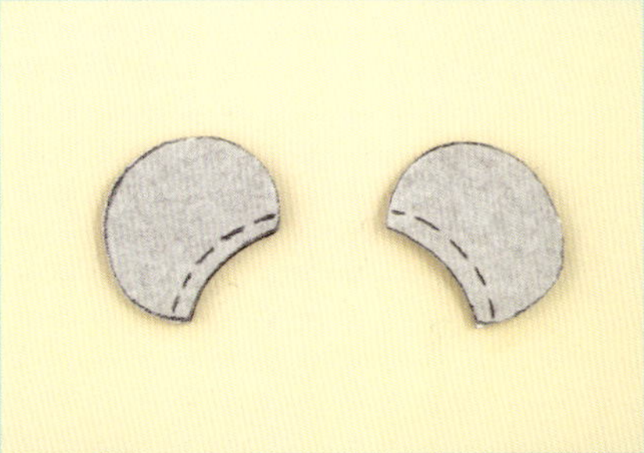

④这就是贴布的反面。

⑤制作各个部位，绣出眼睛和嘴（绣法参见P94）。

⑥撕下反面的剥离纸。

⑦放置在固定位置上，用中温（140~160℃）蒸汽熨斗熨烫粘贴。按照贴布从上到下的顺序依次粘贴。

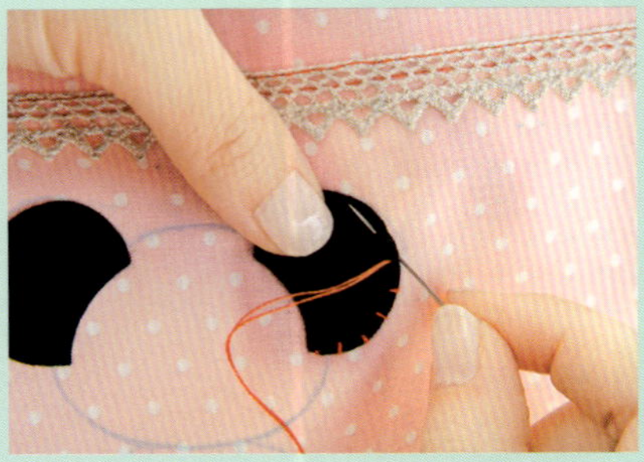

⑧刺绣针纫上与毡布同色双线刺绣线。在毡布周围纵向细密的卷缝，固定住。所用绣花线的颜色要与毡布颜色一致。把除花以外的各部位都缝好（纵向卷缝参见P94）。

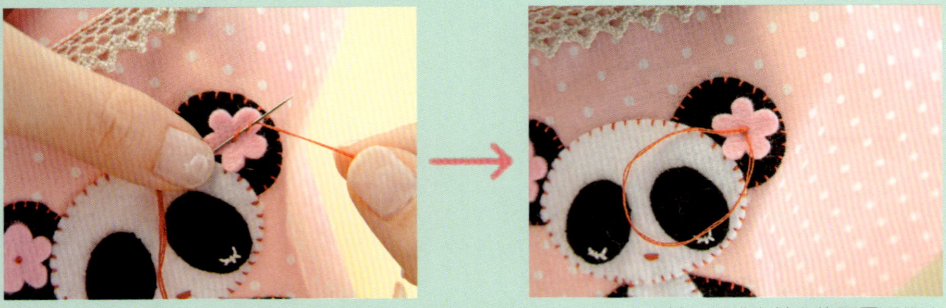

⑨把花粘贴在耳朵上，花心用法式结粒绣（双线）固定。从花的中心出针，把线在针上绕两圈后拔出针，然后横向插针，在反面固定。

⑩小花的茎用回针绣（双线）绣出。

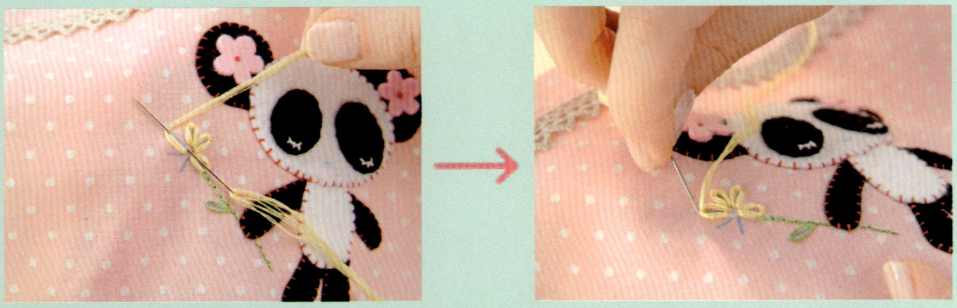

⑪花和叶用雏菊绣（六根线）绣出。从花瓣的中心扎下，到花瓣末端把针尖穿过布料，然后把线压在针下，拔出针并绕成一个环，再从花朵外侧把针插进。这样反复六次，做成一朵小花。

⑫在花朵中心绣上法式结粒绣（双线），贴布就做好了。

4 缝口袋。

用熨斗折起口袋的缝份，袋布用珠针固定，在距边缘0.1cm处机缝。

5 在袋布上贴花边。

袋布周边用锯齿缝裁边。在袋布边缘向内3.5cm处，用和口袋相同的方法粘贴蕾丝，并机缝固定。

6 缝上提手。

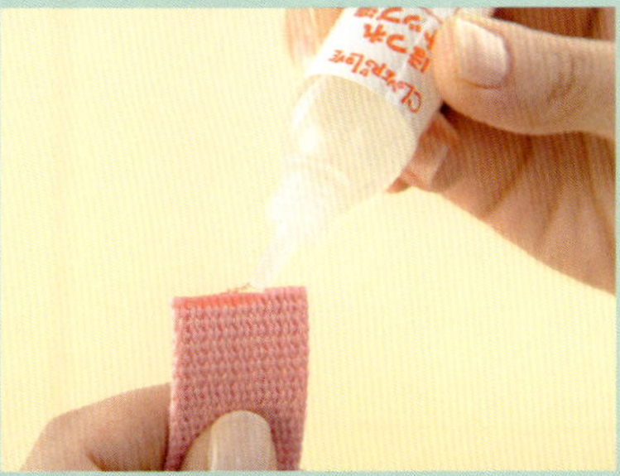

①把彩色布带剪成两根34cm，断口处涂上防脱线液（参见P7），晾干。

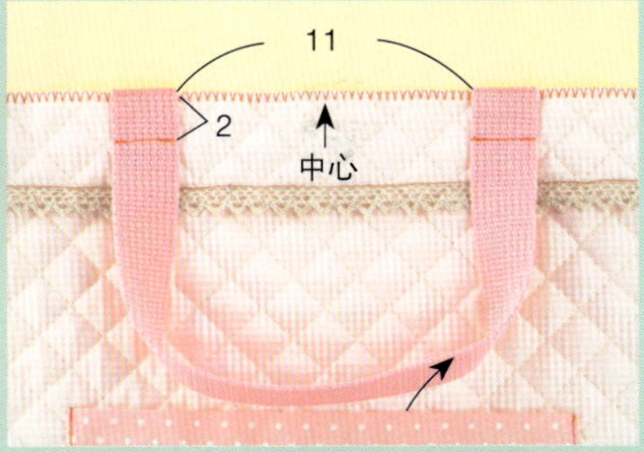

②把袋布缝份的边缘和提手的边缘对齐，在距边缘2cm处机缝。

7 缝边线。

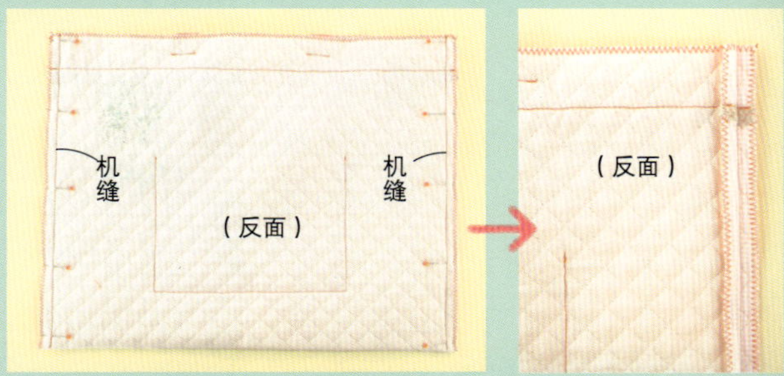

把袋布正面放到内侧，沿底部边线对折。把边线用珠针固定，然后机缝。用熨斗把缝份左右熨开。

8 缝开口。

反面视图

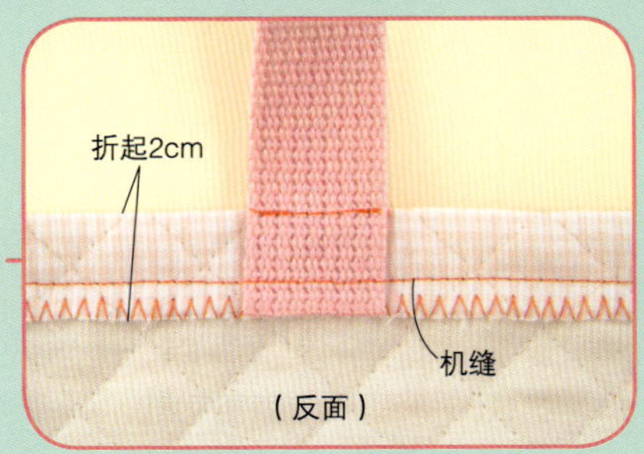

把开口的缝份用熨斗折到反面。正面用珠针固定，沿蕾丝边缘机缝。

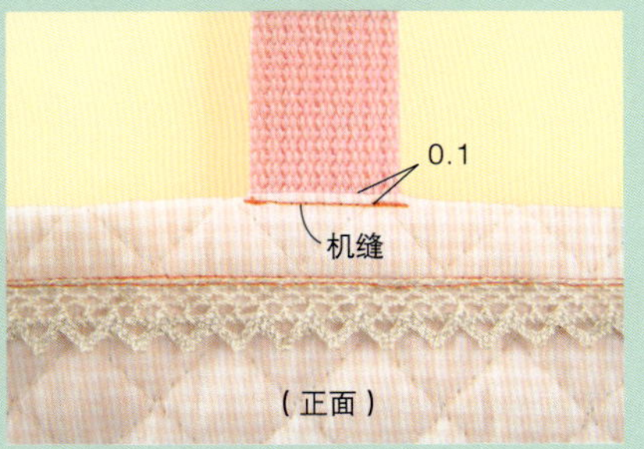

②机缝提手的边缘，完成。

5 鞋袋的做法

鞋袋的材料（以制作单品为例）

- A布（方格绗缝棉）25cm×60cm
- B布（圆点印花布）25cm×20cm
- 毡布（白色、黑色）各10cm×5cm
- 毡布（粉色、黄色）各3cm×3cm
- 棉质蕾丝1.4cm×44cm
- 彩色布带2.5cm×40cm
- D形环2.5cm宽 1个
- 25号刺绣线（白色、黑色、黄色、黄绿色）各少量
- 双面胶带5mm宽（参见P9）
- 双面胶纸（参见P9）

＊实物大小的贴布图案见纸样A面。

1 缝制袋底布。

①用熨斗折起袋底布的上下缝份。

放大图

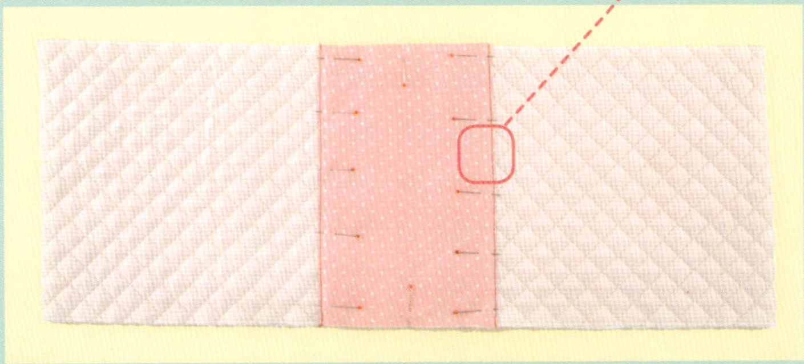

②把袋底布叠放在袋布上，底部边线对齐，用珠针固定。上下也用珠针固定，在距边缘1cm处机缝。

2 缝上蕾丝。

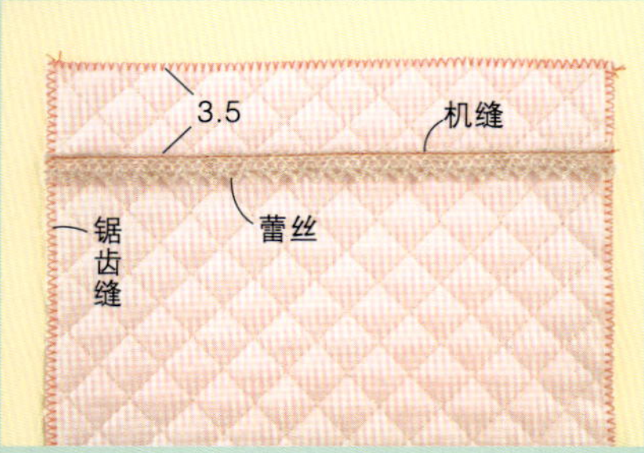

袋布四周用锯齿缝缝好。在袋布边缘向内3.5cm处，用和手提包相同的方法粘贴蕾丝，并机缝固定（参见第9页）。

3 粘贴贴布。

用和手提包相同的做法制作贴布，并粘贴在袋布前侧（参见P9、P10）。

4 缝上提手和拉环。

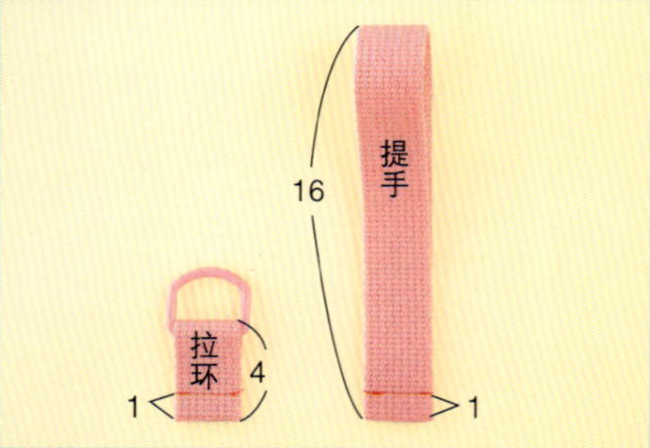

①分别把彩色布带剪成32cm和8cm，用来做提手和拉环。在断口处涂上防脱线液并晾干（参见P11）。将拉环和提手的彩色布带对折，D形环穿到拉环上，在距边缘1cm处机缝。

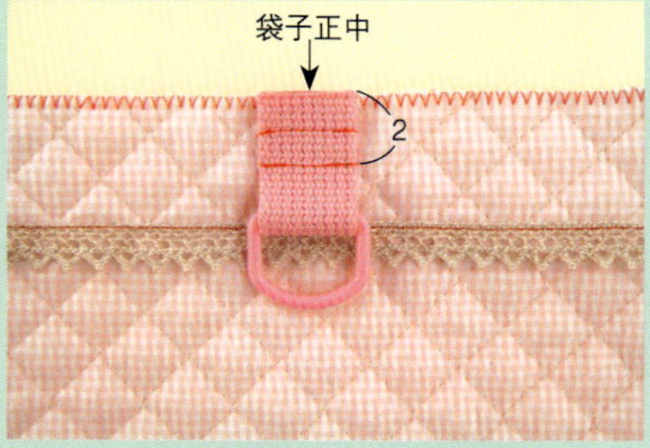

②把袋布后片的缝份边缘和拉环边缘对齐，在距边缘2cm处机缝。

③把袋布前片的缝份边缘和提手边缘对齐，在距边缘2cm处机缝。

5 缝边线。

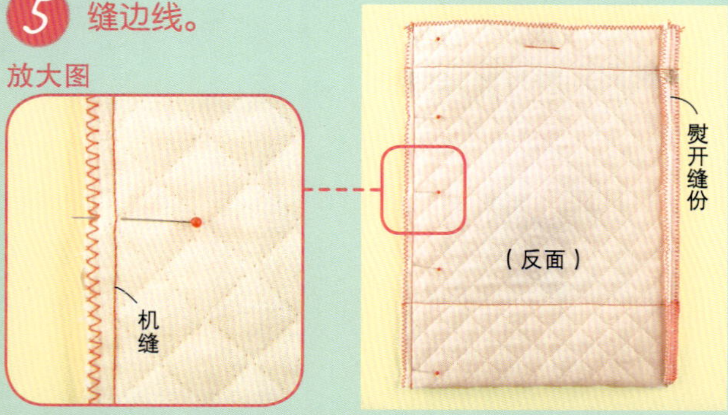

把袋布正面放到内侧，沿底部边线对折。把边线用珠针固定，机缝。用熨斗把缝份左右熨开。

6 缝底帮。

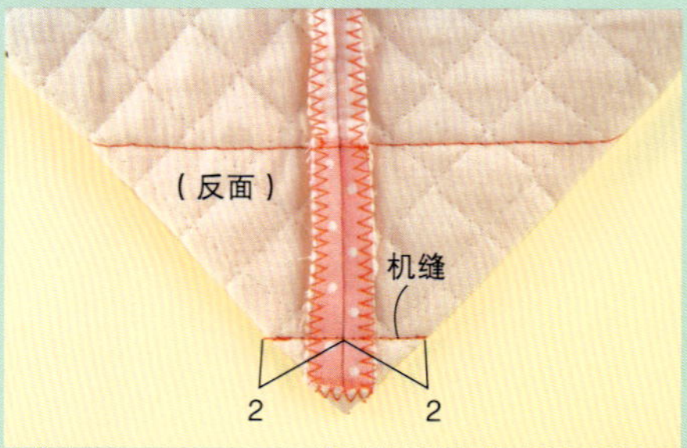

对齐边线和底线，把袋角折成三角形。用珠针沿底帮的线固定，机缝。

7 缝制开口。

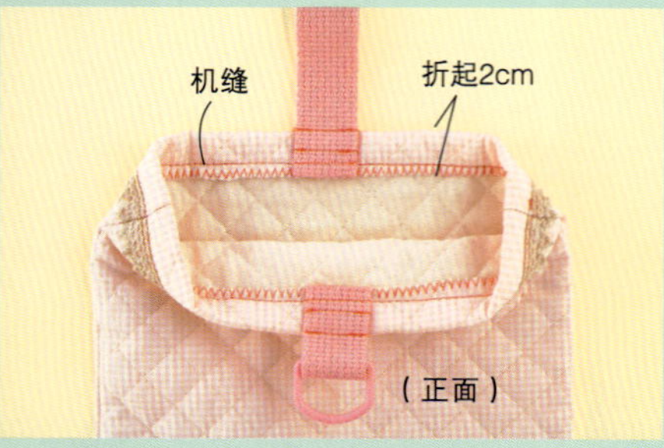

①用熨斗把开口处的缝份折到反面。在正面用珠针固定，沿蕾丝边机缝。

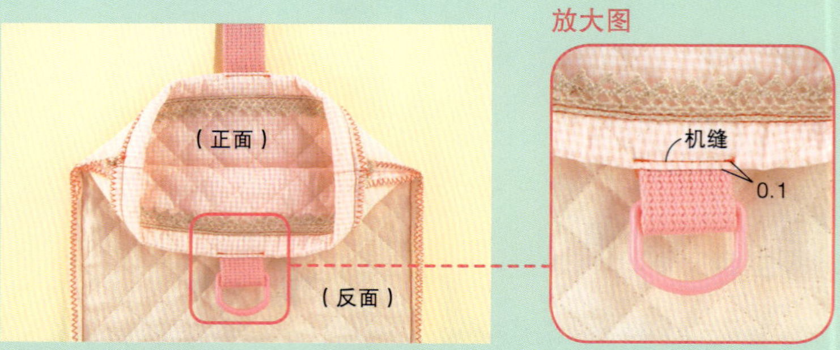

②从正面再缝一下提手和拉环的边缘，完成。

6 小口袋的做法

小口袋的材料（以制作单品为例）

- B布（圆点印花布）35cm×80cm
- 毡布（白色、黑色）各10cm×5cm
- 毡布（粉色）3cm×3cm
- 棉质蕾丝1.4cm×14.5cm
- 彩色线绳0.6cm粗160cm长
- 25号刺绣线（白色、黑色、黄色、黄绿色）各少量
- 双面胶带5mm宽（参见P9）
- 双面胶纸（参见P9）

＊实物大小的贴布图案见纸样A面。

1 粘贴贴布。

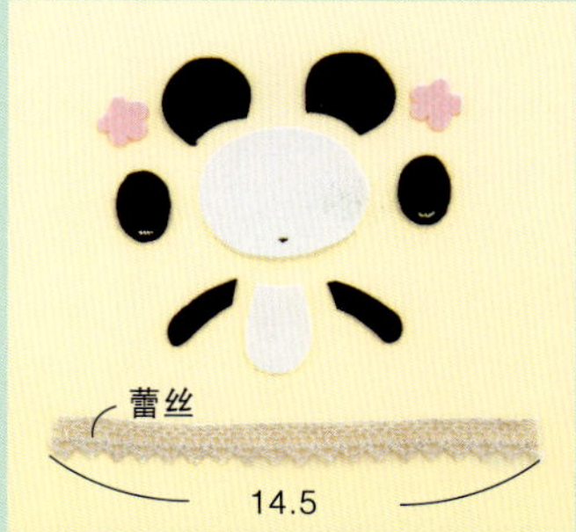

完成品放大图

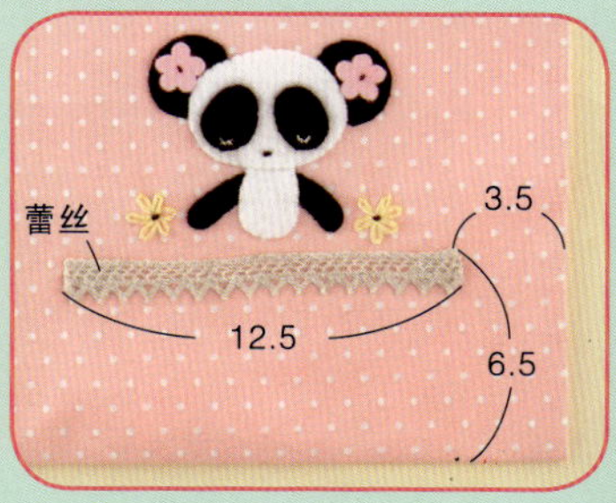

用和手提包相同的做法制作贴布，并粘贴在袋布前侧（参见P9、P10）。蕾丝两端分别折起1cm，机缝。

2 缝边线。

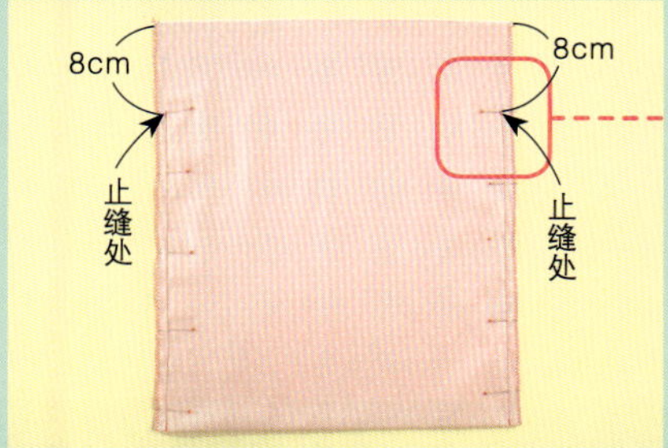

放大图

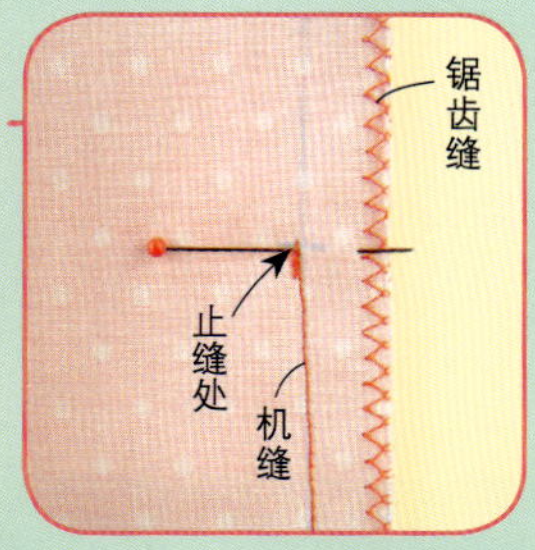

把袋布正面放到内侧，沿底部边线对折。边线用珠针固定，然后机缝到止缝处。

3 缝留空的部分。

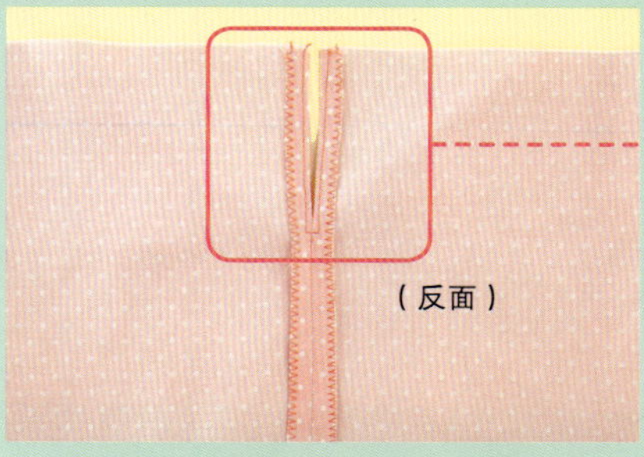

正面放大图

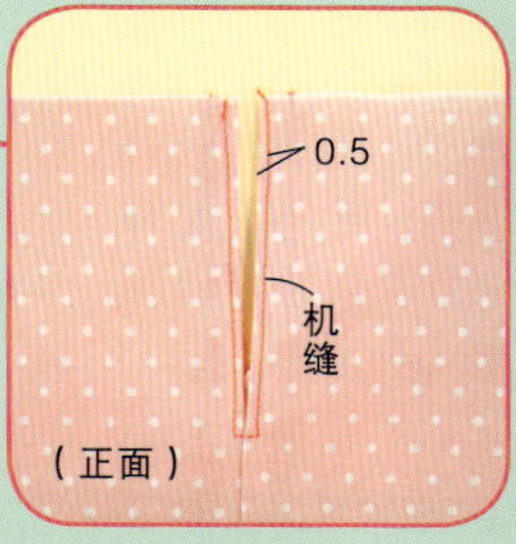

用熨斗把两边的缝份左右熨开，在留空部分边缘向内0.5cm处机缝。

4 缝制开口。

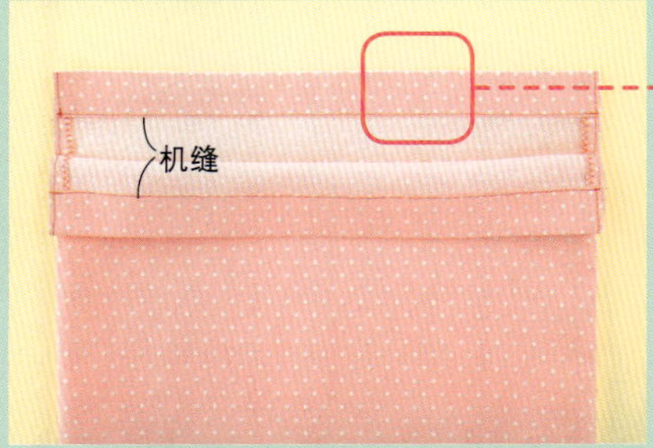

放大图

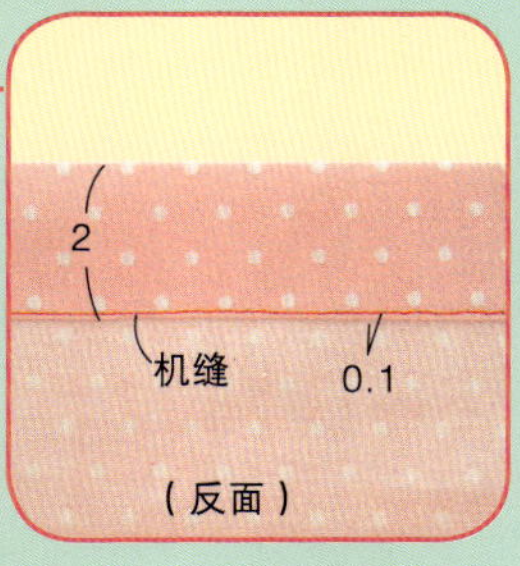

用熨烫规尺把开口的缝份折起1cm。再把规尺放在完成线上，用熨斗把剩余的缝份（2cm）熨进去。用珠针固定，机缝（折三折机缝）。

5 穿上线绳。

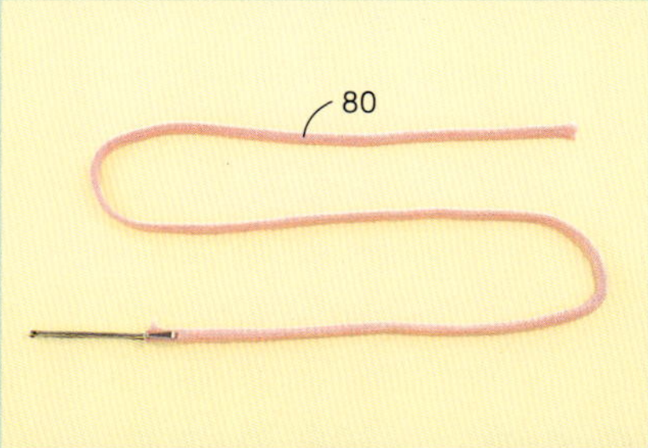

将彩色线绳两等分（各80cm）。把其中一根卡在穿绳器上。

②从左侧孔穿进去，成U形。

③另外一根也卡在穿绳器上，从右侧孔穿进去，成U形。

④把两端的线绳两根一起打结，完成。

For Girls
7
8
9

花布大撞色

方格纹和镶点绗缝棉、素色布和印花布拼接组合在一起，为女孩用的镶上蕾丝，为男孩用的粘上印花布带。不贴衬布也同样魅力十足。

7～12 做法：P66

欢快的鲸鱼

手提包和鞋袋都贴了衬布，结实耐用，手提包添加了底帮，放重物也没有问题，包面用欢快的小鲸鱼做贴布，非常可爱。

13～15 做法：P65

不用贴布也是清爽的组合。

16

17

18

16～18

For Girls

散步的小·鸡

自然的原色棉麻质地搭配小方格和彩色蕾丝组成三件套。粉笔画样式的可爱小鸡正是小孩子的标志！

16～18 做法：P18

这几种布料组合在一起就已经足够可爱了。

16、17、18 开始做散步的小鸡吧

首先学习里袋布的“手提包、鞋袋”的做法。小口袋是单层的，但也用底布做了帮。P16的“欢快的鲸鱼”、P24的“悠闲的河马”、P25的“可爱水果家族”也可以参考这个制作方法。

★为了能看清针脚走向，缝纫线选用了红色。在实际制作时应根据布料选择颜色。

组合的材料

- A布（棉麻帆布）110cm×80cm
- B布（方格纹布）110cm×80cm
- 布衬 70cm×65cm
- 毡布（淡黄色、淡粉色）20cm正方形各1块
- 棉质蕾丝1cm×212cm
- 宽松紧带2.5cm×100cm
- 圆绳0.5cm粗 160cm长
- D形环2.5cm宽 1个
- 25号刺绣线（茶色、淡黄色、绿色、淡粉色）各少量
- 双面胶带5mm宽（参见P9）
- 双面胶纸（参见P9）

＊实物大小的贴布图案见纸样A面。

A布的裁剪方法图

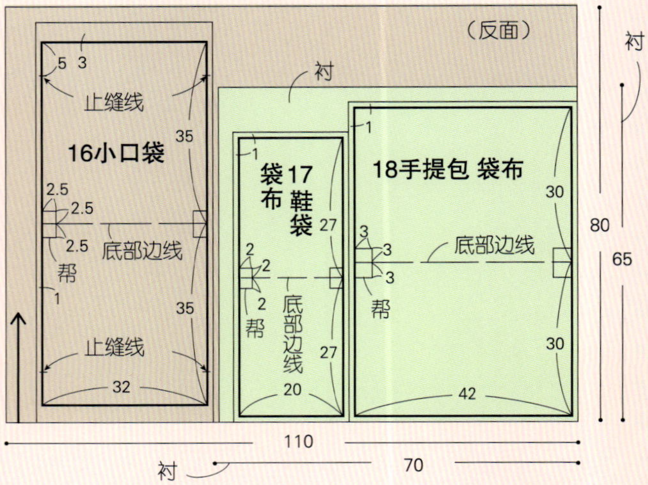

18 手提包的做法

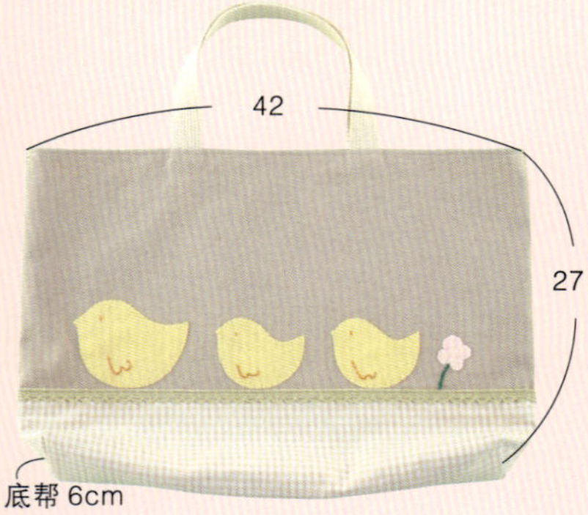

手提包的材料（以制作单品为例）

- A布（棉麻帆布）45cm×65cm
- B布（方格纹布）90cm×65cm
- 布衬 45cm×65cm
- 毡布（淡黄色）20cm×10cm
- 毡布（淡粉色）3cm×3cm
- 棉质蕾丝1cm×88cm
- 宽松紧带2.5cm×64cm
- 25号刺绣线（茶色、淡黄色、绿色、淡粉色）各少量
- 双面胶带5mm宽（参见P9）
- 双面胶纸（参见P9）

＊实物大小的贴布图案见纸样A面。

B布的裁剪方法图

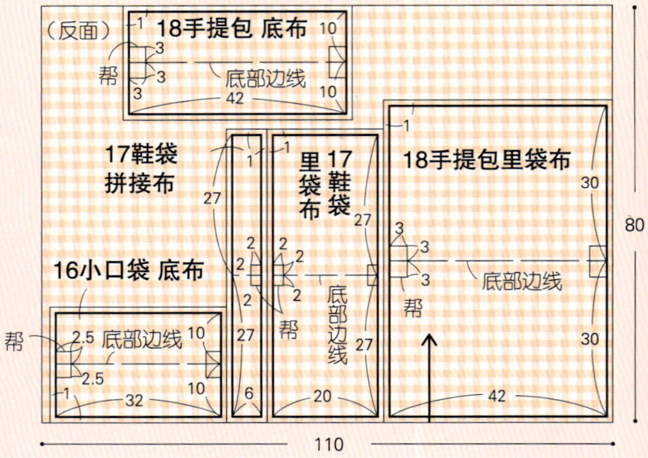

1 把布衬粘贴到A布上。

把A布反面朝上放在熨台上，布衬的树脂面（粗糙的那面）朝下叠放在A布上，上面再放牛皮纸，中温（140~160℃）干燥熨烫，同时用力把全身重量压在上面，使其粘贴紧密。不要滑动熨斗，而是均匀移动，才能粘住（详细粘贴方法参见P93）。

2 在布上制作图、裁剪。

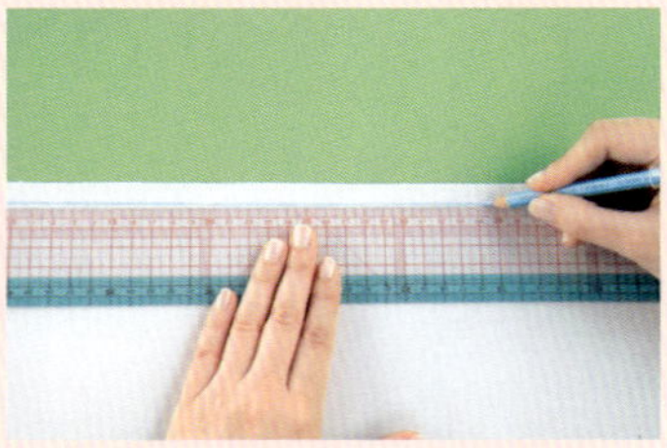

根据裁剪方法图，在布的反面用画粉笔制作图。在缝份的外周用裁布的剪子剪下。A布粘贴了布衬的部分，裁做手提包和鞋袋用布。

3 缝上底布。

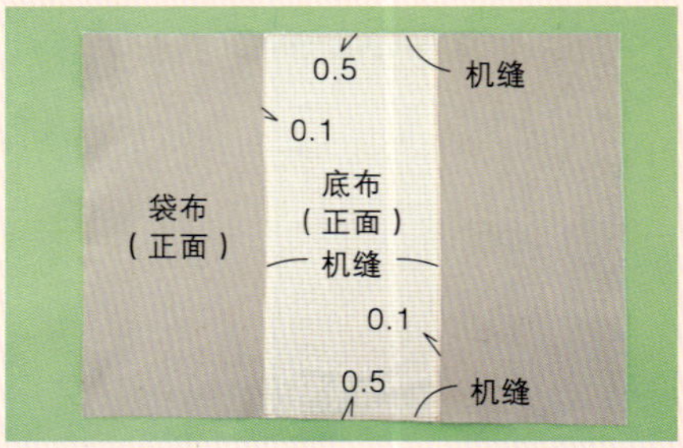

用熨斗把底布上下缝份折起来，对齐底部边线叠放在袋布上。在布边向内0.1cm处机缝（参见P11）。在两边的缝份边缘向内0.5cm处机缝。

4 缝上蕾丝。

①把蕾丝剪成44cm的两段。用熨斗在蕾丝反面粘贴双面胶带。然后撕下剥离纸把蕾丝粘贴在底布边缘（参见P9）。

放大图

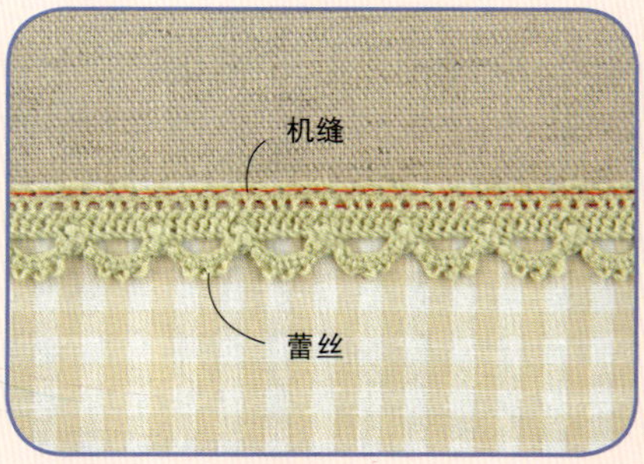

②把蕾丝边缘机缝固定。

整体图

5 粘上贴布。

完成图

参见P9、P10制作贴布，纵向锁缝到前袋布的底布边缘位置，绣出眼睛和羽毛（针迹绣法、纵向卷缝参见P94）。

6 缝上提手。

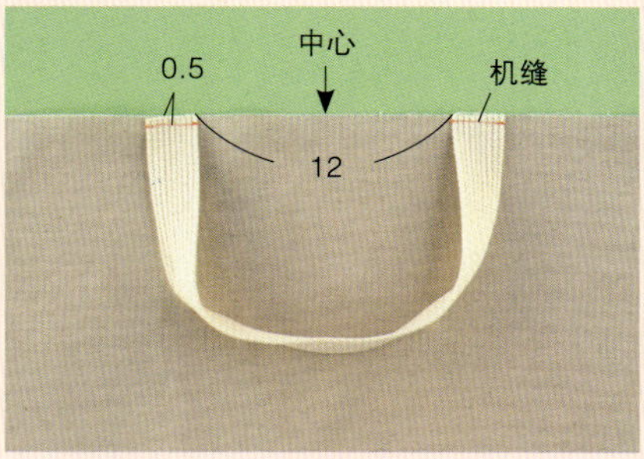

把宽松紧带剪成32cm的两段。在断口处涂上防脱线液，晾干。把袋布的缝份边缘和提手的边缘对齐，再向内0.5cm处机缝。

7 缝上里袋布。

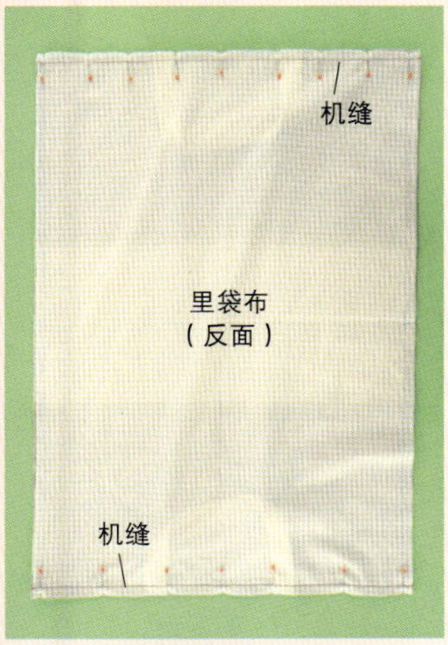

把袋布和里袋布的正面放在内侧，叠放在一起。将袋子的开口处用珠针固定住再机缝。

8 缝上蕾丝。

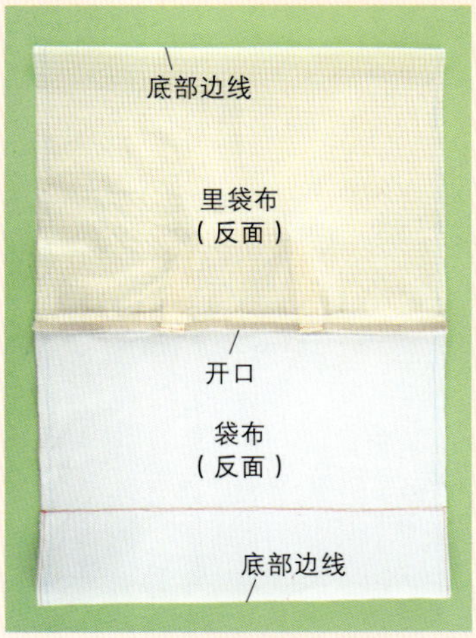

①用熨斗把开口的缝份左右熨开。袋布和里袋布分别沿底部边线对折。

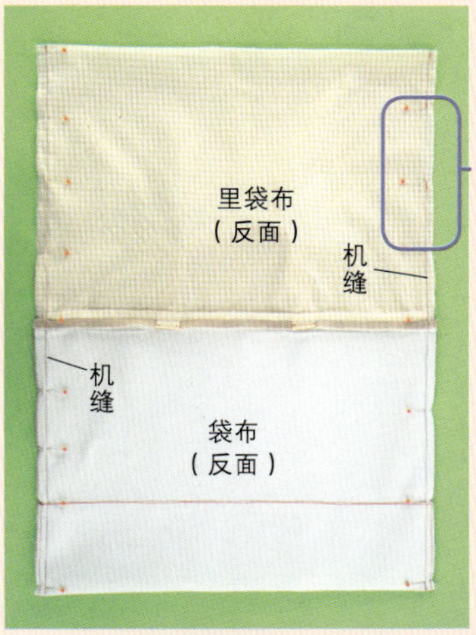

放大图

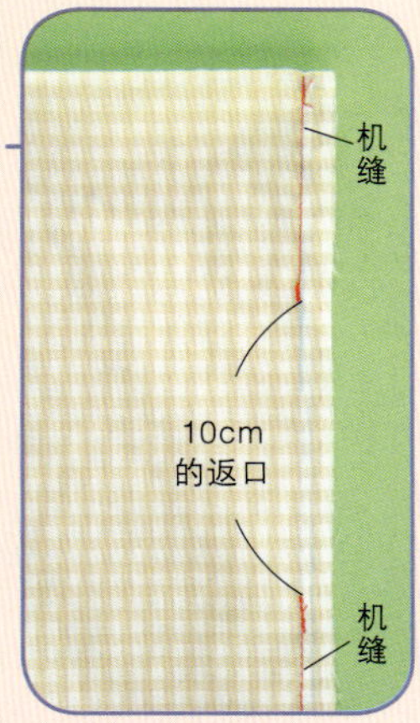

②把袋布和里袋布的边线用珠针固定后机缝。里袋布的边线剩余10cm左右留作返口。

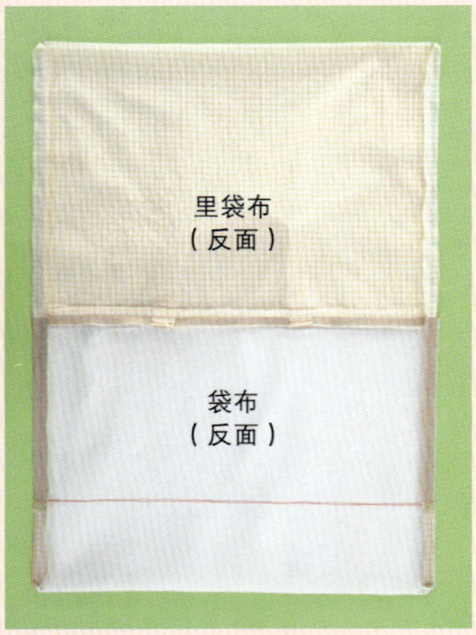

③用熨斗把缝份左右熨开。

9 缝底帮。

袋布的底帮

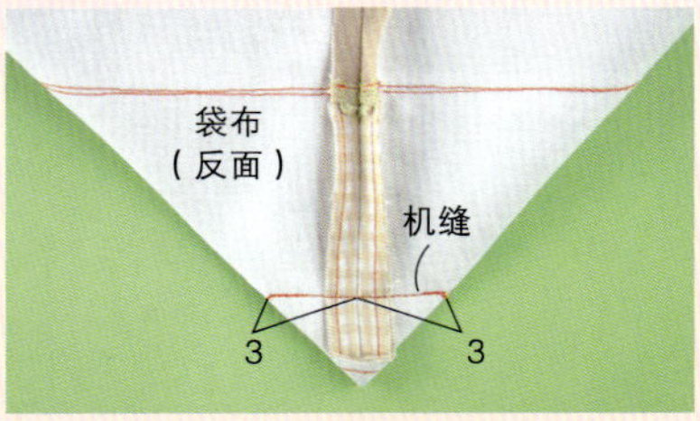

里袋布的底帮

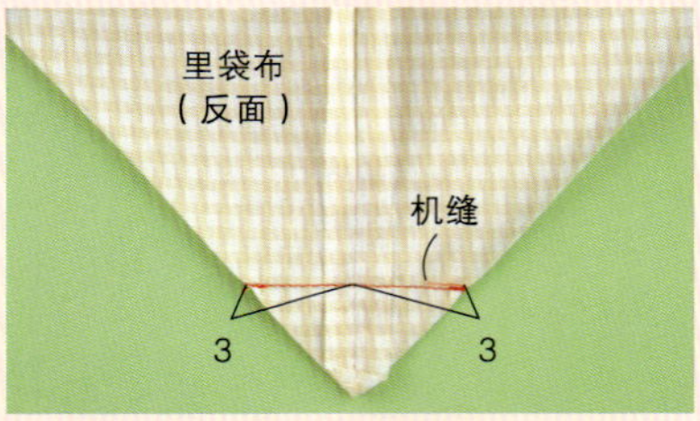

边线和底部边线对齐，把袋角折成三角形，底帮对齐后用珠针固定，机缝。里袋布也用同样方法。

10 翻到正面。

①从返口伸进手，把袋子翻到正面。

②锥子尖扎进去，整理底帮的角，里袋布的底帮也同样整理。

放大图

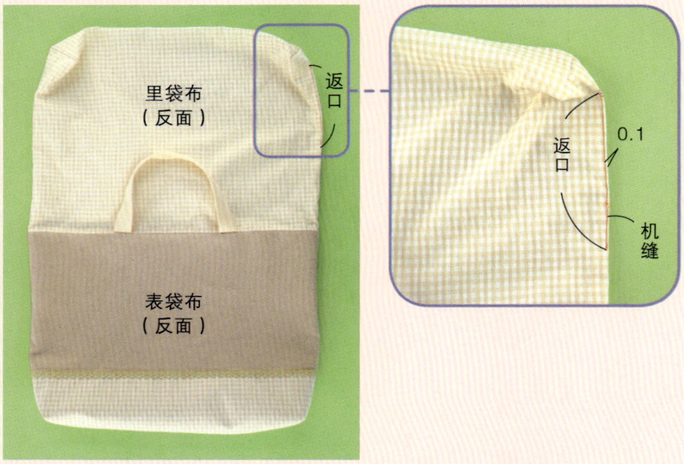

③把里袋布的返口对好，在边缘向内0.5cm处机缝。

11 缝开口。

①把里袋布放到袋布内侧。

放大图

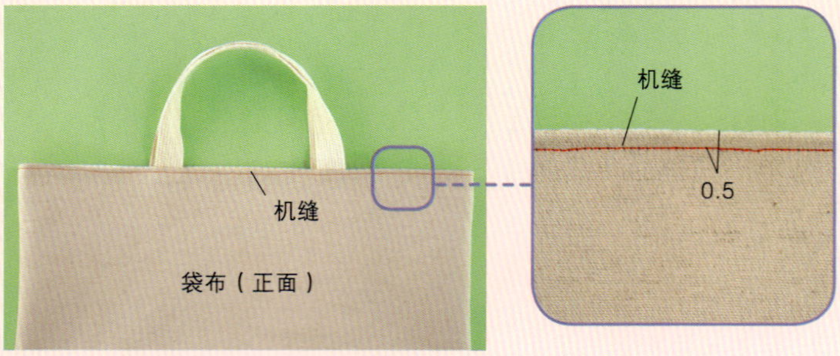

②用熨斗把开口熨平，在距布边0.5cm处机缝，完成。

17 鞋袋的做法

鞋袋的材料（以制作单品为例）

- A布（棉麻帆布）25cm×60cm
- B布（方格纹布）30cm×60cm
- 布衬 25cm×60cm
- 毡布（淡黄色）10cm×10cm
- 棉质蕾丝1cm×56cm
- 宽松紧带2.5cm× 36cm
- 25号刺绣线（茶色、淡黄色）各少量
- 双面胶带5mm宽（参见P9）
- 双面胶纸（参见P9）

＊实物大小的贴布图案见纸样A面。

1 缝上拼接布。

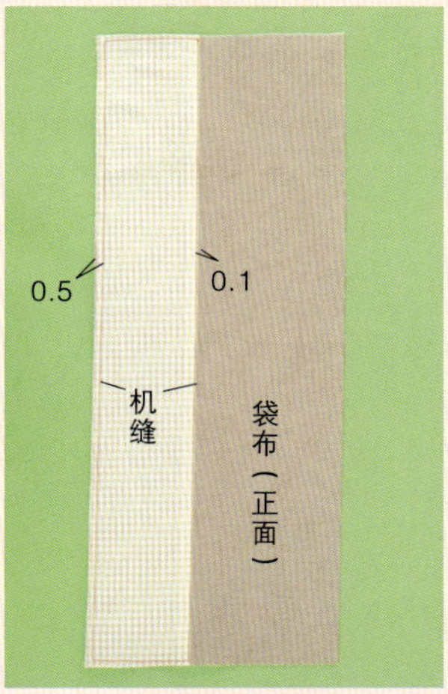

用熨斗把拼接布的接缝线一侧的缝份折起来，叠放在袋布上用珠针固定。在距布边0.1cm处机缝。在距布边0.5cm处拼接布的外围，机缝固定。

2 缝上蕾丝。

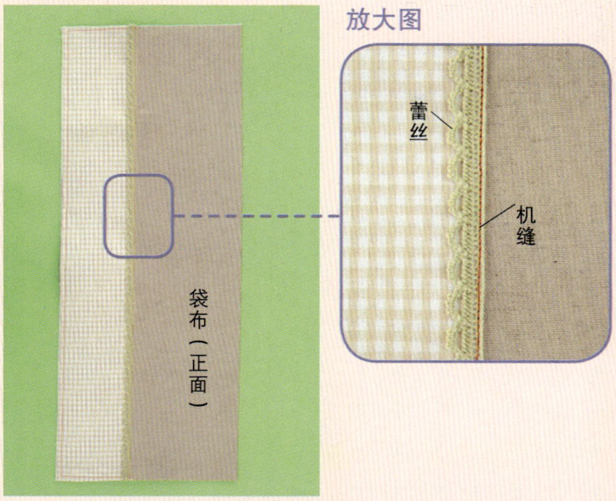

剪下56cm的蕾丝。用和手提包相同的方法在接缝线上粘上蕾丝，并机缝在上面（参见P19）。

3 缝上贴布。

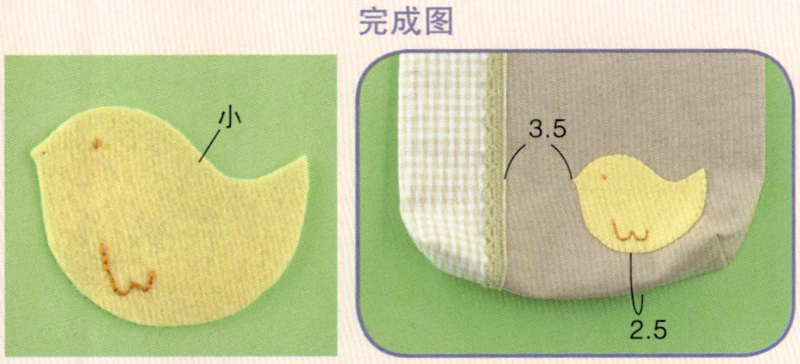

参照P9、P10制作贴布，并纵向卷缝在前袋布上，绣出眼睛和羽毛。

4 缝上提手和拉环。

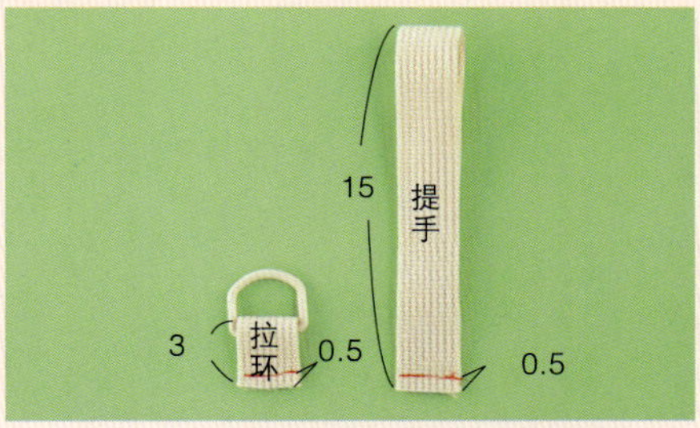

①分别把宽松紧带剪成提手和拉环用的30cm和6cm，在断口处涂上防脱线液并晾干（参见P6）。将拉环和提手的宽松紧带对折后穿到D形环的拉环上，在距边缘1cm处机缝。

②把袋布后片的缝份边缘和拉环边缘对齐，在距离边缘0.5cm处机缝。

③把袋布前片的缝份边缘和提手边缘对齐，在距边缘0.5cm处机缝。

5 缝上里袋布。

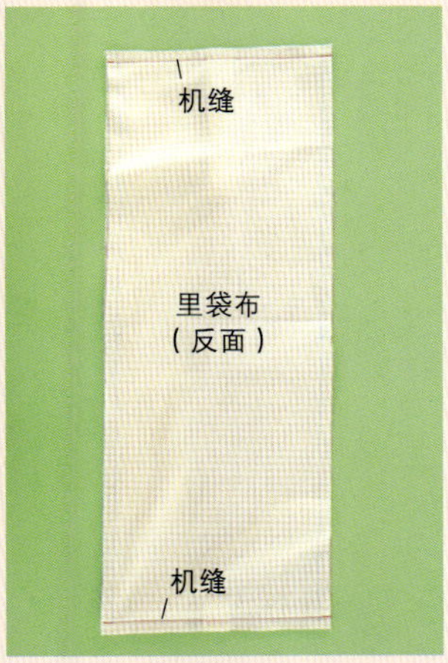

把袋布和里袋布的正面放在内侧并叠放在一起。袋子的开口用珠针固定后机缝。

6 缝边线。

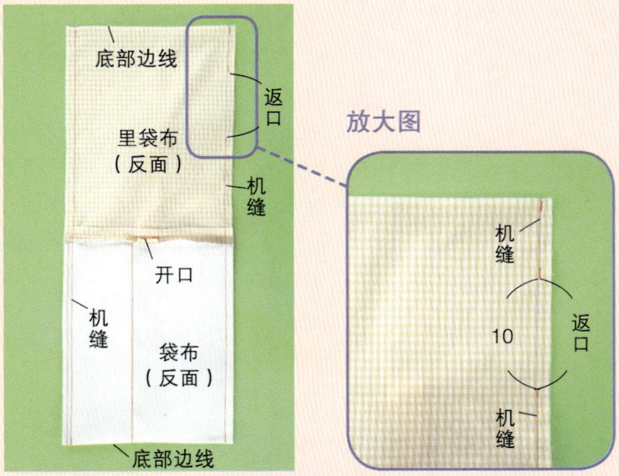

用熨斗把开口的缝份左右熨开，袋布和里袋布分别沿底部边线对折。把边线用珠针固定后机缝，里袋布的边线剩余10cm左右留作返口。

7 缝制底帮。

袋布的底帮

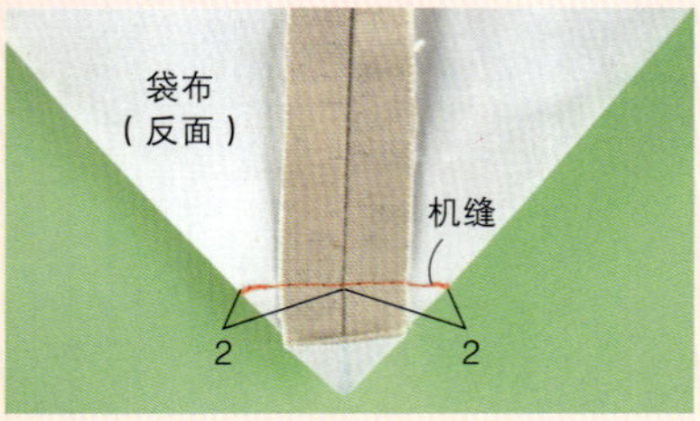

里袋布的底帮

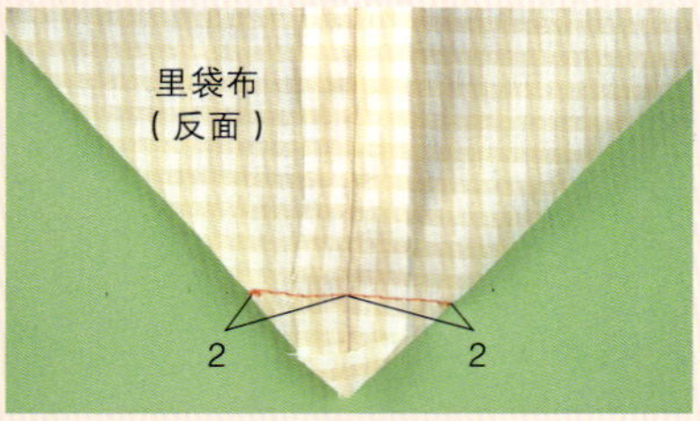

把边线的缝份用熨斗左右熨开。对齐边线和底部边线，把袋角折成三角形，底帮对齐后用珠针固定，机缝。里袋布也是同样。

8 翻到正面。

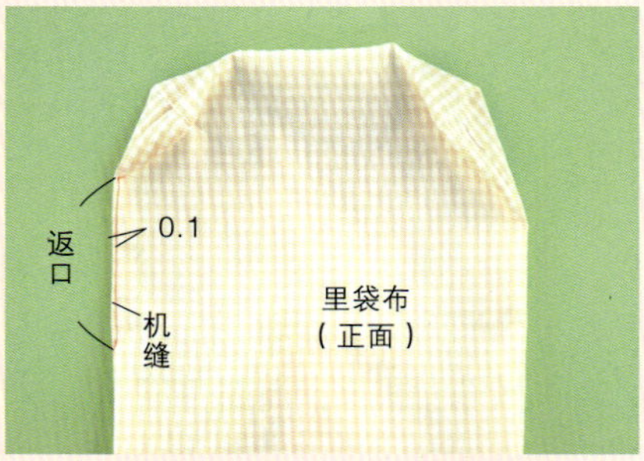

与P20手提包的做法相同，把袋子翻到正面，用锥子整理底帮的角。把里袋布的返口对好，在边缘向内0.5cm处机缝。

9 缝纫开口。

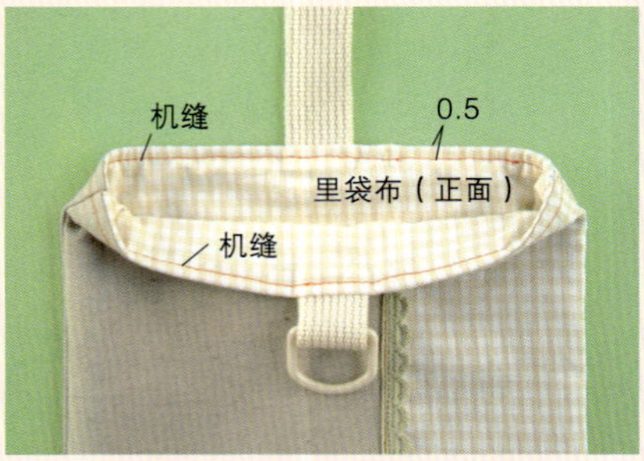

把里袋布放到袋布内侧，用熨斗把开口熨平，在距布边0.5cm处机缝，完成。

16 小口袋的做法

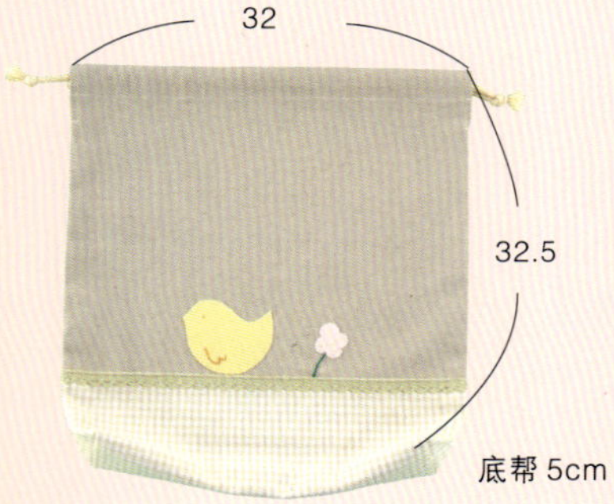

小口袋的材料（以制作单品为例）

- A布（棉麻帆布）35cm×80cm
- B布（方格纹布）35cm×25cm
- 毡布（淡黄色）10cm×10cm
- 毡布（淡粉色）3cm×3cm
- 棉质蕾丝1cm× 68cm
- 圆绳0.5cm粗 160cm长
- 25号刺绣线（茶色、淡黄色、淡粉色、绿色）各少量
- 双面胶带5mm宽（参见P9）
- 双面胶纸（参见P9）

*实物大小的贴布图案见纸样A面。

1 缝上底布和蕾丝。

放大图

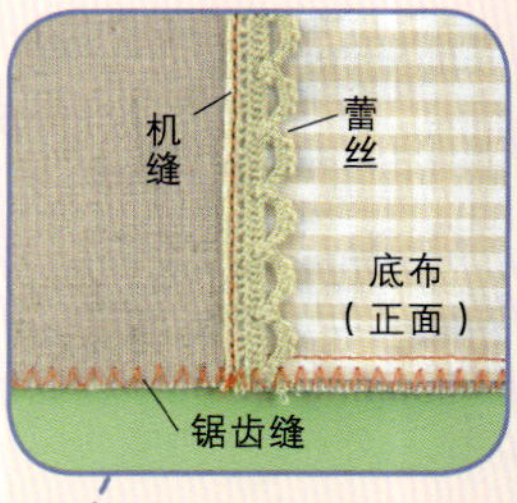

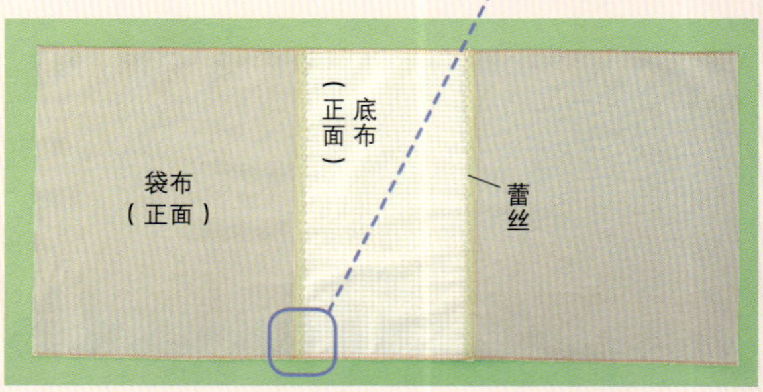

用熨斗把底布上下缝份折起去，沿着底部边线叠放在袋布上，在布边向内0.1cm处机缝。蕾丝剪成34cm的两段，与手提包相同的做法把蕾丝放置在接缝线上，机缝。边线的缝份两端用锯齿缝缝上。

2 缝上贴布。

完成图

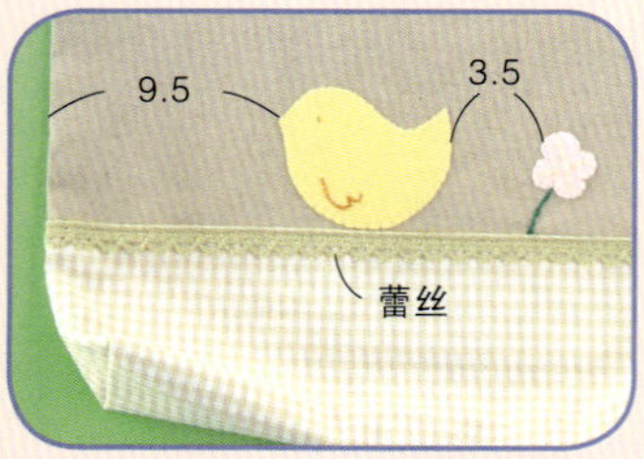

参照P9、P10制作贴布，纵向卷缝在前袋布的底布边缘上，绣出眼睛和羽毛。

3 缝边线。

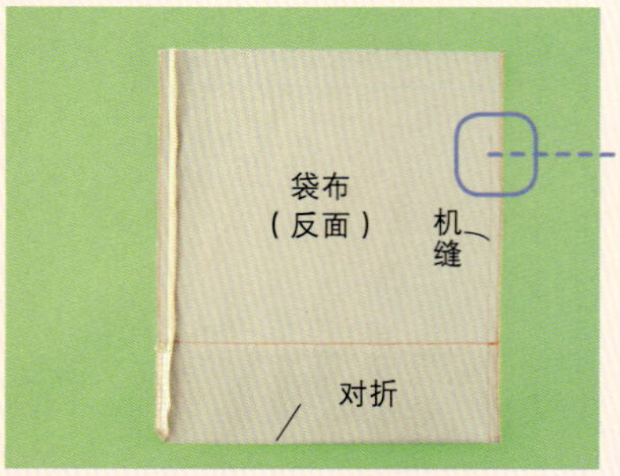

放大图

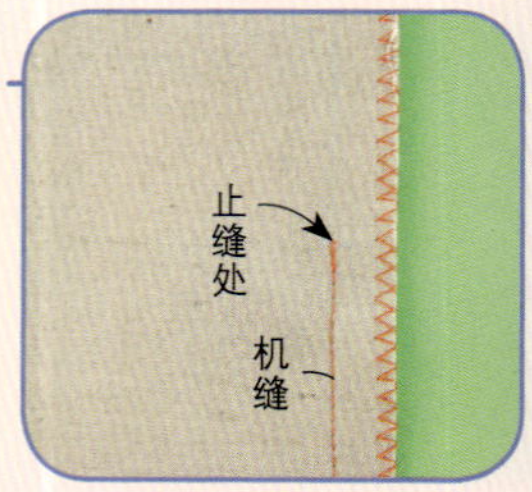

把袋布正面放在内侧，沿着底部边线对折。边线用珠针固定住，机缝到止缝处，用熨斗把缝份左右熨开。

4 缝留空的部分。

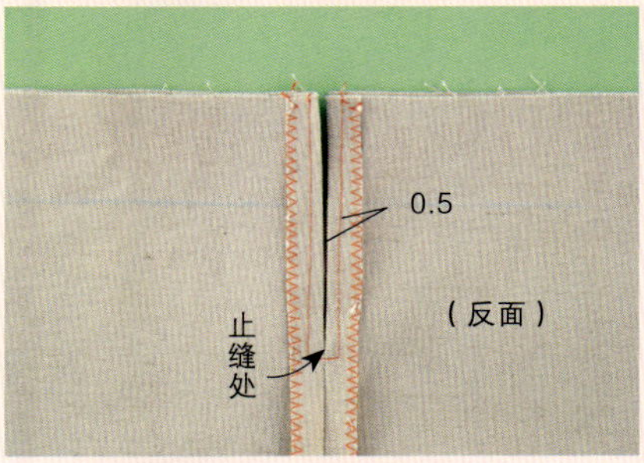

在留空部分边缘向内0.5cm处机缝。

5 缝制底帮。

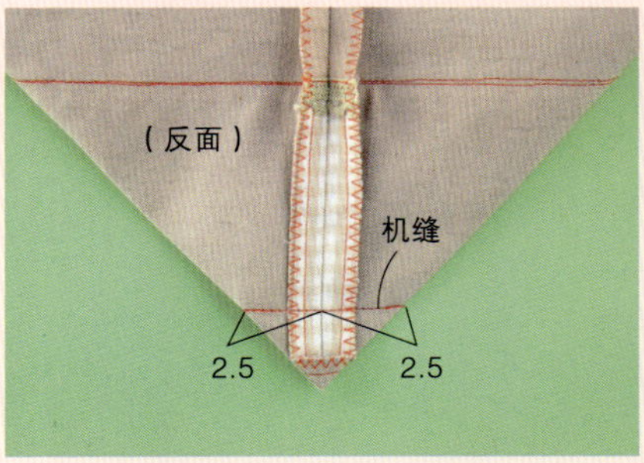

对齐边线和底部边线，把袋角折成三角形，底帮对齐后用珠针固定，机缝。

整体图

放大图

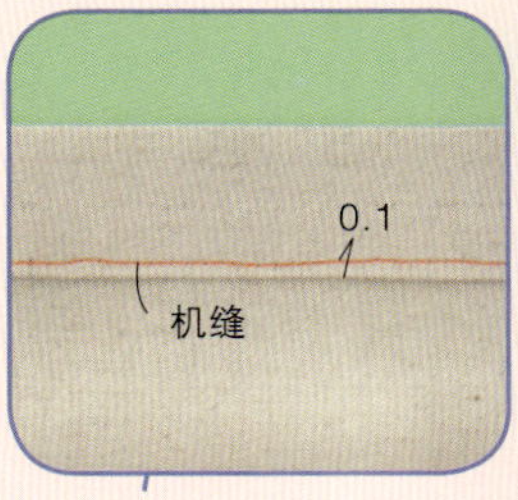

6 缝开口。

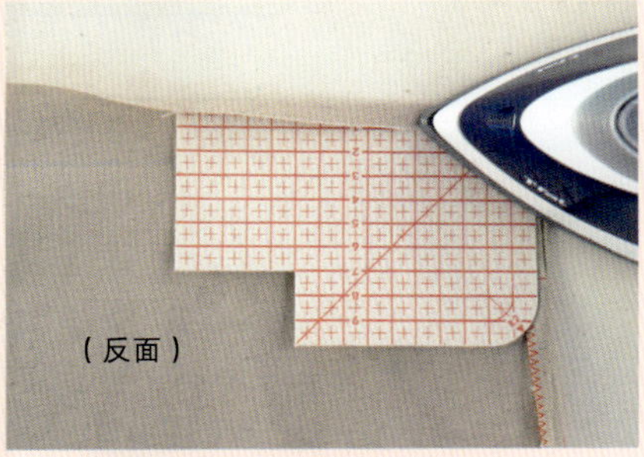

①用熨烫规尺把开口的缝份折起1cm。

②把熨烫规尺放在完成线上，用熨斗把剩余的2cm缝份折起去。

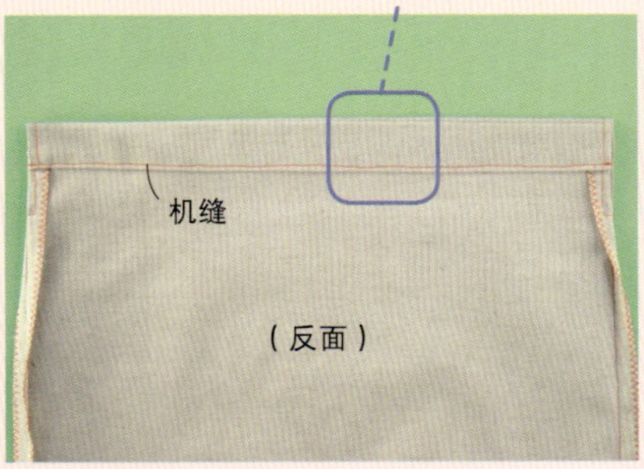

③用珠针固定，机缝（折三折后机缝）。

7 穿上线绳。

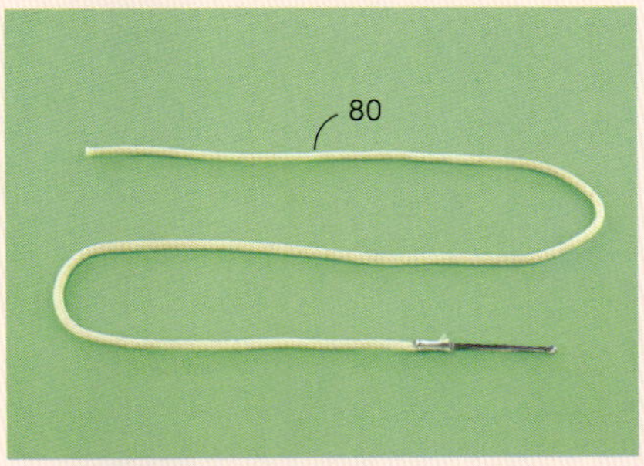

①将彩色线绳两等分（80cm），把其中一根夹在穿绳器上。

②从左侧孔穿进去，成U形。另外一根也夹在穿绳器上，从右侧孔穿进去，成U形。

③把两端的线绳合并打结，完成。

悠闲的河马

素色和印花巧妙地组合在一起，还镶嵌了孩子们喜欢的河马贴布。提手也用了相同的布料，使整体设计增加了统一感。让上学和上幼儿园变得快乐起来。

19～21 做法：P68

For Boys

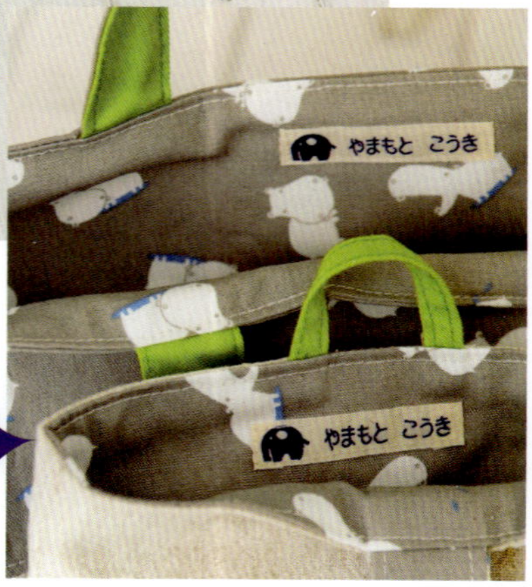

在上学或上幼儿园时，手提包和鞋袋上的名字是看不见的，因为姓名贴绣在了内侧。

可爱水果家族

可爱十足的贴布像是能听到水果家族在聊天呢。小口袋所用的花布也用来做手提包和鞋袋的里布，所以独具整体感。这一款到中高年级也同样能用。

22～24 做法：P70

即使不加贴布，只有波浪形的水兵带也很抢眼。

午餐包组合套装
——便当包、水壶套、餐垫、餐具包

幼儿园生活中最快乐的就是午餐时间。今天是什么菜啊？有什么水果？
做一个午餐包组合把这种雀跃的心情也包裹进来吧。
当然布料要可以反复洗涤的。

For Girls

印花套系

使用可爱棉布印花质地简单制作的四件套，餐垫折起来后大小正好可以放在便当包里。换一种花色就可以给男孩子用。最好先让孩子练习一下拿放水壶和便当，这样妈妈才能放心。

25～28 做法：P72

25

26

27

28

小汽车

把方格纹和素色布组合在一起，并镶上男孩子最喜欢的小汽车贴布。便当包和水壶套上拉手的小配饰也是值得炫耀的亮点。

29～32 做法：P73

For Boys

29 30 31 32

利用姓名贴、贴纸、熨烫印花能很方便地写上名字，既具有统一感，又一目了然。

小·青蛙

清爽的水蓝色方格纹的一角添加了一块素色布料，放上了贴布。餐具包的底布采用素色，盖子采用方格纹。小青蛙是在唱歌吧？

33～36 做法：P76

33

34

35

36

四叶草

这组四件套中四叶草的贴布非常显眼，略带成熟感的布料增添了一股清新气息。餐具包的袋子采用了独特的按扣固定。

37～40 做法：P76

利用姓名贴、贴纸、熨烫印花能很方便地写上名字，既具有统一感，又一目了然。

37

38

39

40

43

棒球套装

牛仔和亚麻条纹布料搭配出的午餐包组合看起来非常简洁利落。简单的设计会深得棒球少年喜爱，贴布是其亮点。

41～44 做法：P78

44

草莓

粉色印花质地配以手感很好的素色布料，在接缝处缝上蕾丝作为过渡。看起来很美味的草莓贴布，添加了丰富的手工感。

45～48 做法：P32

仅是布料和蕾丝的组合就足够可爱了。

47

48

45、46、47、48 做个草莓吧

首先来学习午餐时所必需的“便当包、水壶套、餐具包、餐垫”的做法吧。在袋布和底布相连处放上了草莓贴布，水壶套上三角的底帮部分从正面看起来是百褶状的，餐垫是双层设计的。

P30“棒球套装”也可以参照这个制作方法。

★为了能看清针脚走向，缝纫线选用了红色。在实际制作时应根据布料选择颜色。

A布的裁剪方法图

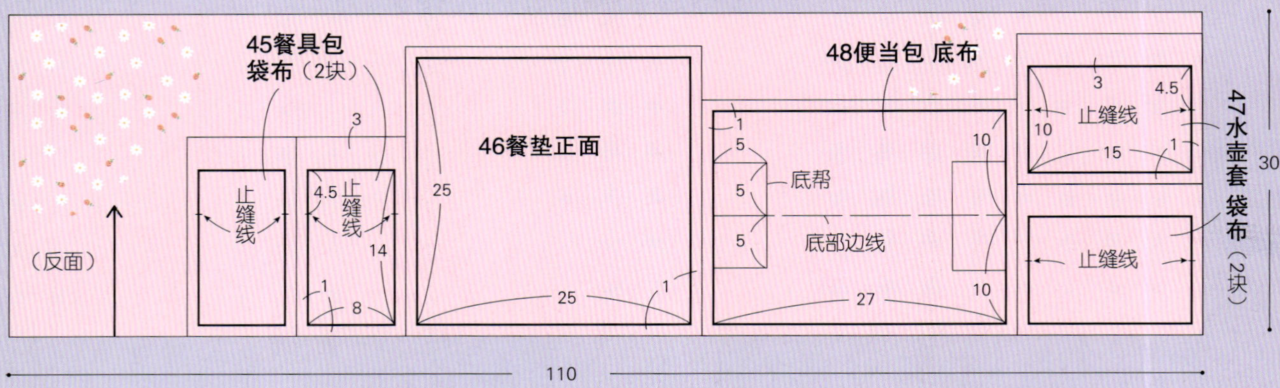

B布的裁剪方法图

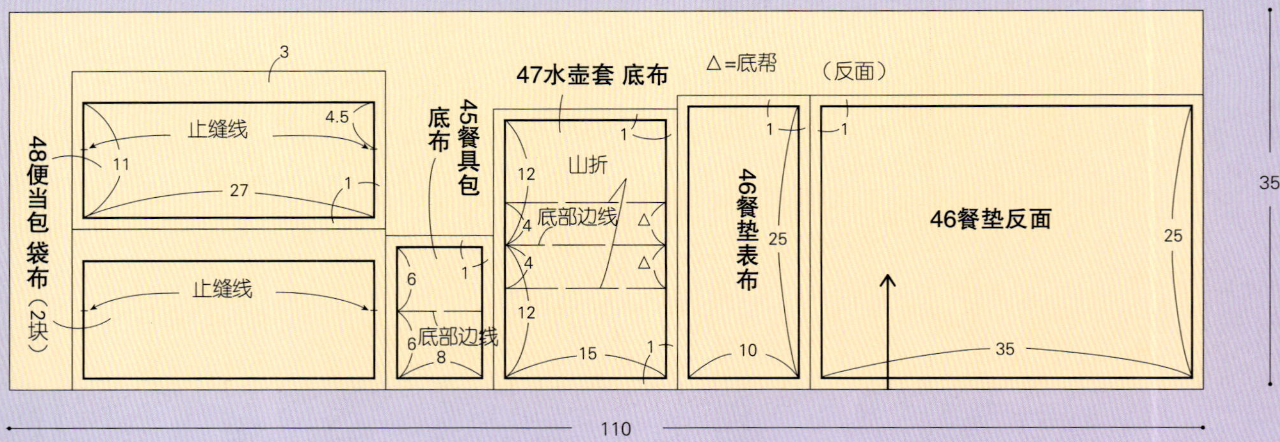

组合的材料

- A布（牛津印花布）110cm×30cm
- B布（棉布 素色）110cm×35cm
- 毡布（红色、绿色）20cm正方形 各1块
- 棉质蕾丝1.6cm×139cm
- 亚麻布带1cm×300cm
- 25号刺绣线（红色、绿色）各少量
- 双面胶带5mm宽（参见P9）
- 双面胶纸（参见P9）

*实物大小的贴布图案见纸样A面。

48 便当包的做法

便当包的材料（以制作单品为例）

- A布（牛津印花布）30cm×25cm
- B布（棉布 素色）60cm×20cm
- 毡布（红色）10cm×5cm
- 毡布（绿色）5cm×5cm
- 棉质蕾丝1.6cm×58cm
- 亚麻布带1cm×140cm
- 25号刺绣线（红色、绿色）各少量
- 双面胶带5mm宽（参见P9）
- 双面胶纸（参见P9）

*实物大小的贴布图案见纸样A面。

1 缝合袋布和底布。

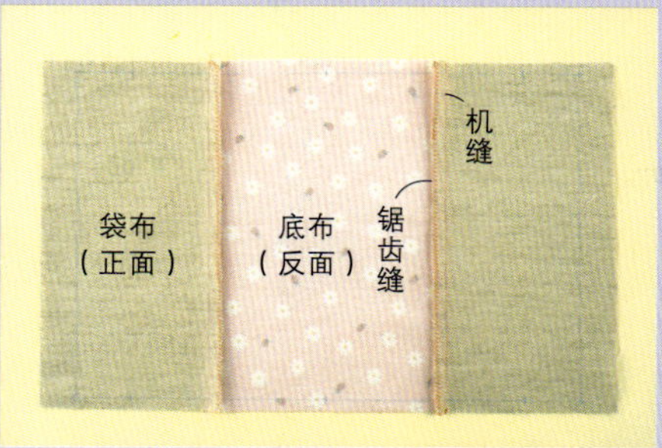

把袋布和底布机缝在一起。两块布的缝份同时用锯齿缝锁边，用熨斗压平到底布一侧。

2 缝上蕾丝。

把蕾丝剪成29cm的两段。用熨斗把双面胶带粘贴到蕾丝的背面。把蕾丝的中线放在接缝处，撕下剥离纸把蕾丝粘贴在上面。把蕾丝两端机缝固定。边线的缝份用锯齿缝处理。

3 缝上贴布。

完成图

参照P9、P10制作贴布，纵向卷缝在袋布底布边缘上方，绣出草莓种子。

4 缝边线。

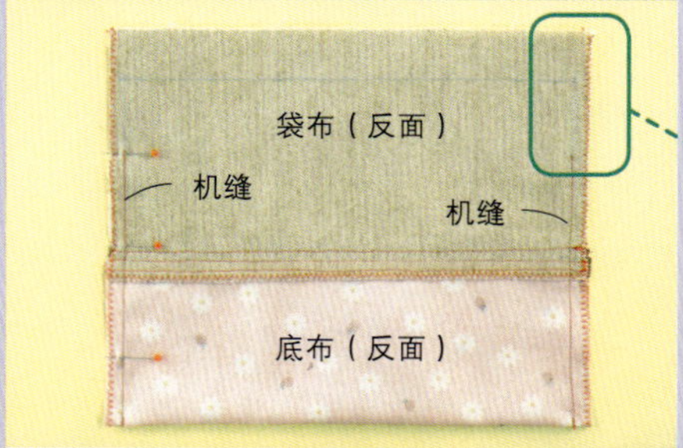

放大图

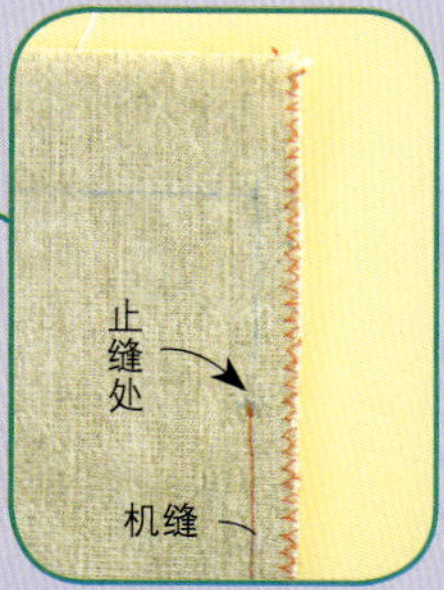

把袋布对折，正面在内侧。用珠针固定边线，机缝到止缝处。

5 缝上留空的部分。

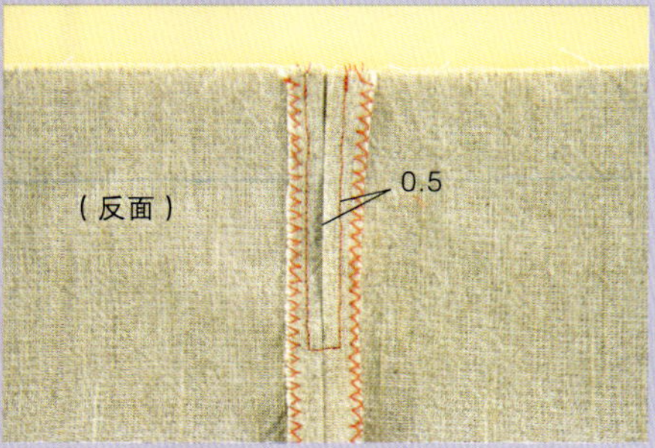

用熨斗把边线的缝份左右熨开，在留空部位边缘向内0.5cm处机缝。

6 缝制底帮。

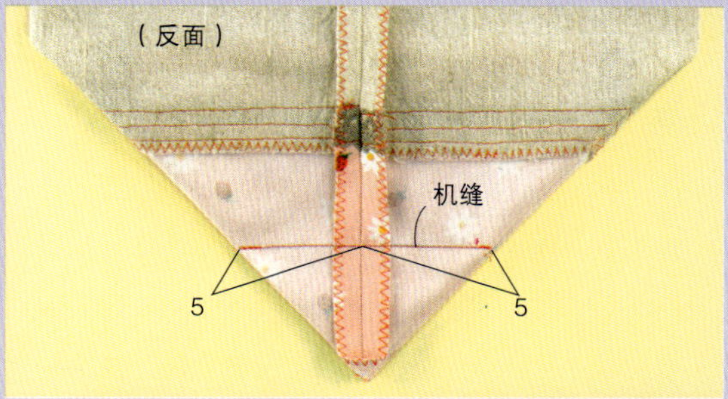

对齐边线和底部边线，把袋角折成三角形，底帮对齐后用珠针固定，机缝。

7 缝开口。

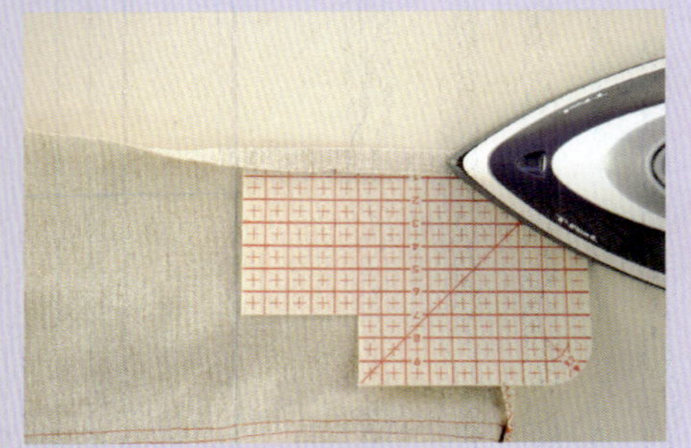

①用熨烫规尺把开口的缝份折起1cm。

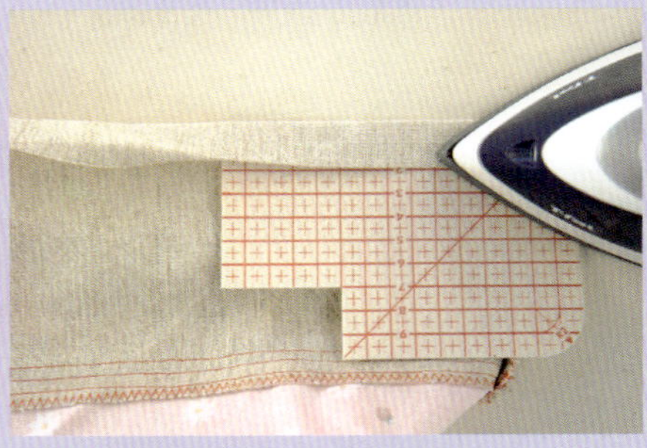

②把熨烫规尺放在完成线上，用熨斗把其余的2cm缝份折起去。

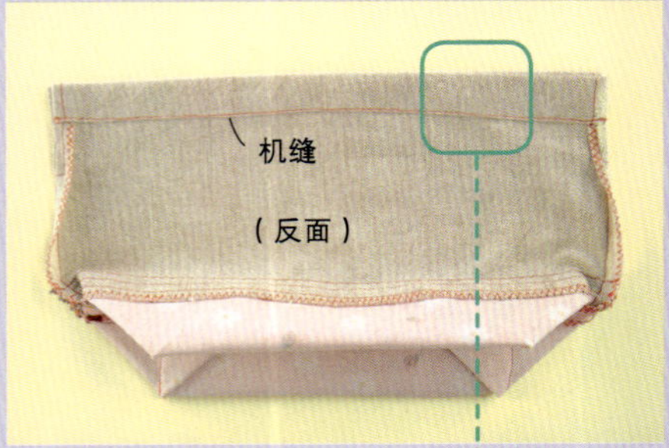

③用珠针固定，机缝（折三折机缝）。

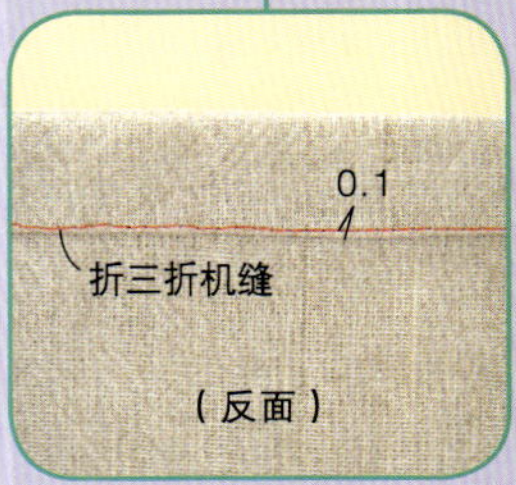

放大图

8 穿上布带。

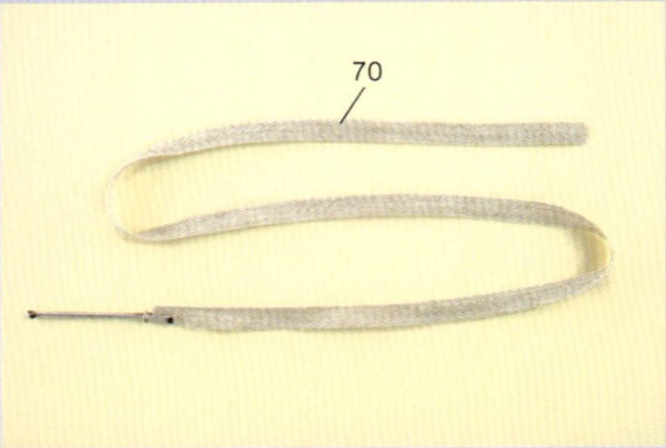

①把亚麻布带剪成70cm的两段，将其中一根夹在穿绳器上。

②从左侧孔穿进去，成U形。另外一根也夹在穿绳器上，从右侧孔穿进去，成U形。

③把两端的布带合并打结，完成。

47 水壶套的做法

水壶套的材料（以制作单品为例）

- A布（牛津印花布）35cm × 15cm
- B布（棉布 素色）20cm × 30cm
- 毡布（红色）5cm × 5cm
- 毡布（绿色）5cm × 5cm
- 棉质蕾丝1.6cm × 34cm
- 亚麻布带1cm × 100cm
- 25号刺绣线（红色、绿色）各少量
- 双面胶带5mm宽（参见P9）
- 双面胶纸（参见P9）

*实物大小的贴布图案见纸样A面。

1 缝合袋布和底布。

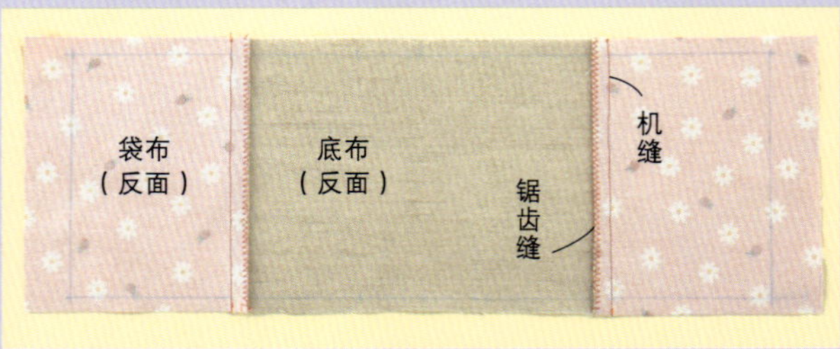

把袋布和底布机缝在一起。两块布的缝份同时用锯齿缝锁边，用熨斗压平到底布一侧。

2 缝上蕾丝，制作贴布。

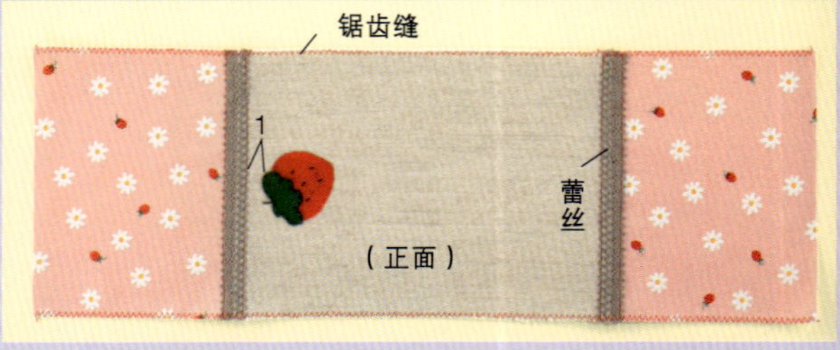

把蕾丝剪成17cm的两段，参见P9，把蕾丝的中线对准接缝处，粘贴上蕾丝。把蕾丝两端机缝固定。边线的缝份用锯齿缝处理。参照P9、P10制作贴布，纵向卷缝在接缝处边缘底布一侧。

3 叠起底帮，缝边线。

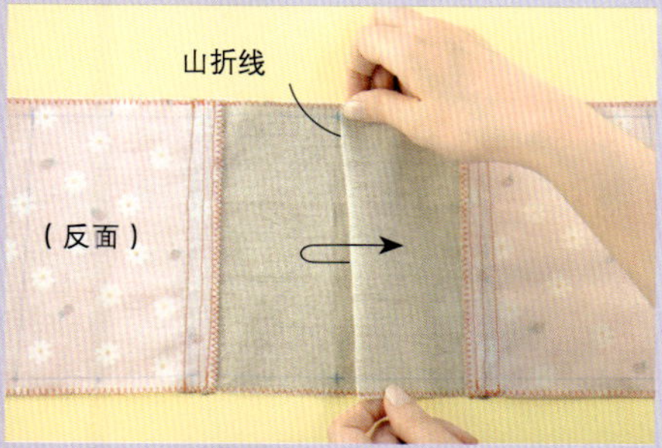

①把袋布正面放在外侧，沿底部边线对折。把上面的袋布从山折线折到外侧。

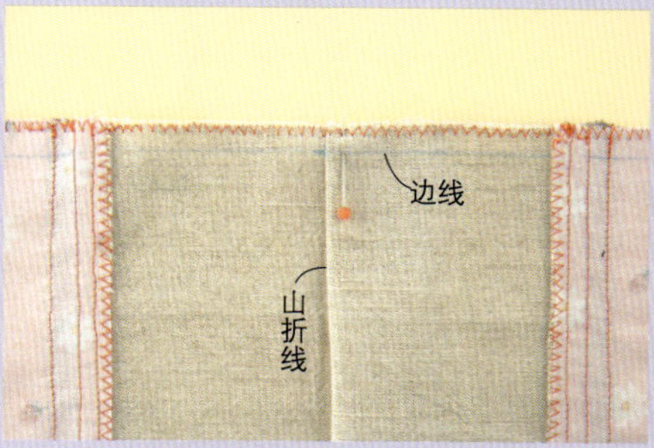

②用珠针固定边线，使底帮打不开。

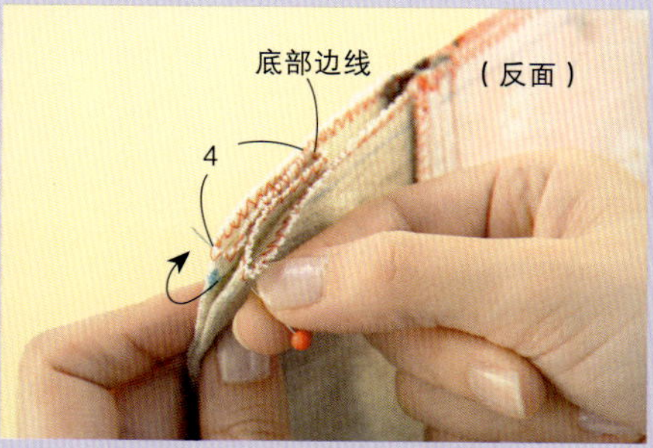

③把下面的袋布从山折线折到另一侧，把布叠成W形。拔出②的珠针，把四块布一起重新固定。

④把两边线的底帮部分用珠针固定住。

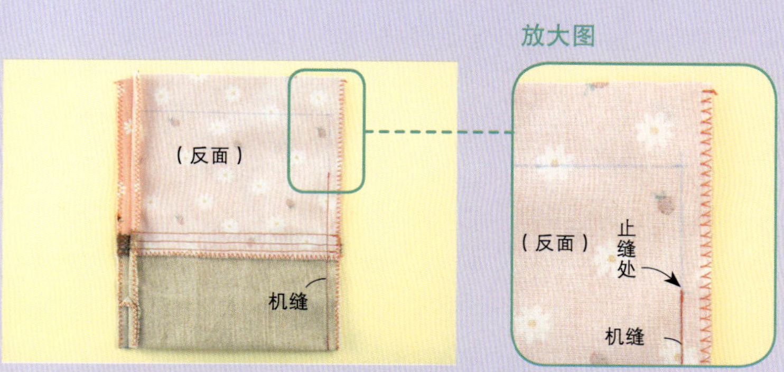

⑤用珠针固定边线，机缝到止缝处。把缝份左右熨开。

4 缝上留空的部分。

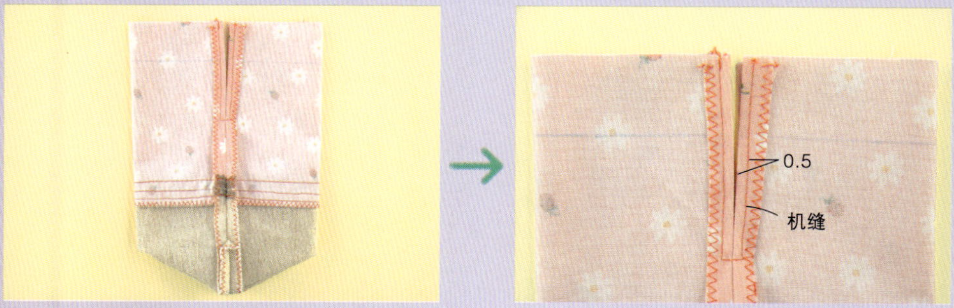

在留空部位边缘向内0.5cm处机缝。

5 缝开口，穿上布带。

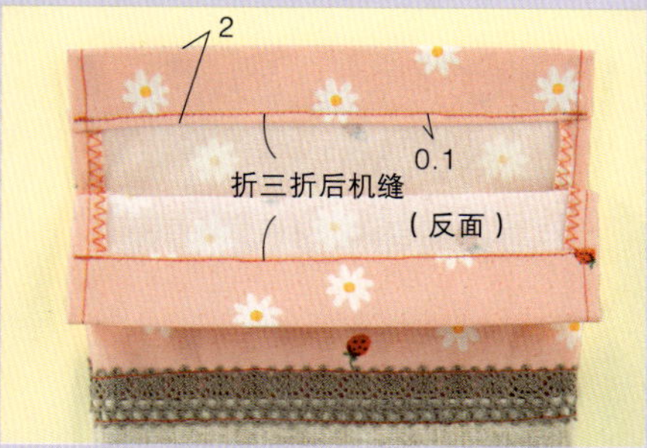

用和P34相同的方法，把开口折三折后机缝。准备两根50cm的亚麻布带，用和P34相同的方法把亚麻布带穿起来。

45 餐具包的做法

餐具包的材料（以制作单品为例）

- A布（牛津印花布）25cm×20cm
- B布（棉布 素色）15cm×15cm
- 毡布（红色）5cm×5cm
- 毡布（绿色）5cm×5cm
- 棉质蕾丝1.6cm×20cm
- 亚麻布带1cm×60cm
- 25号刺绣线（红色、绿色）各少量
- 双面胶带5mm宽（参见P9）
- 双面胶纸（参见P9）

＊实物大小的贴布图案见纸样A面。

1 缝合袋布和底布。

请参照便当包、水壶套的做法。

2 缝上蕾丝，制作贴布。

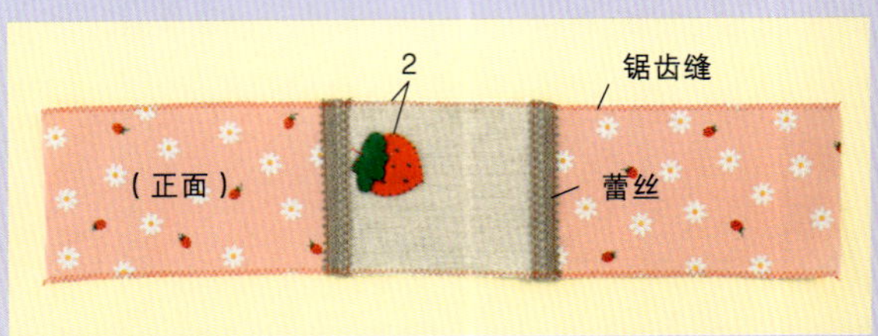

把蕾丝剪成10cm的两段，蕾丝的中线对准接缝处，粘贴上蕾丝。蕾丝两端机缝固定。边线的缝份用锯齿缝锁边。参照P9、P10制作贴布，缝在接缝处边缘底布一侧。

3 缝边线。

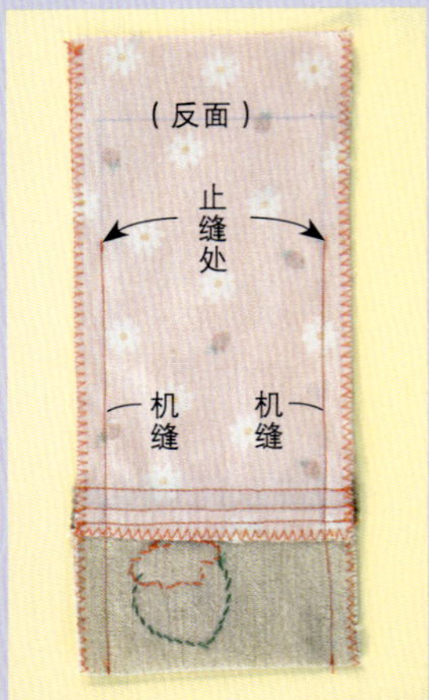

①把袋布沿底部边线对折，使正面在内侧。用珠针把边线固定，缝到止缝处。

②用熨斗把缝份左右熨开。

4 缝上留空的部分。

在留空部位边缘向内0.5cm处机缝。

5 缝开口，穿上亚麻布带。

用和P34相同的方法把开口折三折后机缝。准备两根30cm的亚麻布带。用和P34相同的方法把亚麻布带穿起来。

46 餐垫的做法

餐垫的材料（以制作单品为例）

- A布（牛津印花布）30cm×30cm
- B布（棉布 素色）50cm×30cm
- 毡布（红色）10cm×5cm
- 毡布（绿色）5cm×5cm
- 棉质蕾丝1.6cm×27cm
- 25号刺绣线（红色、绿色）各少量
- 双面胶带5mm宽（参见P9）
- 双面胶纸（参见P9）

＊实物大小的贴布图案见纸样A面。

1 缝上贴布。

参照P9、P10制作贴布，锁缝在餐垫表布的B布上。

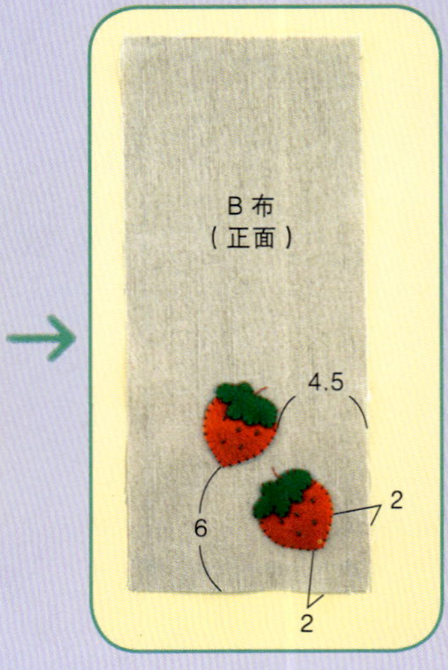

2 缝接缝线。

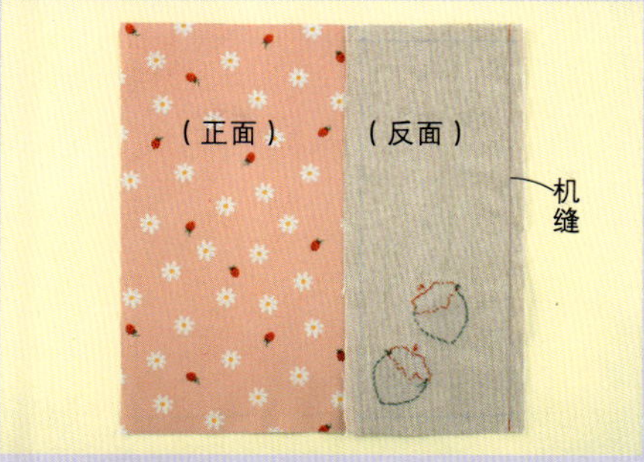

①把餐垫表布的A布和B布正面叠放在内侧，机缝。

②用熨斗把缝份左右熨开。

3 缝上蕾丝。

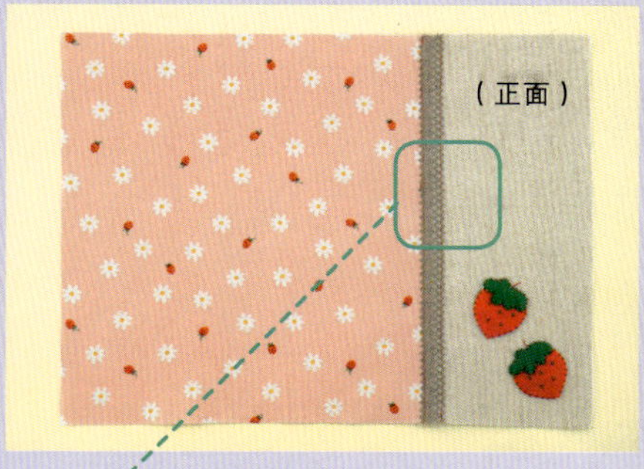

准备27cm的蕾丝（参见P9），蕾丝的中线对准接缝处粘贴。蕾丝两端机缝固定。

放大图

4 缝合餐垫的表布和里布。

放大图

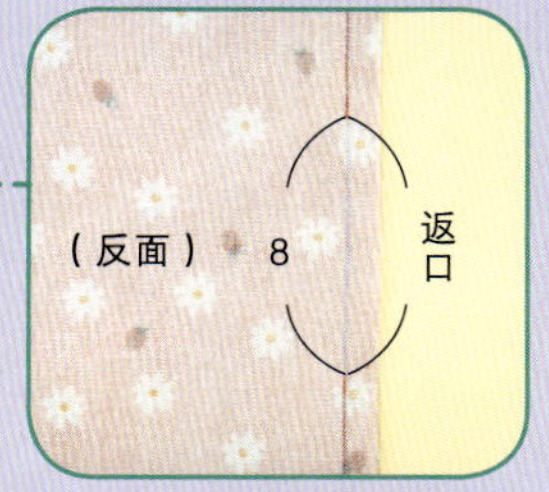

①把餐垫表布和里布的正面叠放在内侧，沿周围缝起来，剩余8cm左右留作返口。

②用熨斗把返口的缝份左右熨开，除返口以外的缝份沿着针眼的边缘折到一侧。

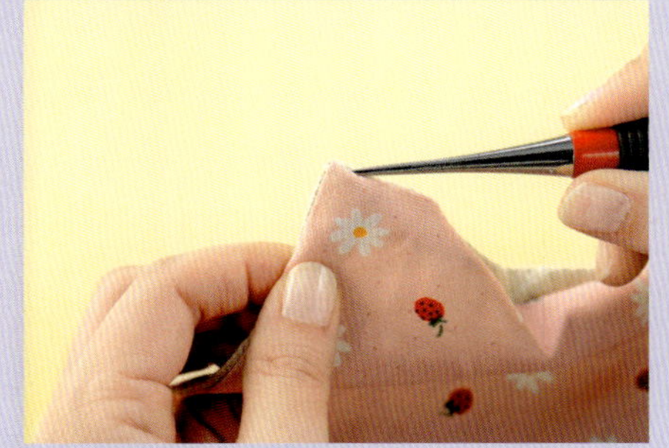

③从返口伸进手去，翻到正面。用锥子把边角整理好。

放大图

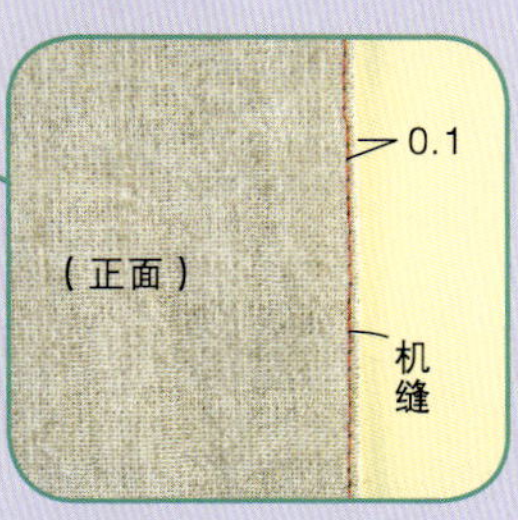

④把返口对齐，在距布边0.1cm处机缝，完成。

甜点

粉色的点点印染、蕾丝、成套的刺绣型徽章，都是女孩子喜爱的元素。在提供午餐的学校，准备好餐垫、水壶套、餐具包这三件套吧。

49～51 做法：P80

For Girls

松鼠和小花

圆点印染双层纱质的双色组合，搭配了北欧风情的丝带和刺绣型徽章，尾圈的颜色也成了可爱的亮点。

52、**53** 做法：P40

P39 **52、53**

松鼠和小花

52、53组合的材料

- A布（双层纱）100cm×15cm
  （**52**=55cm×15cm **53**=45cm×15cm）
- B布（圆点图案棉布）55cm×25cm
  （**52**=30cm×25cm **53**=25cm×25cm）
- 纽扣（心形）1cm 2个（只**52**用）
- 丝带A（提花丝带）1cm×98cm
  （**52**=54cm **53**=44cm）
- 丝带B（苎麻乔其纱）1.8cm×54cm（只**52**用）
- 时尚软绳0.3cm粗 60cm长
  （**52**=140cm **53**=120cm）
- 尾圈4个（**52**=2个 **53**=2个）
- 松鼠徽章 1个（只**52**用）
- 拉丁字母徽章 1个（只**53**用）
- 小花徽章 3个（只**53**用）

*未附纸样，请自行制作图。
*（）中的材料是制作单品的量。

52便当包的制作图

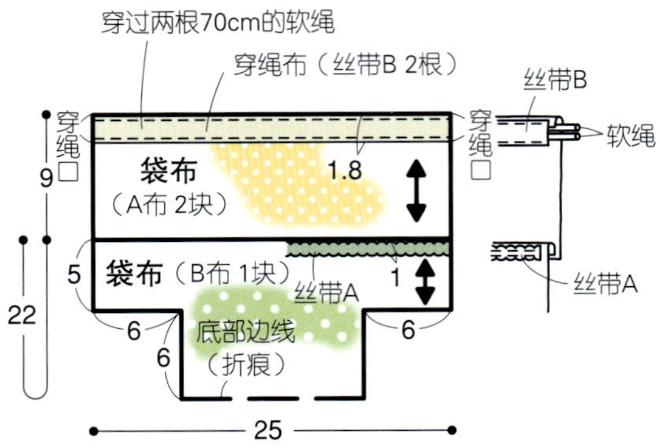

53水壶套的制作图

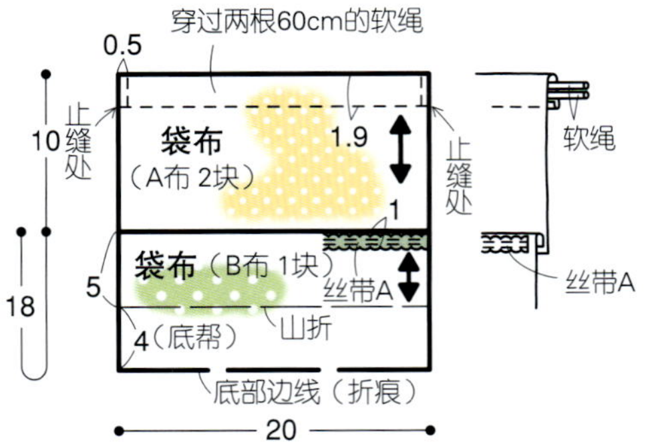

52、53 B布的裁剪方法图

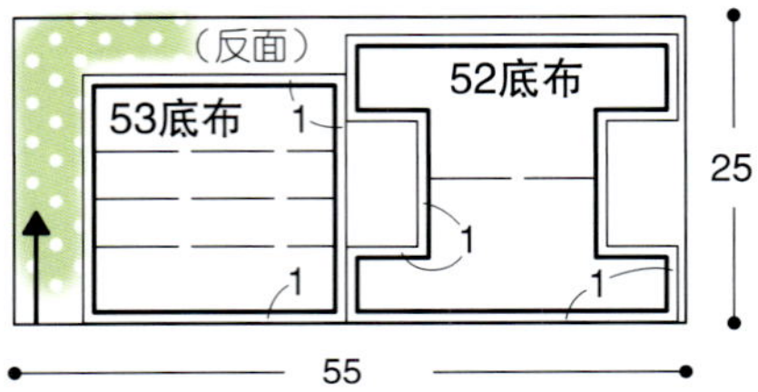

52、53 A布的裁剪方法图

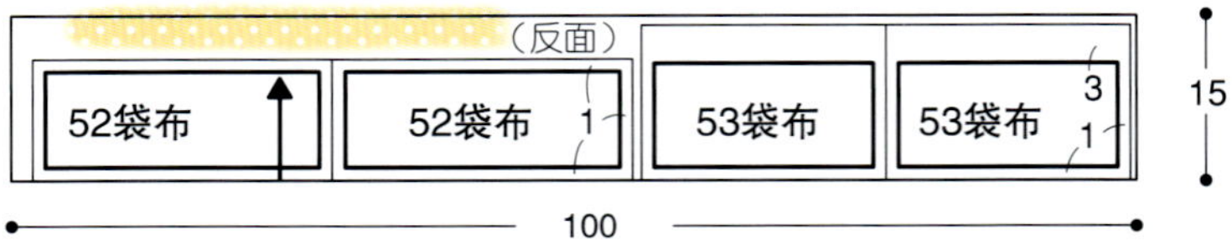

52便当包的做法

1 缝合底布和袋布。

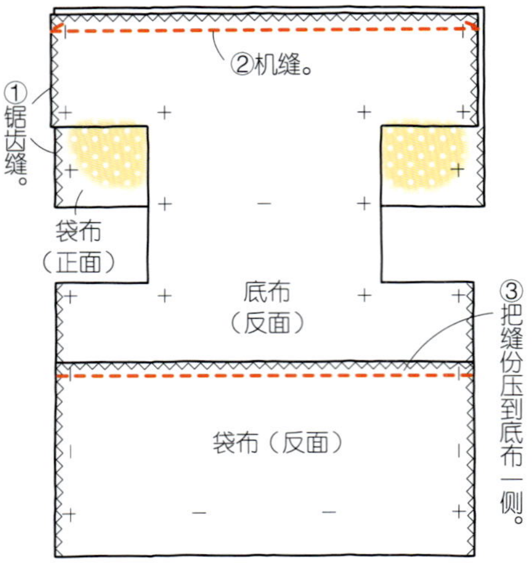

2 把蕾丝粘在接缝处。粘贴徽章，钉上纽扣。

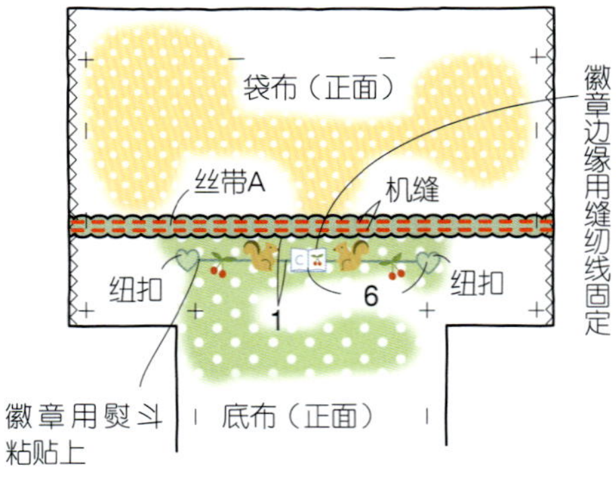

3 缝边线。

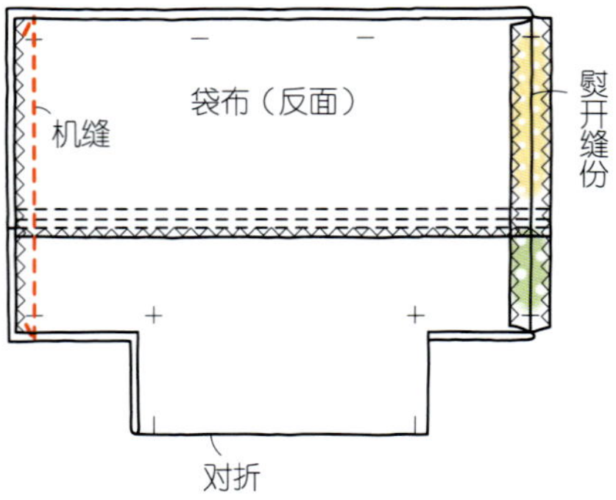

4 缝纫底帮。

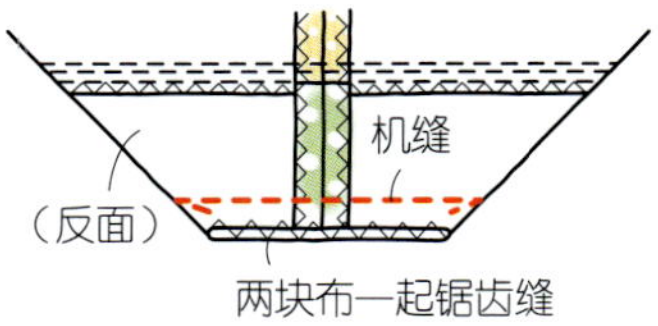

5 把开口处的缝份折到正面，作为穿绳布的丝带B叠放在上面。

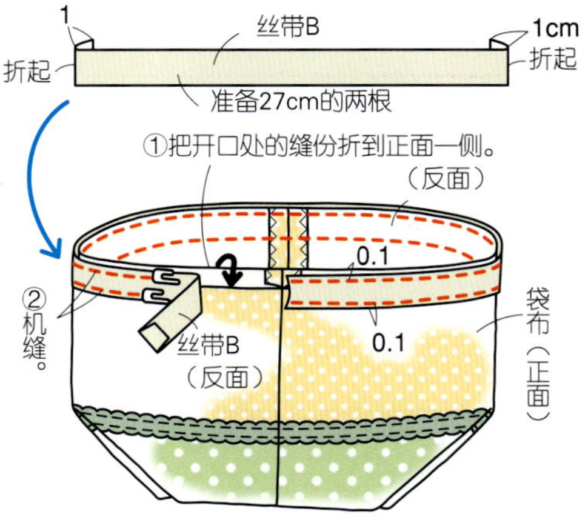

6 将软绳穿过穿绳布，在两边套上尾圈。

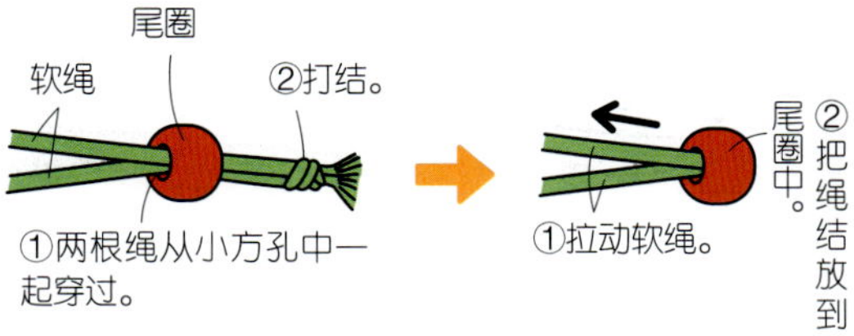

52的完成品

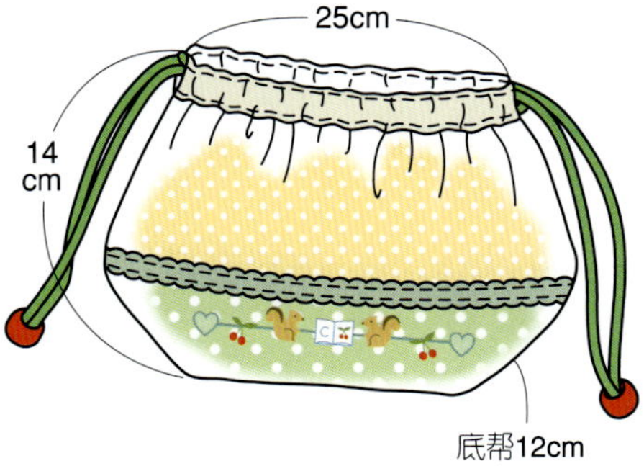

53水壶套的做法

1 把底布和袋布缝合到一起。把蕾丝粘在接缝处，粘贴徽章。

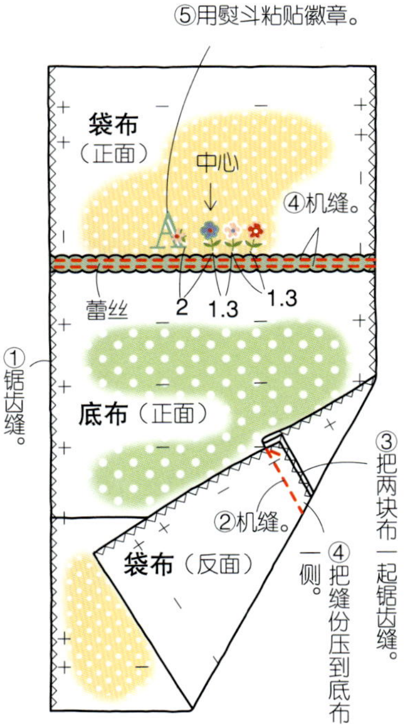

2 沿底部边线对折。

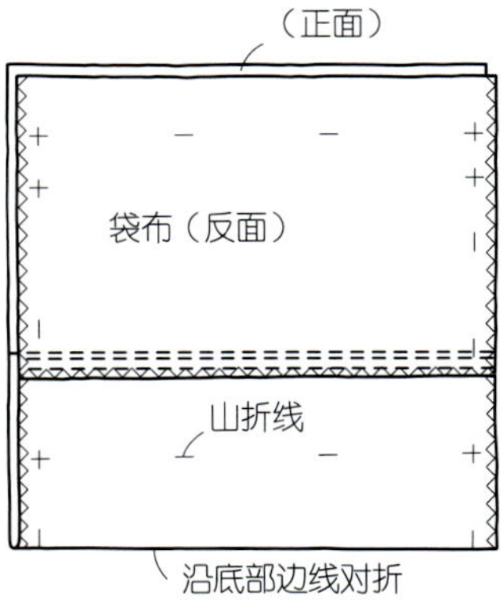

3 把底帮向上折到跟前，缝边线。

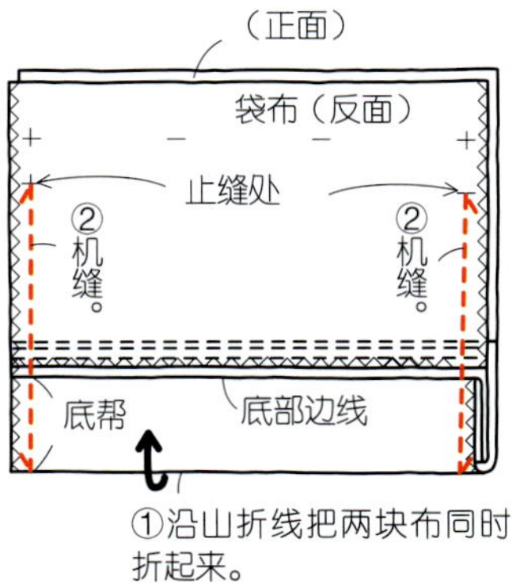

53的完成品

6 穿上软绳，套上尾圈。

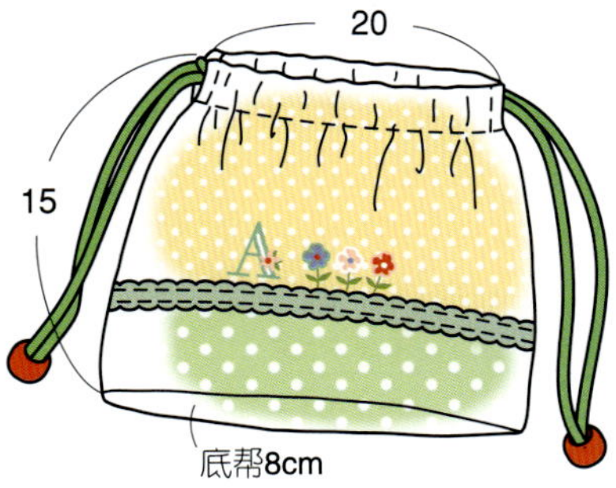

4 缝上留空的部分。

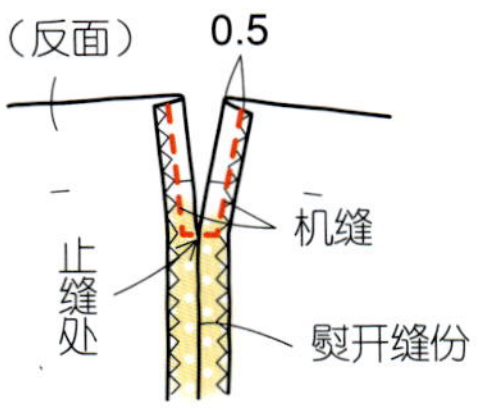

5 把袋口部分折三折后机缝。

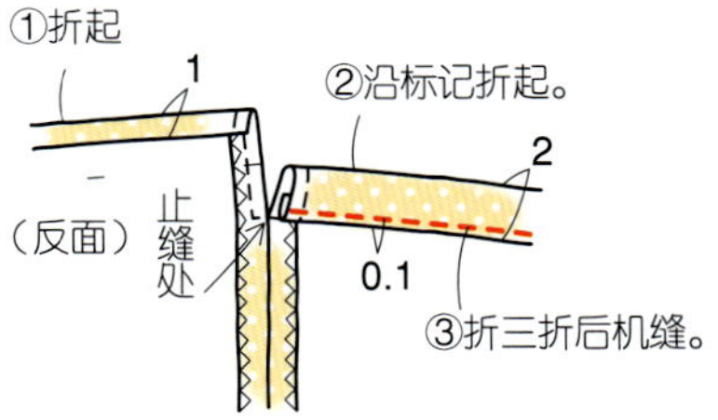

For Boys & Girls

便当绑带

多种多样的便当绑带，可以根据当天的心情来选择。在宽松紧带上缝一个小小的动物图案贴布，多可爱啊。

54～61 做法：P43

便当绑带

54～61的材料（1个的量）

- 松紧带2cm×28cm
- 基底布A（麻、57是圆点图案棉布）4cm×6cm
- 基底布B（麻）6cm×7cm
- 毡布各种颜色5cm以内
- 25号刺绣线各种颜色少量
- 手工绑带

＊贴布先用手工绑带临时固定。对应毡布的颜色选择刺绣线的颜色，用于纵向卷缝。

基底布的制作图

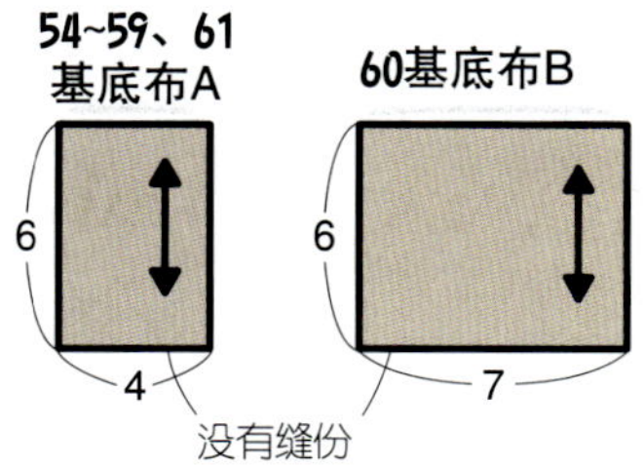

做法

1 用刺绣线（单线）在基底布的中心缝上贴布。

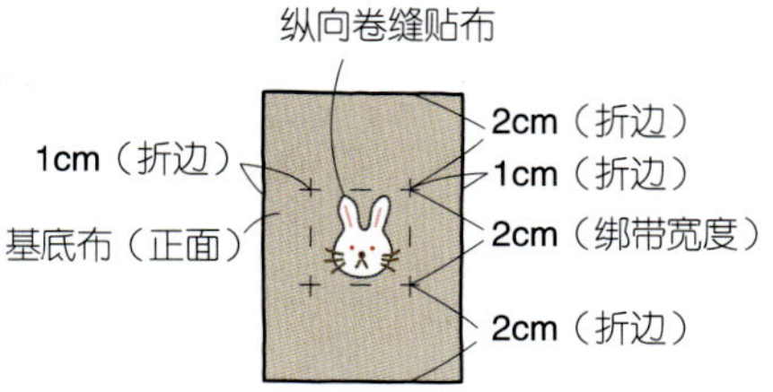

60也是同样做法

2 左右折起1cm，用平针绣固定。

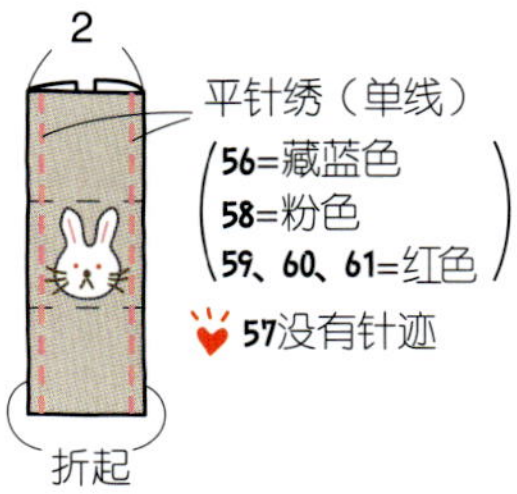

60是折起5cm

＊作品54、55是直接把贴布缝到松紧带上。

3 松紧带两端重叠1.5cm，机缝。

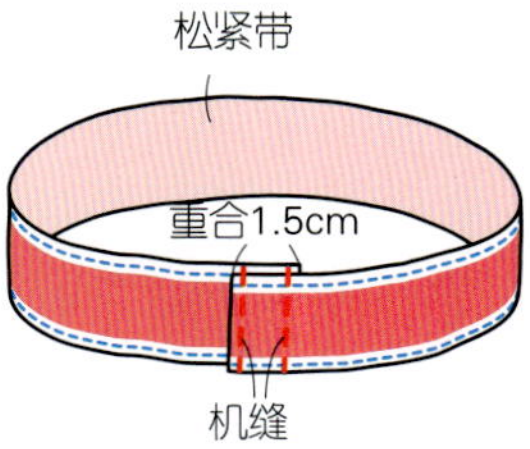

4 在松紧带的接缝处卷上基底布。

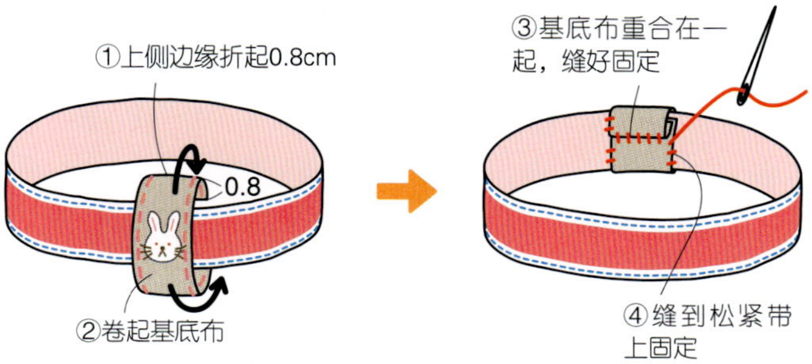

松紧带接缝处的针脚用基底布遮盖

直接在松紧带上缝贴布

54也是相同做法

完成

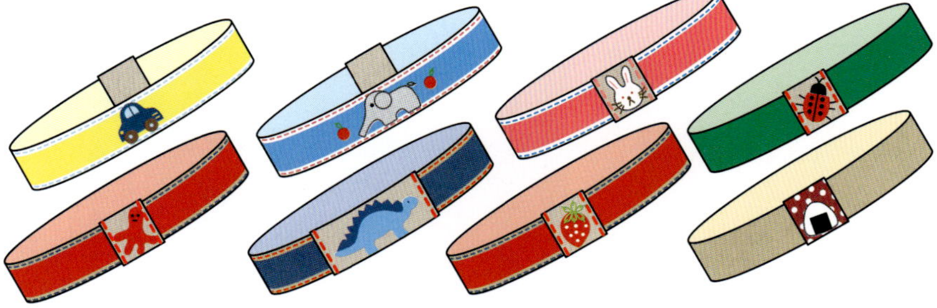

＊“直线绣”等名称中的“绣”字是刺绣的简称。
＊除指定以外均为2股线刺绣。
＊法式结粒绣要将线绕2圈。
＊贴花采用纵向锁缝法缝纫（纵向卷缝参见P95）。

实物大小的贴布图案

54

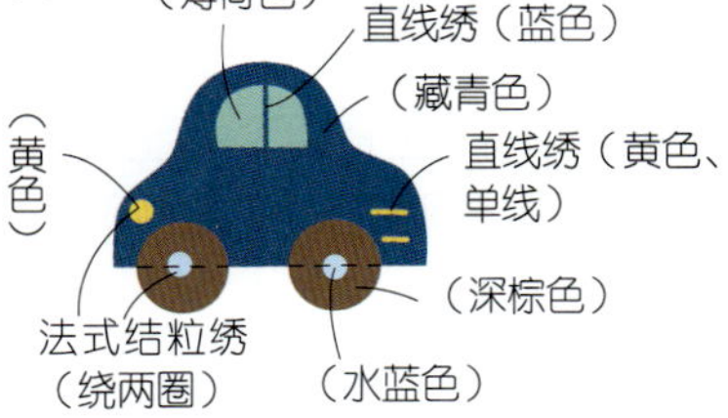

55

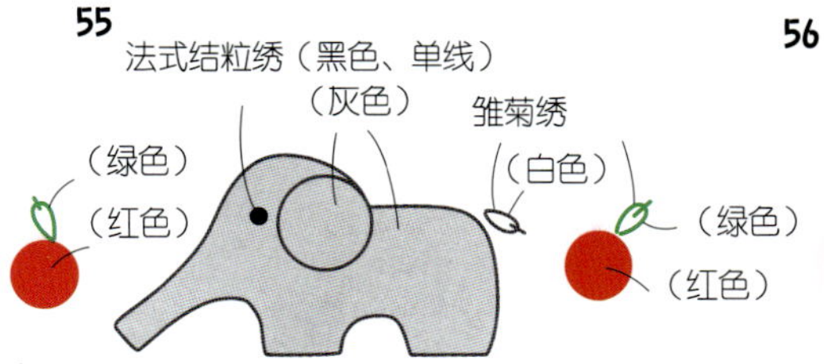

56

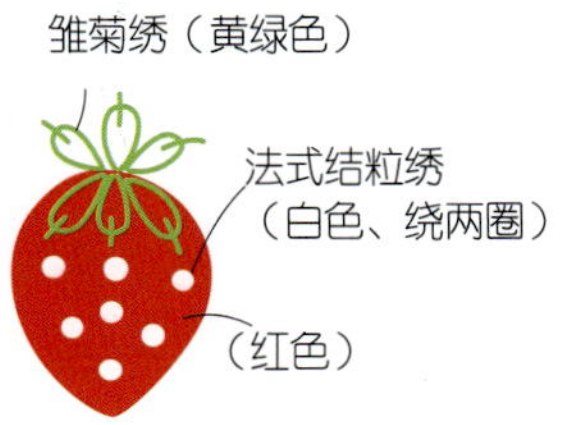

57

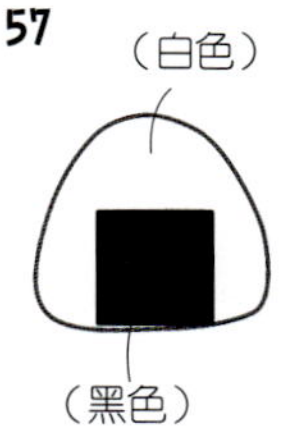

58

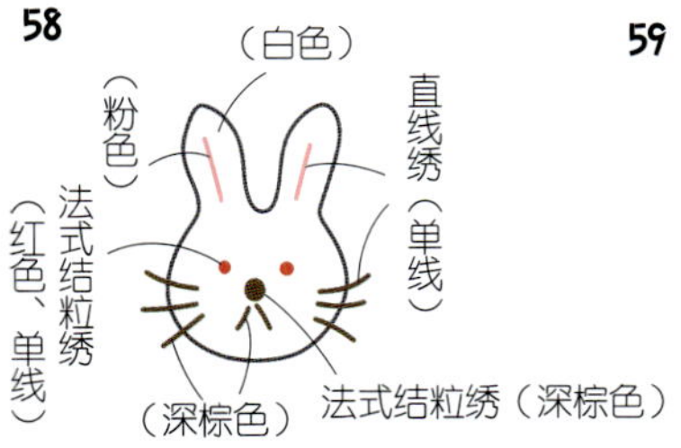

59

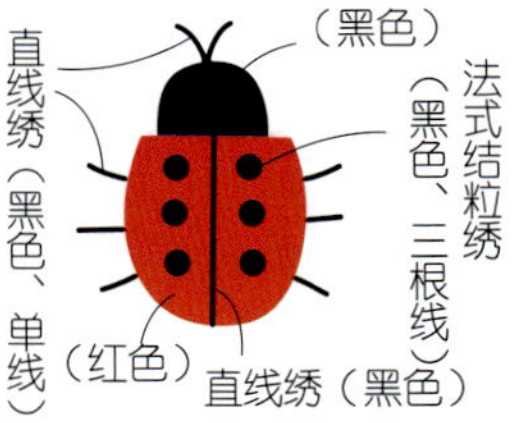

60

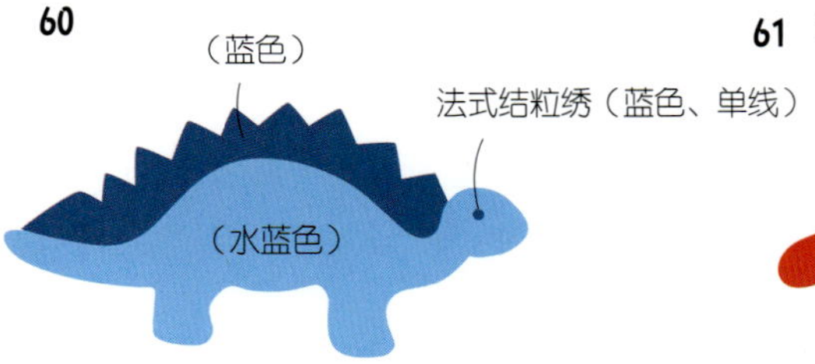

61

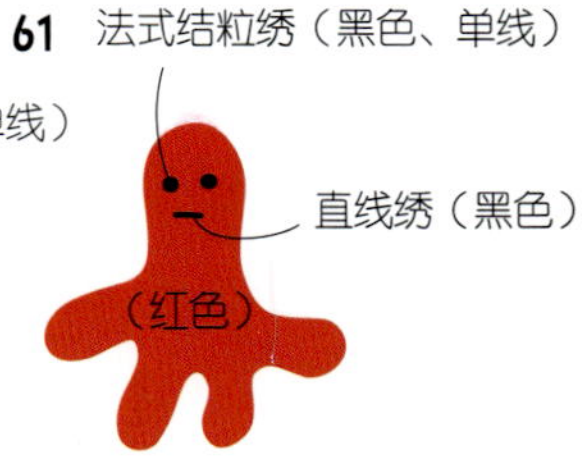

罩衫

为了避免小孩子在画画或吃饭时把衣服弄脏，推荐这种穿着方便的套头罩衫。并且在前面做了两个口袋以区分前后。

62、**63** 做法：P45

62

63

* 罩衫可以做身长90cm、100cm、110cm、120cm的四个尺寸。

P44 **62、63**

罩衫

62 的材料

- 表布（牛津印花布）110cm宽
  110cm、110cm、120cm、130cm
- 棉质蕾丝1.8cm宽
  141cm、144cm、151cm、158cm
- 松紧带（8道）0.8cm宽
  79cm、83cm、86cm、89cm
- 斜裁布带（两折）1.27cm×100cm

＊实物大小的纸样见A面。

63 的材料

- 表布（牛津印花布）110cm宽
  110cm、110cm、120cm、130cm
- 松紧带（8道）0.8cm宽
  43cm、45cm、46cm、47cm
- 斜裁布带（两折）1.27cm×100cm

＊实物大小的纸样见A面。

尺寸表示

90cm 尺寸 —●
100cm 尺寸 —●
110cm 尺寸 —●
120cm 尺寸 —●
每个颜色对应一个尺寸

62、63 的纸样

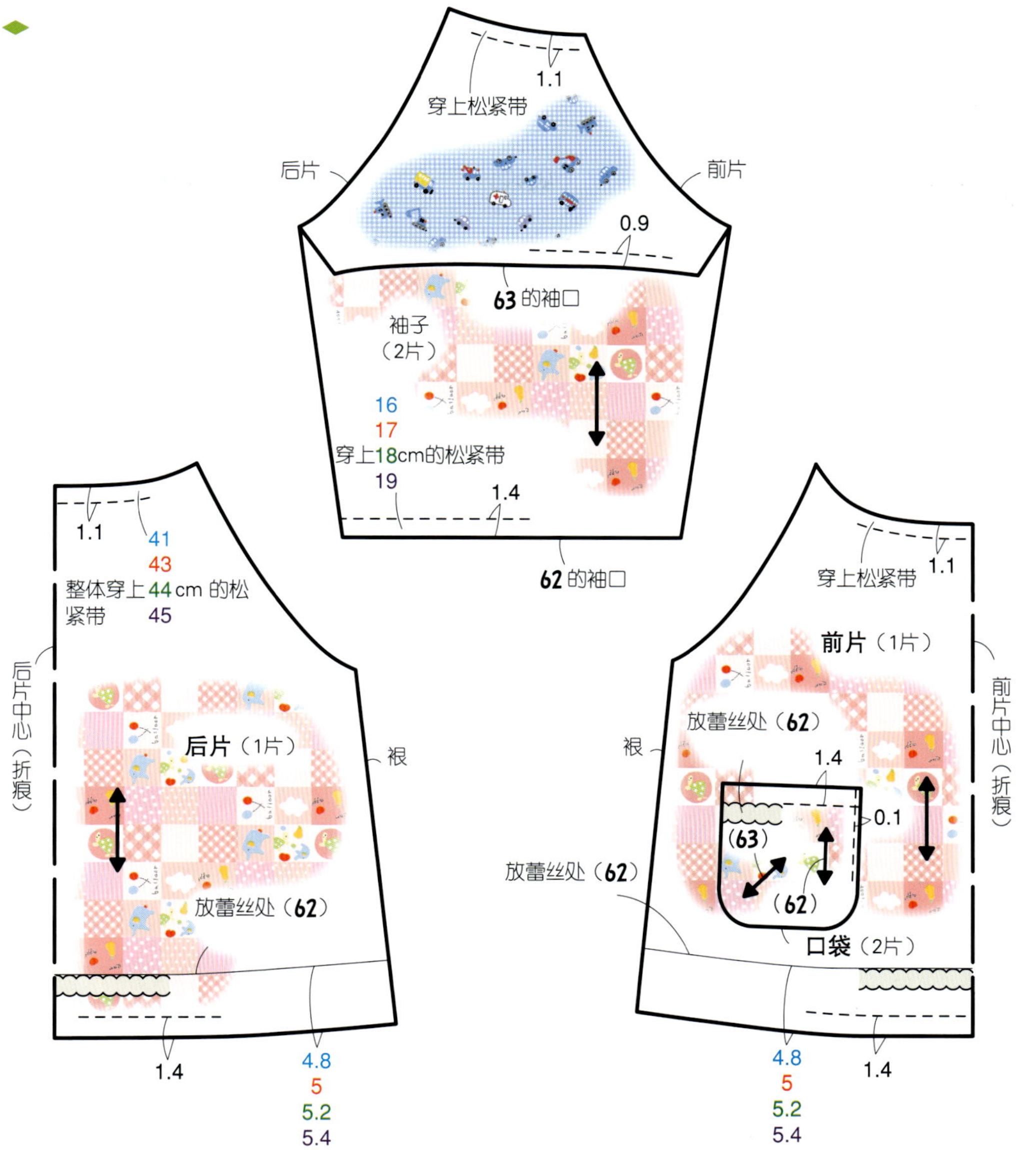

62表布的裁剪方法图

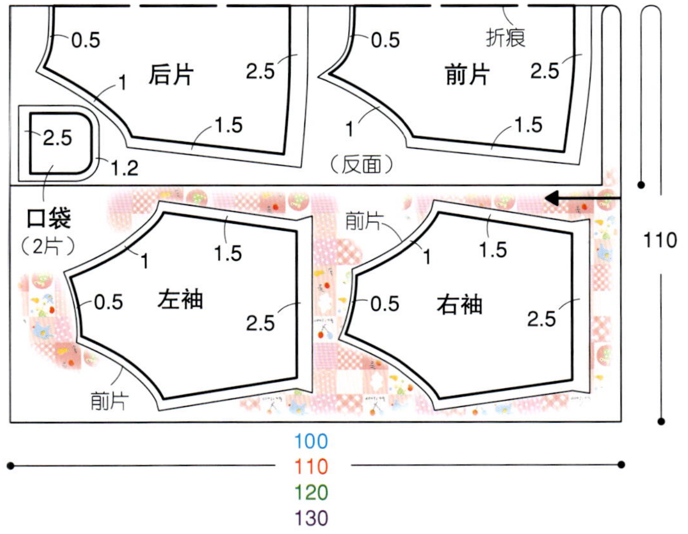

63表布的裁剪方法图

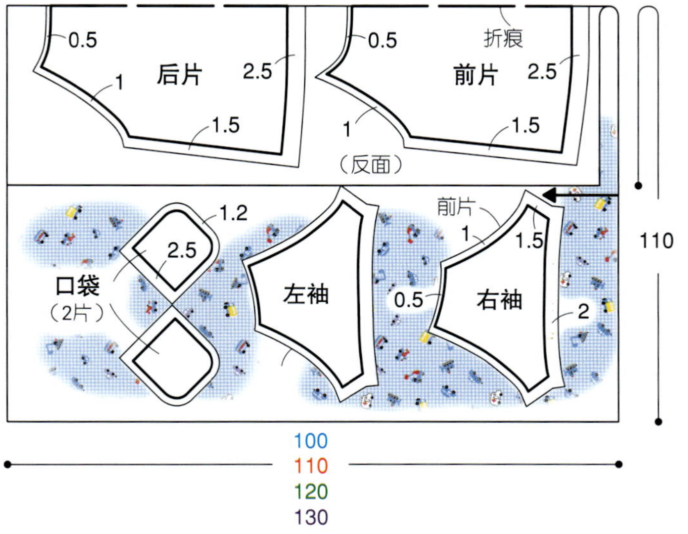

62的做法

1 在前后身下摆线处缝上蕾丝。

2 制作口袋，缝在前身。

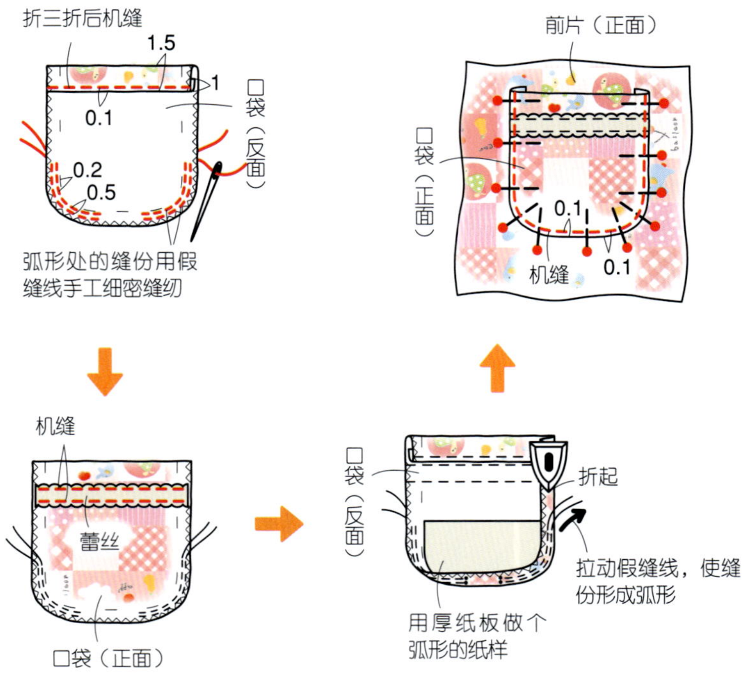

3 做袖子，给袖口穿上松紧带。

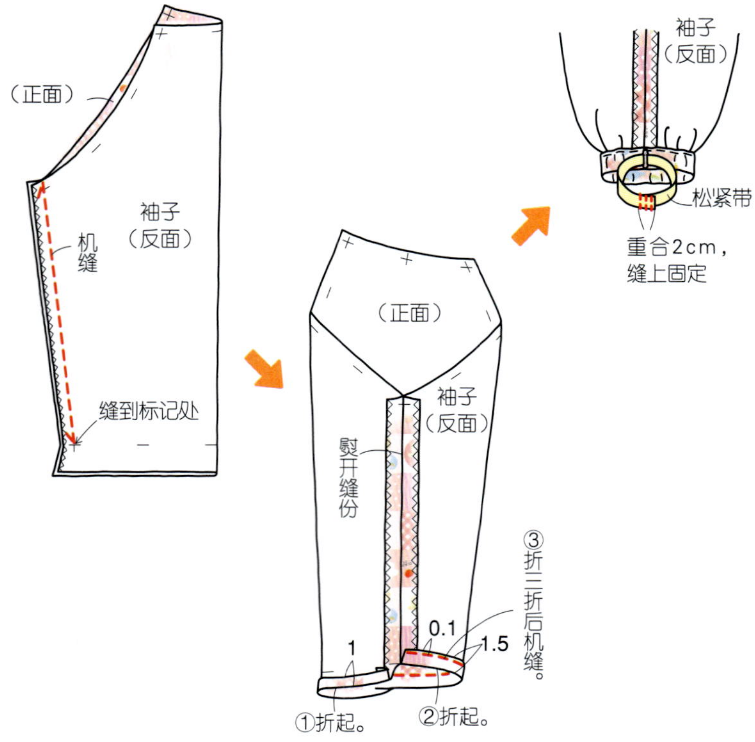

4 缝边线。
5 缝下摆线。
6 缝上袖子。

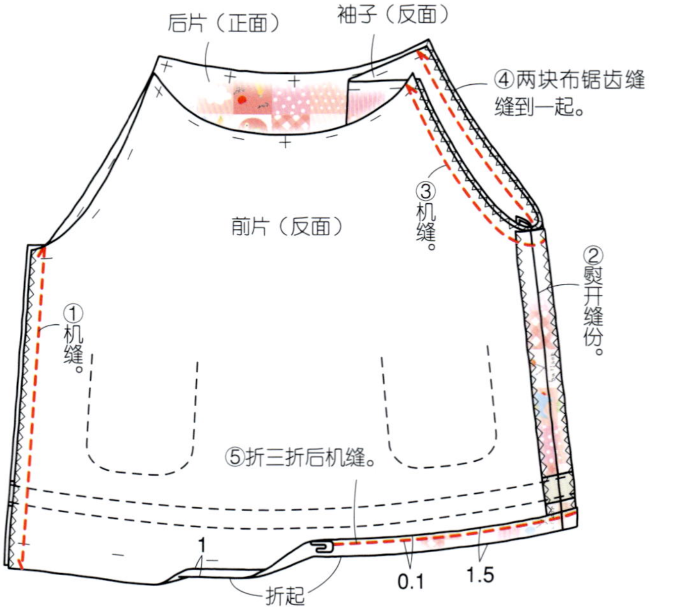

7 领口贴上斜裁布带，穿上指定长度的松紧带。

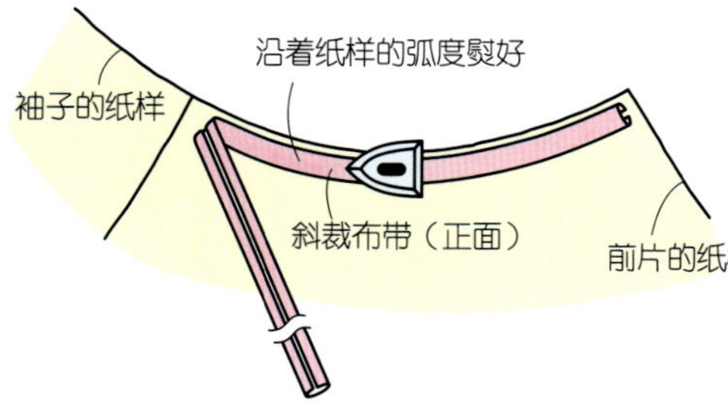

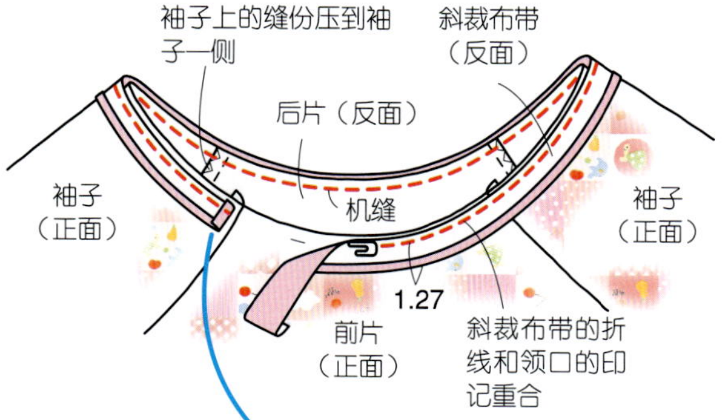

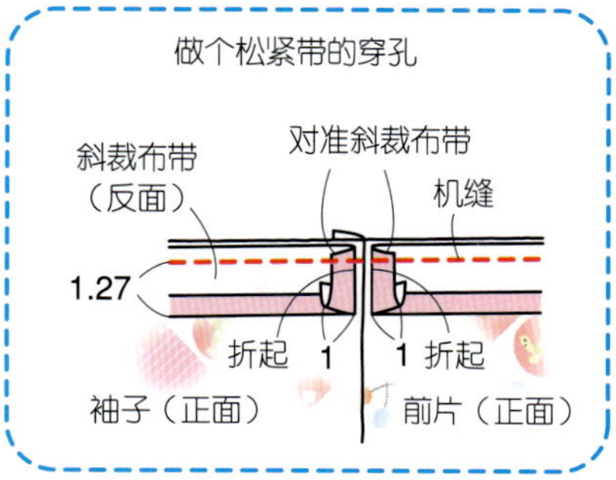

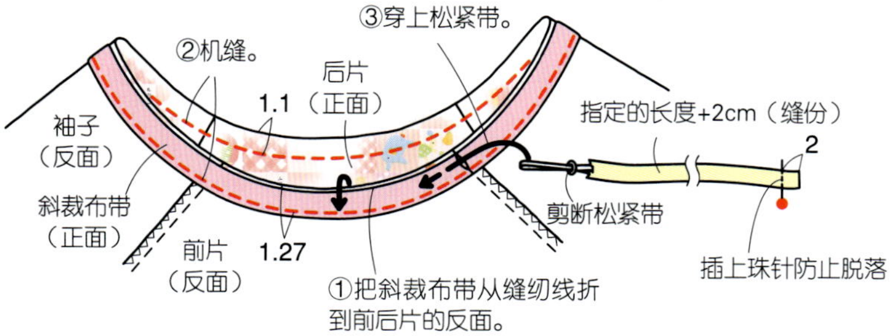

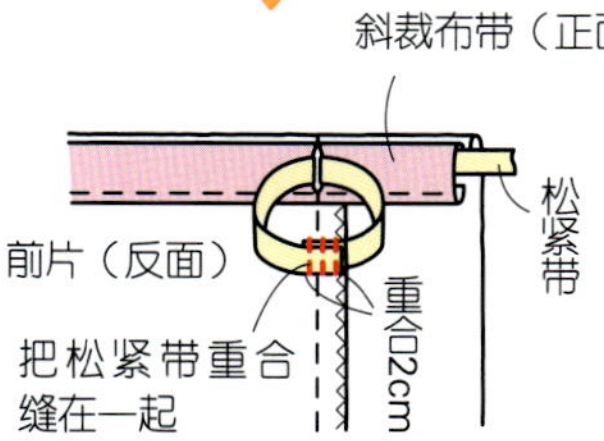

62的完成品

63的做法

***详细做法参见作品62。**

做袖子。

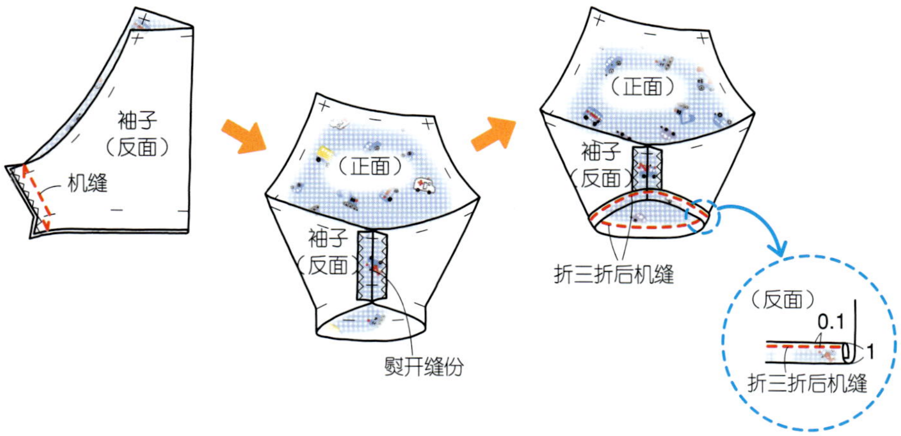

63的完成品

使用方便的各式小包

上幼儿园的斜挎包

有效利用方格纹和素色构成的双面绗缝质地而做成的斜跨包大受欢迎。男孩子用的包上嵌上了冲向宇宙的火箭贴布，女孩子用的包上则是添加了蛋糕贴布。

64、**65** 做法：P82

64

65

盖子内侧用了尼龙粘扣。

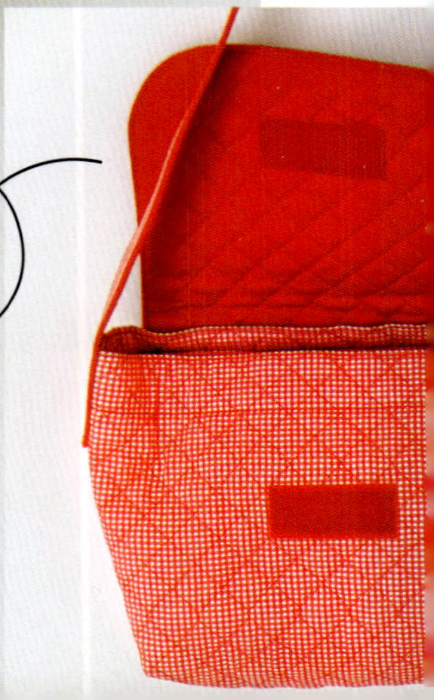

简便背包

如果在没有特别指定斜挎包的幼儿园，还是推荐这款可以空出两手的简便背包。当然更适合外出或幼儿园以外的活动，并且还添加了小口袋。

66、**67** 做法：P50

P49 66、67

简便背包

66 的材料

- A布（牛仔绗缝布）75cm × 45cm
- B布（彩色斜纹布）80cm × 25cm
- 布衬 65cm × 25cm
- 尼龙粘扣2.5cm × 6cm
- 圆绳0.7cm粗 290cm长
- 毡布（水蓝色、藏青色、桃红色）各5cm × 5cm
- 毡布（白色、黑色、粉色）各3cm × 3cm
- 25号刺绣线（水蓝色、藏青色、桃红色、黑色）各少量

＊盖子和口袋的实物大小的纸样和贴布图案见B面。

＊盖子和口袋用粘贴布衬的B布裁剪。

67 的材料

- A布（方格纹布）75cm × 45cm
- B布（彩色斜纹布）80cm × 25cm
- 布衬 65cm × 25cm
- 尼龙粘扣2.5cm × 6cm
- 圆绳0.7cm粗 290cm长
- 毡布（红色、橘黄色、桃红色、黄绿色、茶色）各 5cm × 5cm
- 毡布（黄色、粉色）各3cm × 3cm
- 25号刺绣线（红色、黄色、绿色、深棕色、桃红色、黑色）各少量

＊盖子和口袋的实物大小的纸样和贴布图案见B面。

＊盖子和口袋用粘贴布衬的B布裁剪。

66、67的制作图

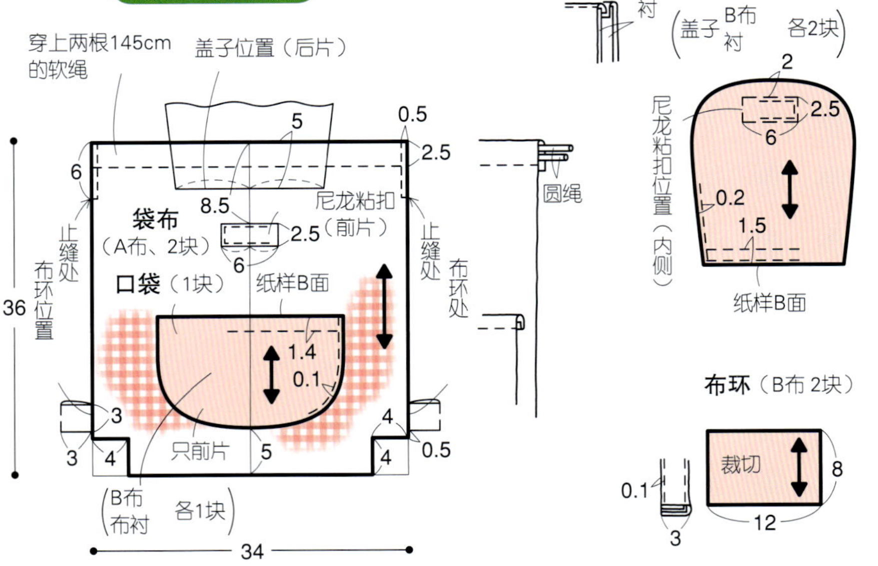

66、67的做法

1 制作口袋，粘贴贴布。

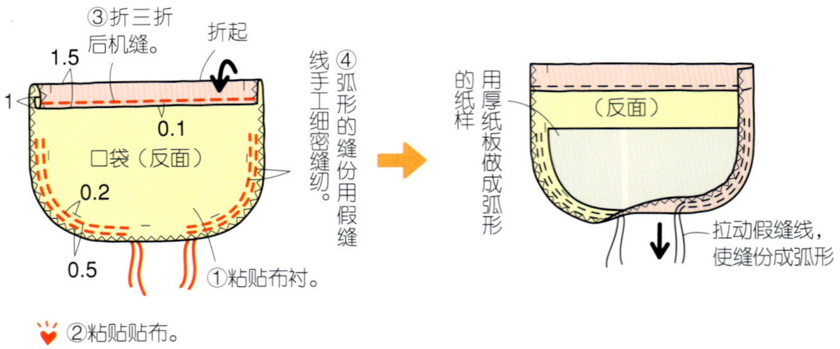

66、67A布的裁剪方法图

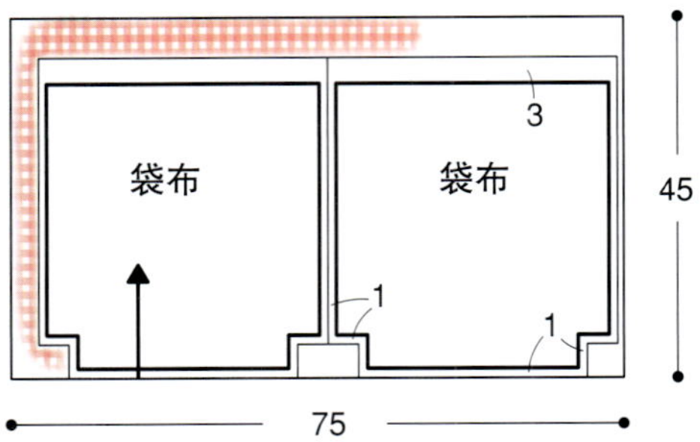

66、67B布和布衬的裁剪方法图

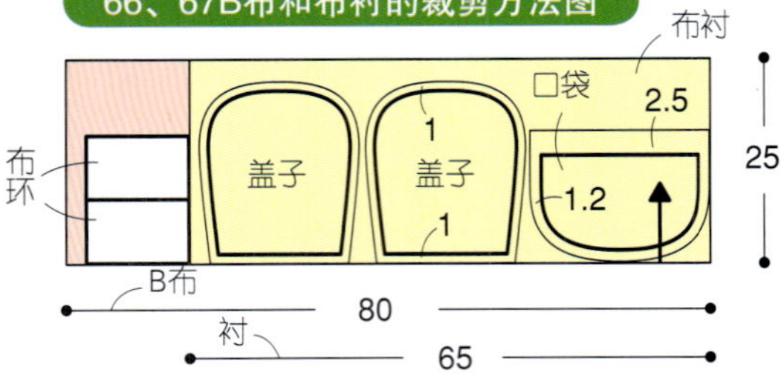

2 制作布环。

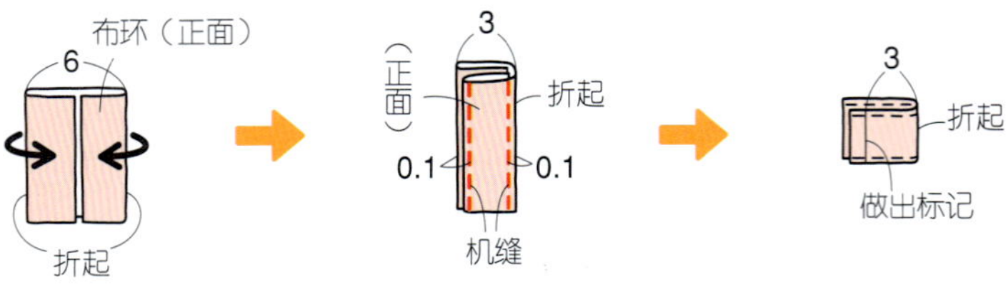

3 把口袋和尼龙粘扣装到前袋布，布环缝到缝份上。

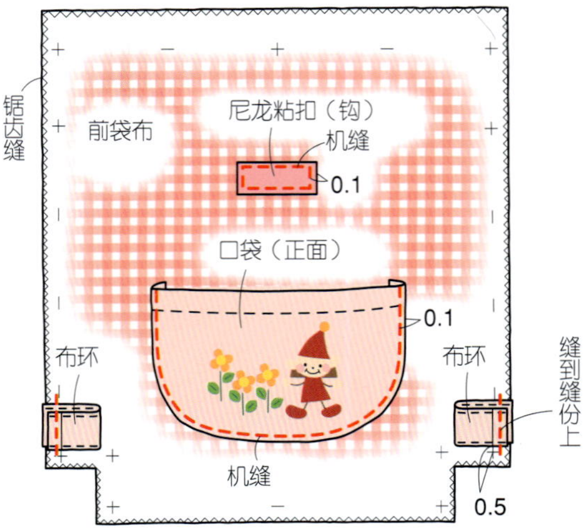

4 把前后袋布叠放在一起，缝边线和底部边线。

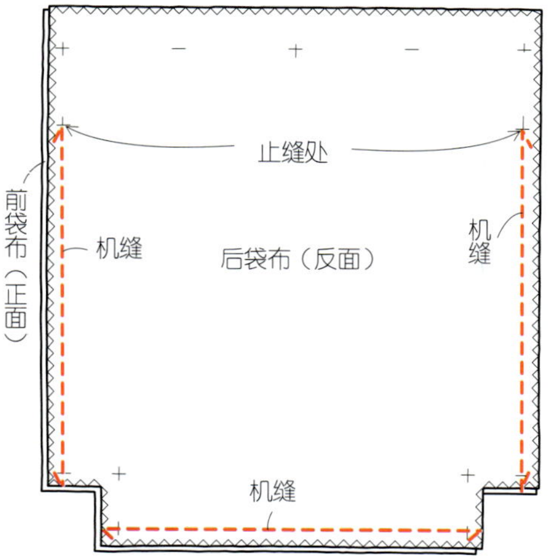

5 把留空部分的缝份机缝起来。

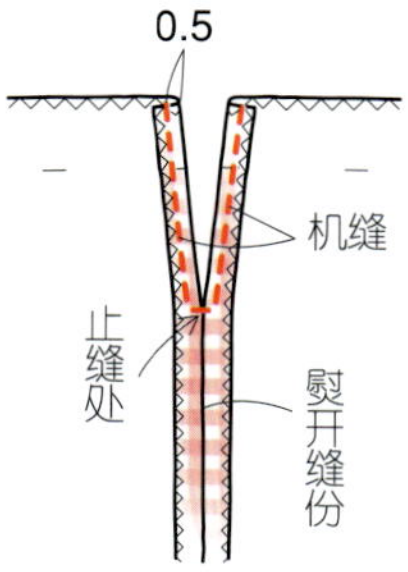

6 对齐边线和底部边线，缝底帮。

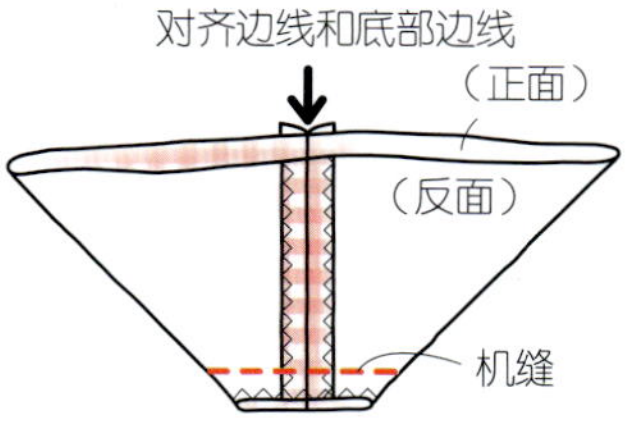

7 折起开口处的缝份，机缝。

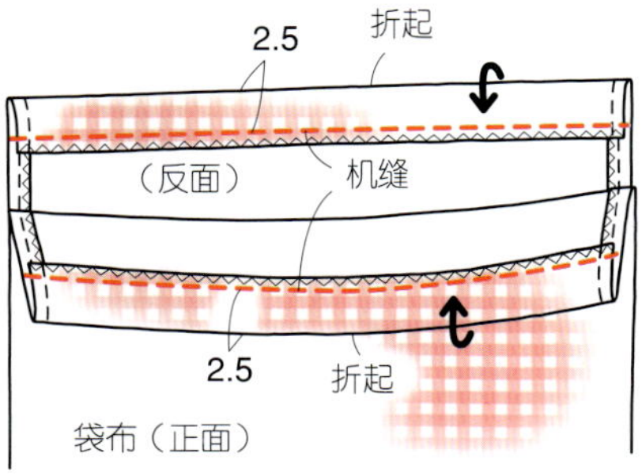

8 制作盖子，缝到后袋布上。

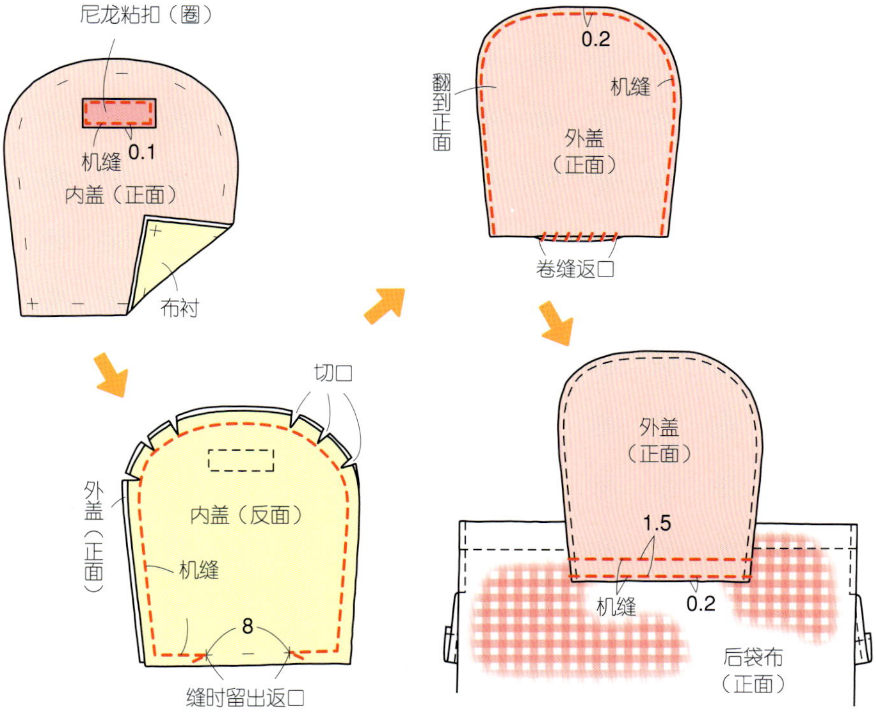

67的完成品

9 把145cm长的圆绳一根一根穿上成U形。穿过布环后打结。

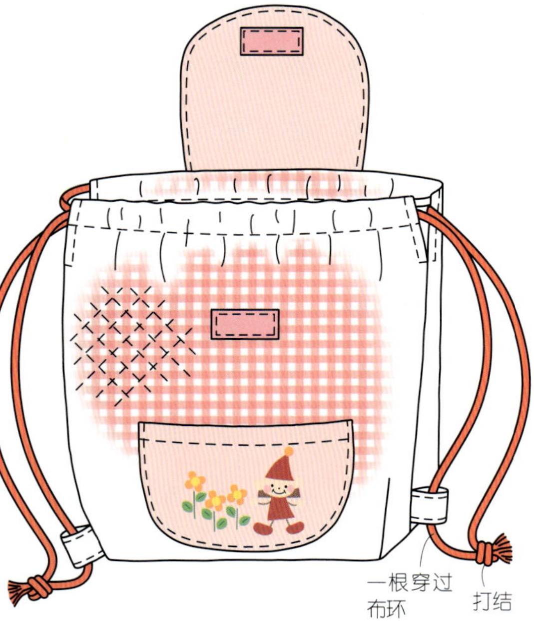

66的完成品

For Boys & Girls

68

活动课上用的手提包

这款手提包最适合把手工课和家事课上使用的课本放进去。简约的设计却很抢眼，流行的印花质地不论男孩女孩都可以用。

68 做法：P75

音乐书包

这款书包使用不需里布的绗缝质地，做起来非常简单。略大的尺寸在上音乐课时用来放必要物品，很是方便。椭圆形的贴布还可以做口袋用。

69、70 做法：P92

70

69

71

72

有刺绣徽章的手提包和鞋袋

自然风格的布料和刺绣徽章的结合使这款包品位非凡，浪漫氛围触动了小女孩的爱美之心。建议学习的时候使用。

71、72 做法：P84

外出组合套装

使用起来很方便的小挎包、手帕、纸巾袋组合。波浪花纹的布料上镶有绣花徽章，制作简单的三件套。

73～75 做法：P86

便利小物

For Boys & Girls

小·手巾

给买来的小毛巾缝上个挂绳，可以挂到幼儿园的挂钩上。剩余的布料也要充分利用，做个标志来和其他小朋友的区分开。

76、77 做法：P90

口罩

无论哪个季节，口罩都是必需品。这些双层纱质的可爱口罩可是妈妈亲手做出来的。在打扫卫生或感冒时，绝对是必备单品。

78、79 做法：P79

80

围裙套装

围裙的后面用了尼龙粘扣，一个人也能轻易戴上。三角巾戴在头上，再做一个同款的小口袋用来装这些。可爱的印花质地让扫除和劳动都变得快乐起来。换种花色就可以做成男孩用的。

80～82 做法：P58

81

82

✱ 围裙可以做身长110cm、120cm、130cm这三个尺寸。

P57 **80～82**

围裙套装

80～82 组合的材料

- 表布（牛津印花布）110cm宽
  110cm、110cm、130cm
- 松紧带2cm宽
  113cm、117cm、120cm
- 尼龙粘扣 2cm× 2.5cm
- 彩色线绳0.4cm粗 65cm长
- 线绳扣 1个
- 斜裁布带（两折）1.27cm× 100cm

*围裙和三角巾的实物大小的纸样见B面。
*小口袋没有纸样，请自行制作图。

尺寸表示
110cm 尺寸 —●
120cm 尺寸 —●
130cm 尺寸 —●
每个颜色对应一个尺寸

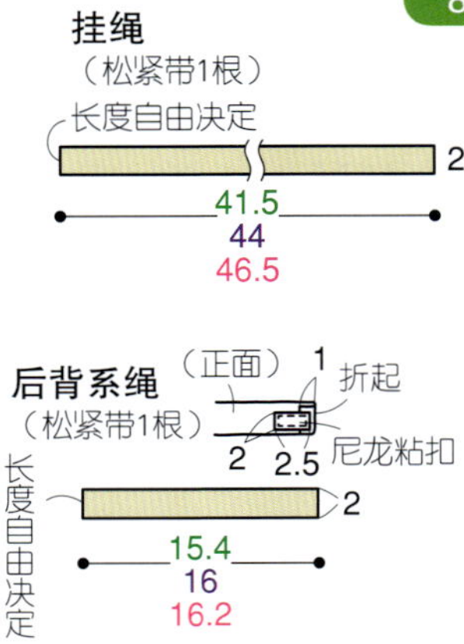

81围裙的纸样

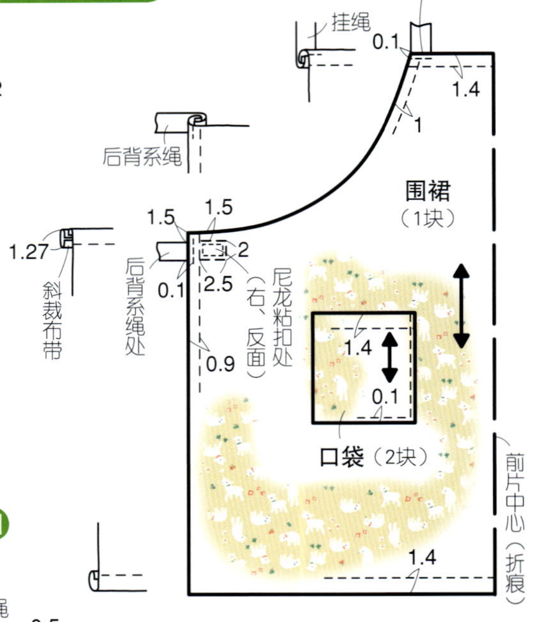

80三角巾的制作图

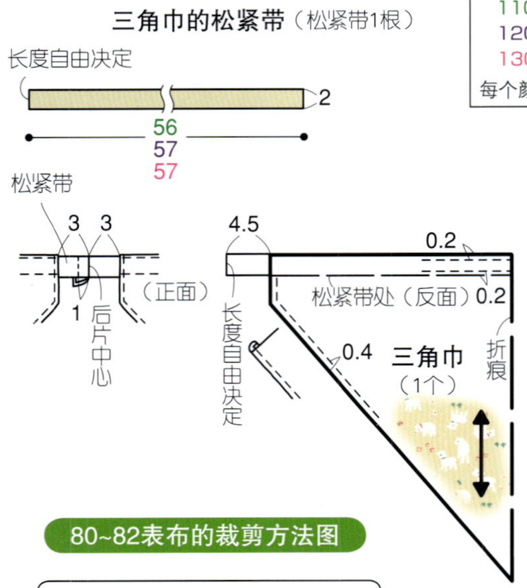

82小口袋的制作图

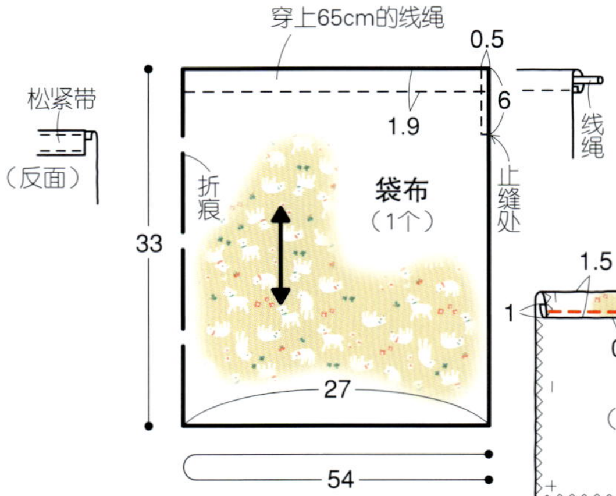

80~82表布的裁剪方法图

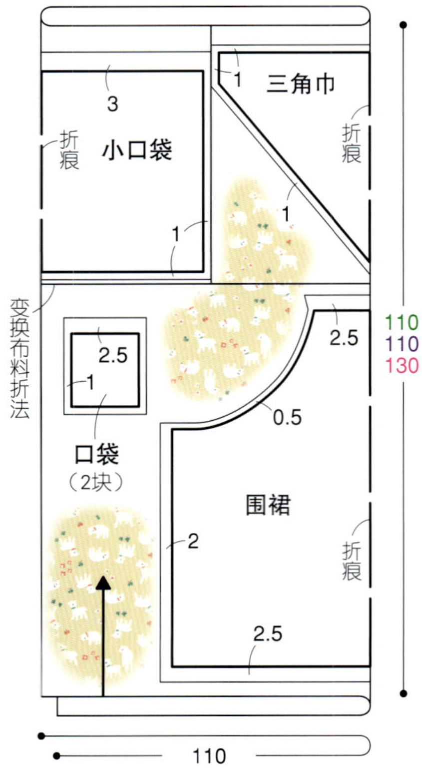

81围裙的做法

1 制作口袋。

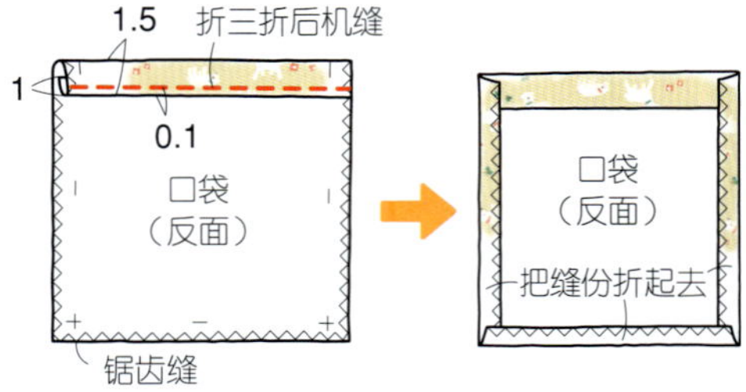

2 缝上口袋，用斜裁布带处理弧形部分。

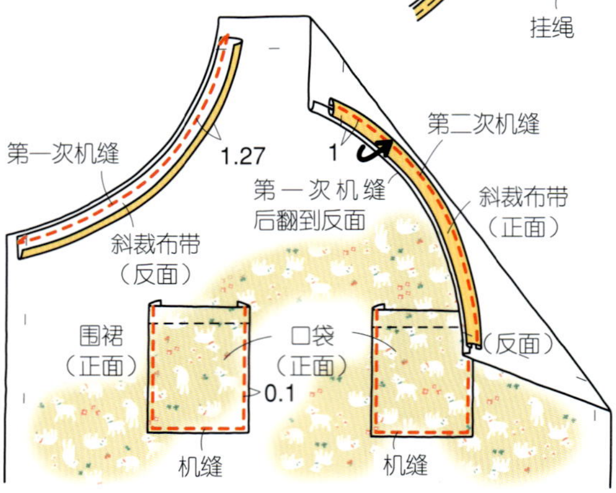

3 缝上挂绳。

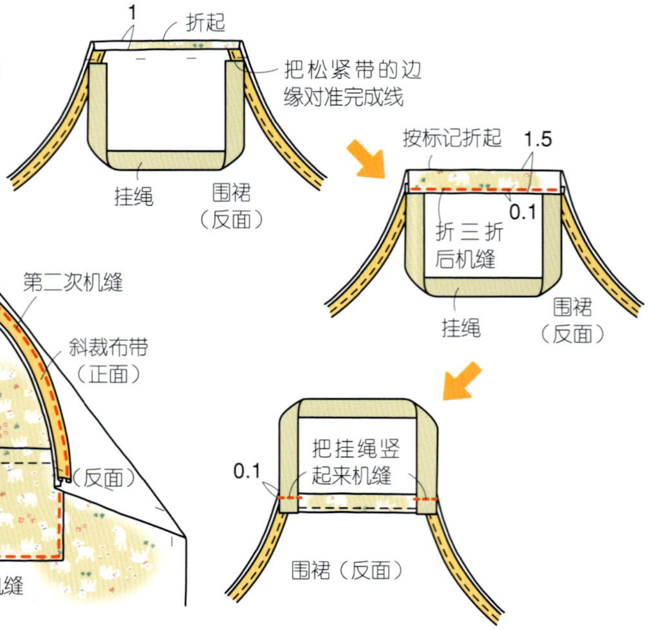

4 缝下摆线。
5 把尼龙粘扣缝到后背系绳上，缝好线绳边缘，粘扣放在左侧。
6 把尼龙粘扣缝到右后侧系绳边缘。

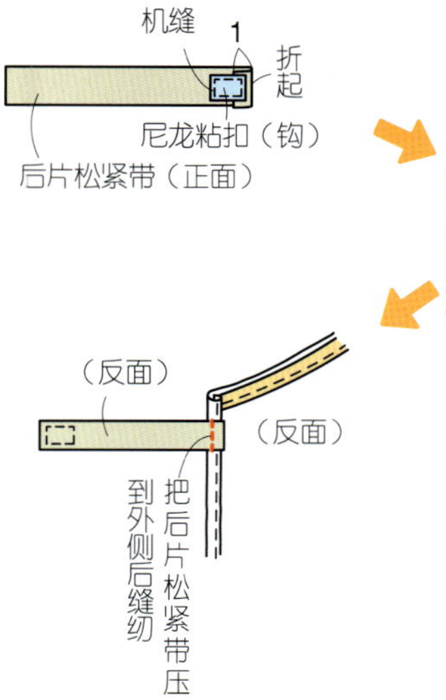

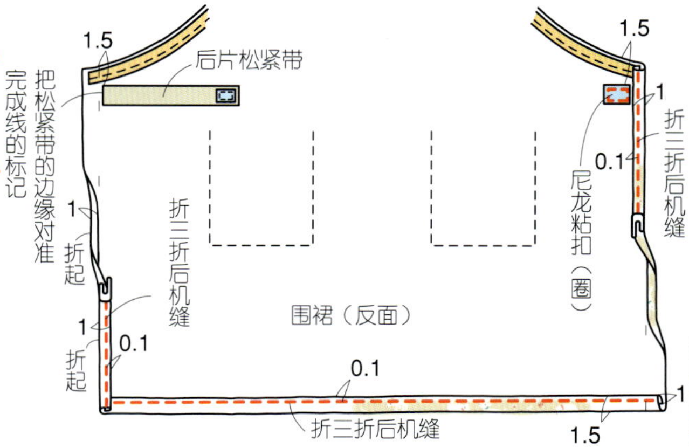

81的完成品

80三角巾的做法

1 余出底边，把周边折三折后机缝。

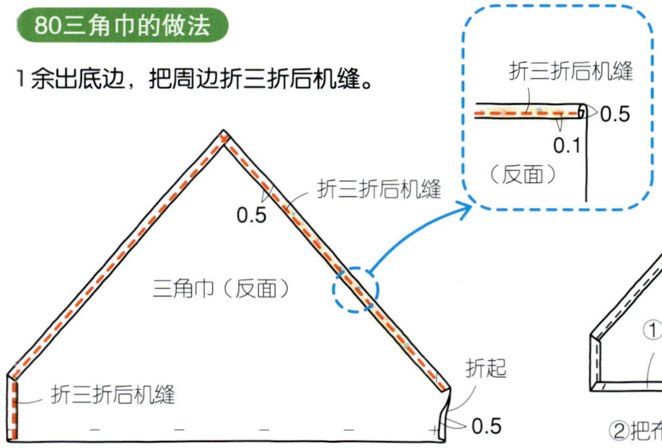

2 底边装上松紧带。

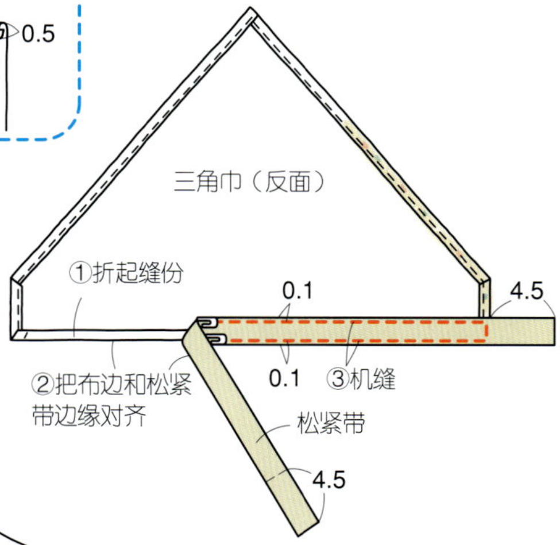

3 对折后，缝松紧带。

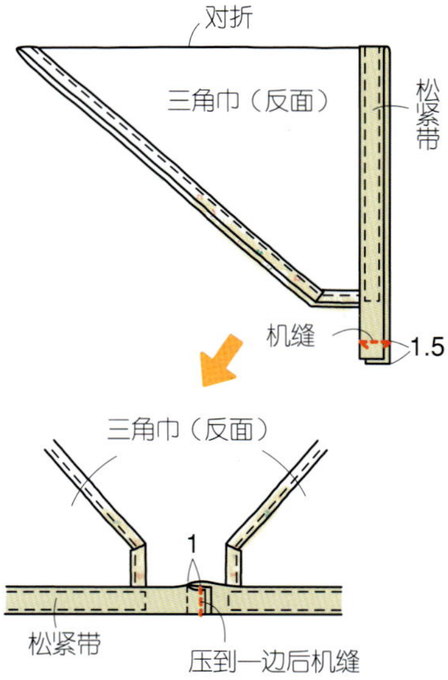

80的完成品

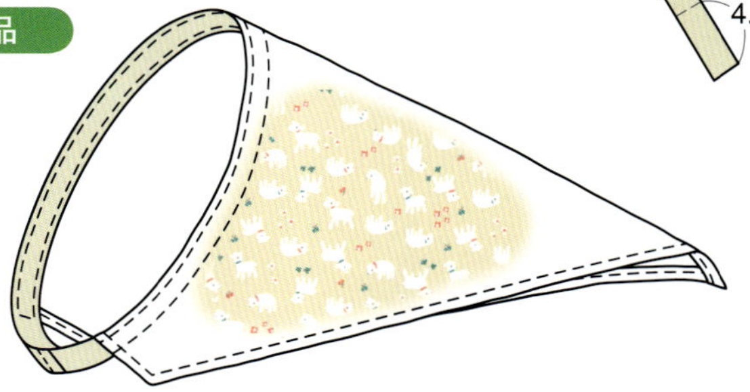

82小口袋的做法

1 对折后缝纫底部边线和边线。

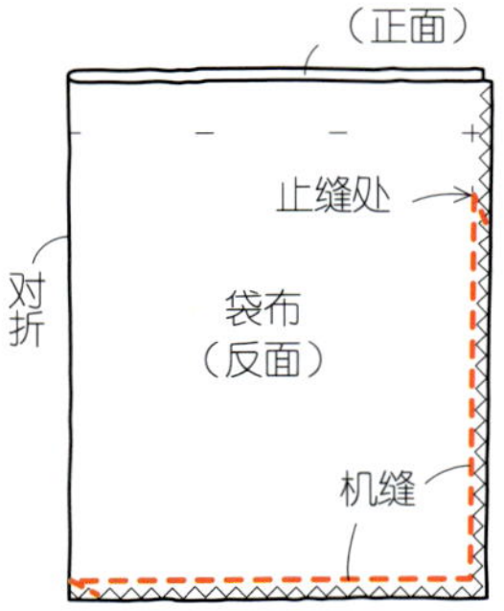

2 缝上留空的部分。

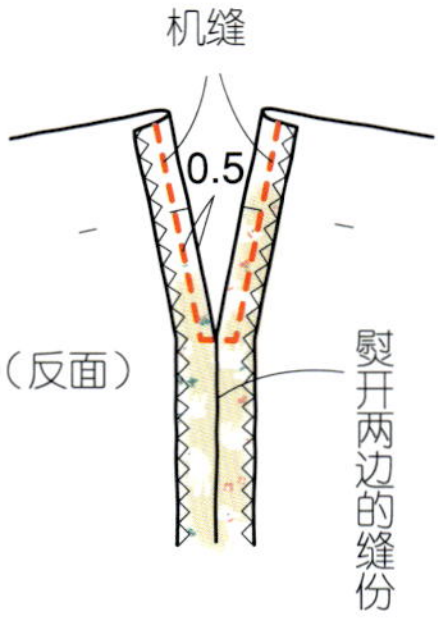

3 把开口折三折后机缝。

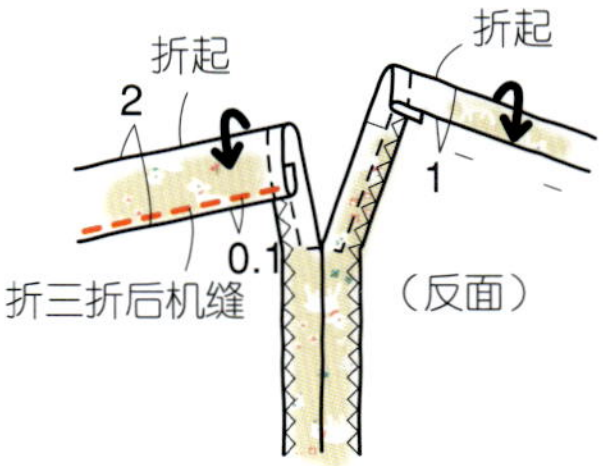

82的完成品

4、穿上线绳，套上线绳扣。

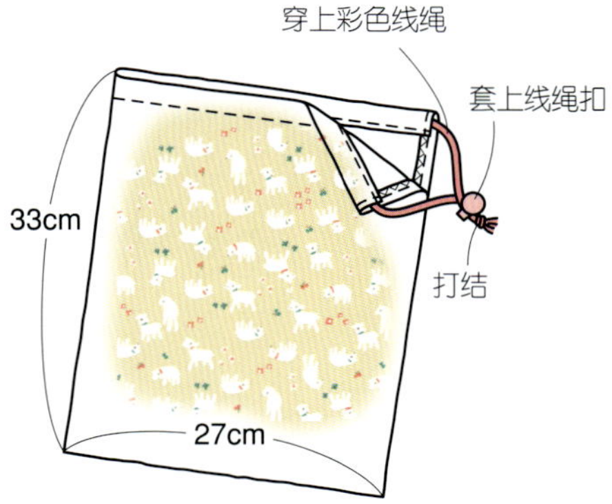

小·口袋

可以放文具、课本、手工折纸、跳绳的小口袋。三粒纽扣钉在拼接布接缝下的褶皱上，也是一个小小的亮点。

83～85 做法：P61

P60 **83～85**

小·口袋

83～85 的材料（做1个的量）

- A布（棉质帆布）
  30cm×40cm、35cm×50cm、40cm×60cm
- B布（方格纹布）
  45cm×10cm、55cm×10cm、65cm×15cm
- 纽扣直径1.2cm 1个
- 纽扣直径1cm 1个
- 纽扣直径0.8cm 1个
- 亚麻线绳0.3cm粗
  90cm、110cm、130cm长

＊纽扣要和方格纹布的颜色对应。

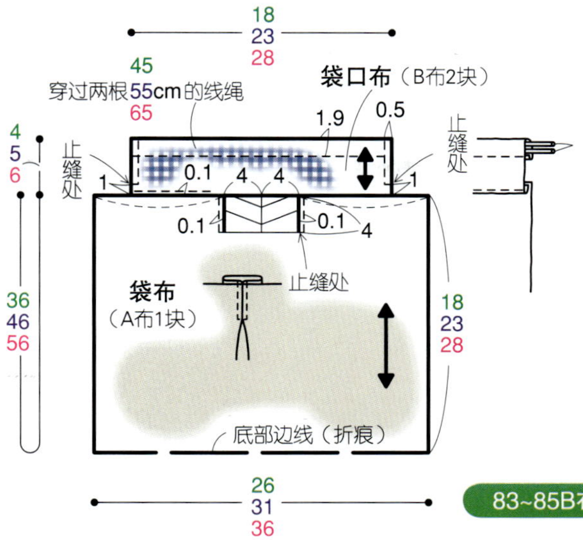

83~85A布的裁剪方法图

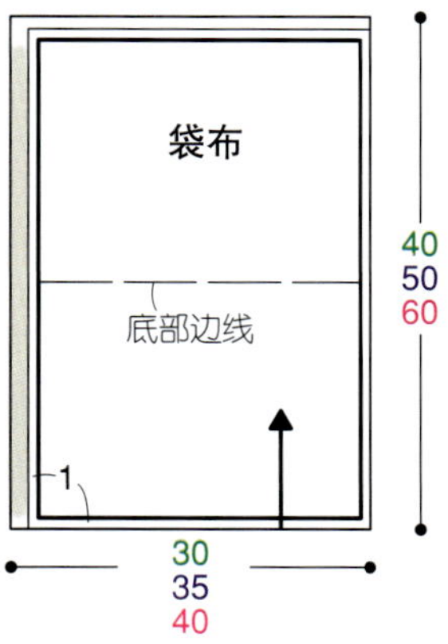

83~85B布的裁剪方法图

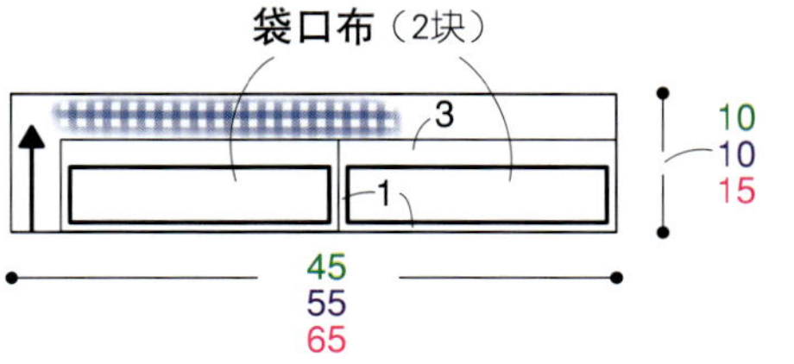

尺寸表示		
小—	84	—●
中—	85	—●
大—	83	—●
每个颜色对应一个尺寸		

83~85的做法

1 把袋口布的边线缝到止缝处。

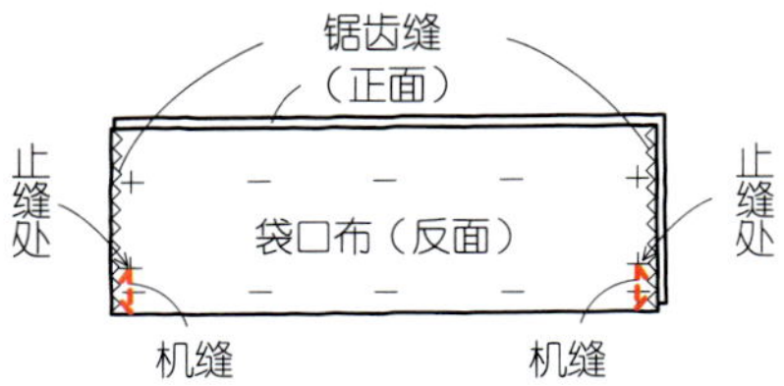

2 缝留空的部分。

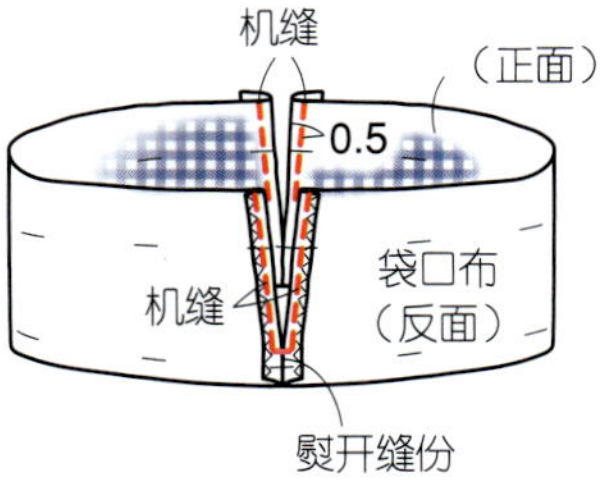

3 将开口折三折后机缝。

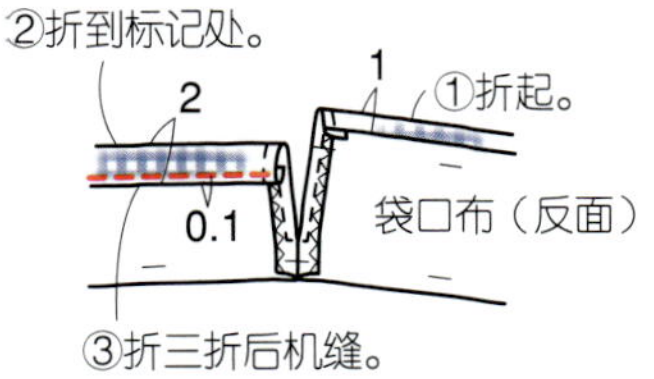

4 缝制袋布的折缝，叠起来。

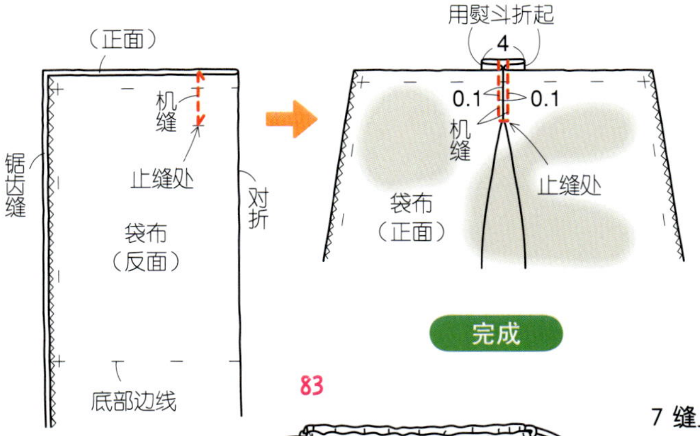

5 缝袋布边线。

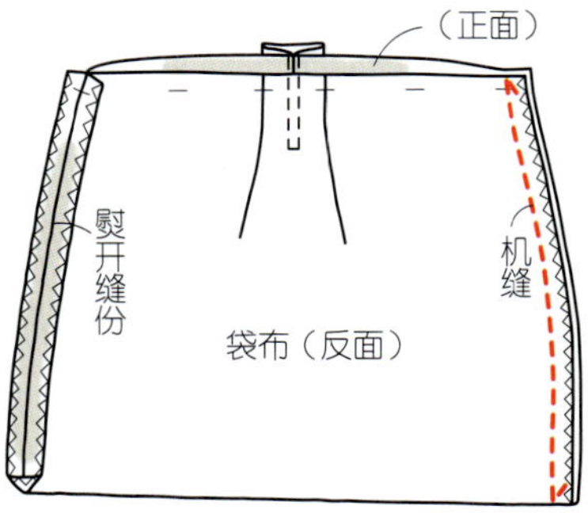

6 缝纫袋口布和袋布。

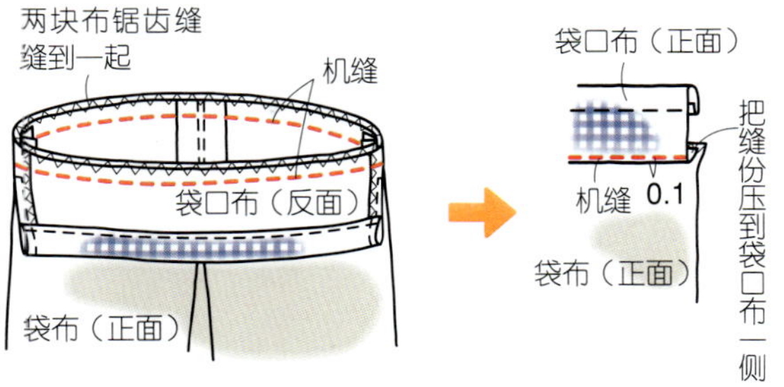

完成

7 缝上大、中、小三粒纽扣，从左向右穿上线绳。

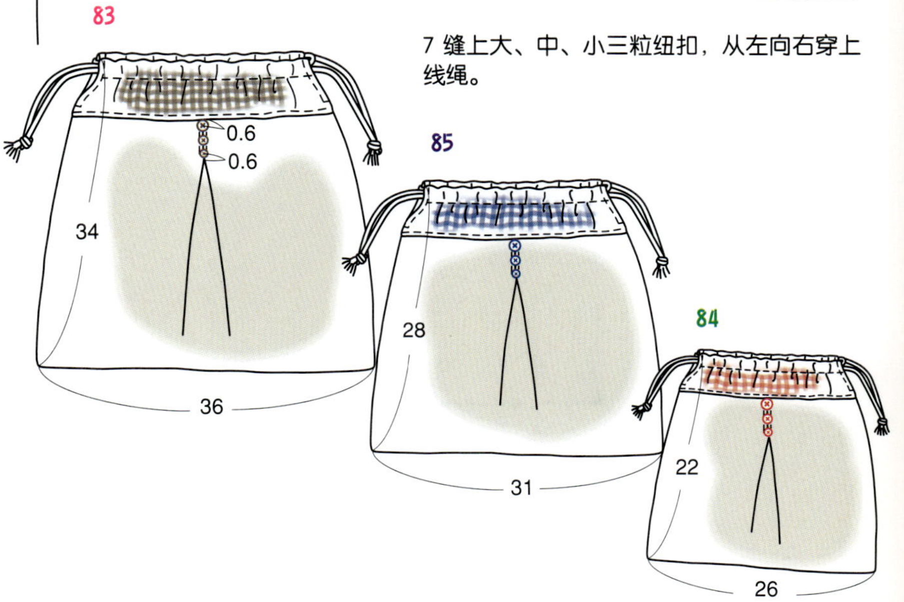

For Boys & Girls

纸巾袋

纸巾常常使书包里变得杂乱无章，很希望你能把纸巾放在这样的袋子中。作品86、87是放迷你纸巾的尺寸，作品88、89还可以把手绢放进去。

86～89 做法：P88

86

87

89

88

姓名贴

不破坏手工小物的整体感觉，可以把姓名贴放在包包里面或垂在书包下面。很多幼儿园要求孩子不能把名字露在外面，那就用这种可拆卸的样式吧。作品92、93是把联系方式都绣上的迷你荷包。

90～95 做法：P91

背面效果

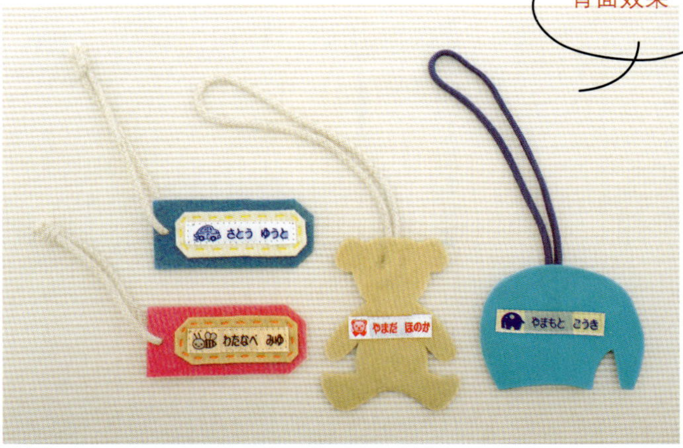

P2~3 **1~3**

小·熊

1、2、3 组合的材料

- A布（亚麻纺缝布）70cm×70cm
  （1=45cm×65cm，2=25cm×60cm）
- B布（核桃色条纹布）60cm×80cm
  （1=15cm×20cm，2=20cm×15cm，3=45cm×80cm）
- C布（圆点印花布）10cm×5cm
  （1=5cm×5cm，2=5cm×5cm）
- 彩色布带2.5cm×108cm
  （1=68cm，2=40cm）
- 亚麻彩色线绳0.5cm宽175cm长
  （1=7.5cm，2=7.5cm，3=160cm）
- 毡布（茶色）20cm正方形1块
  （1=10cm×10cm，2=10cm×10cm，3=5cm×5cm）
- 毡布（黄色）20cm正方形1块
  （1=5cm×5cm，2=5cm×5cm）
- 毡布（黑色、白色）20cm正方形各1块
  （1=各3cm×3cm，2=各3cm×3cm）
- D形环2.5cm宽 1个（只2用）
- 25号刺绣线（茶色、黑色、黄色）各少量

＊实物大小的贴布图案见纸样B面。
＊书包未附纸样，请自行绘图。
＊（ ）中的材料用量以制作单品为例。

3的制作图

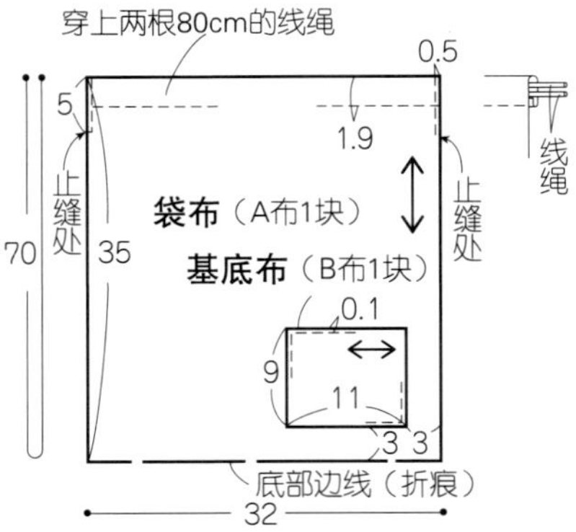

1~3A布的裁剪方法图

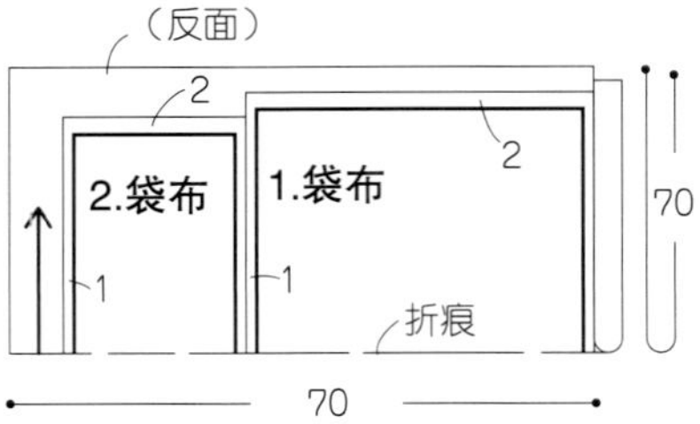

1~3B布的裁剪方法图

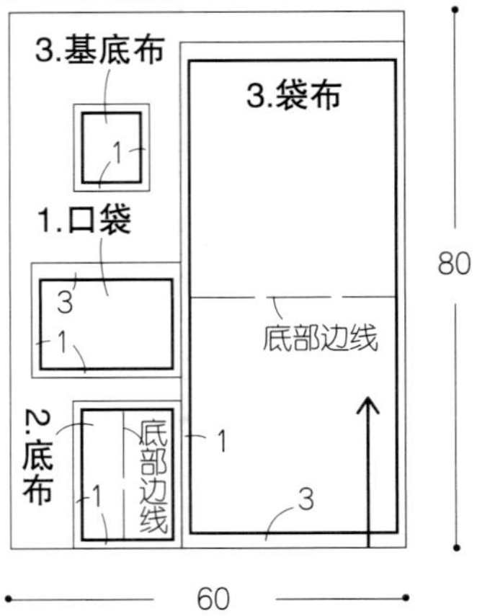

＊贴布的做法＊

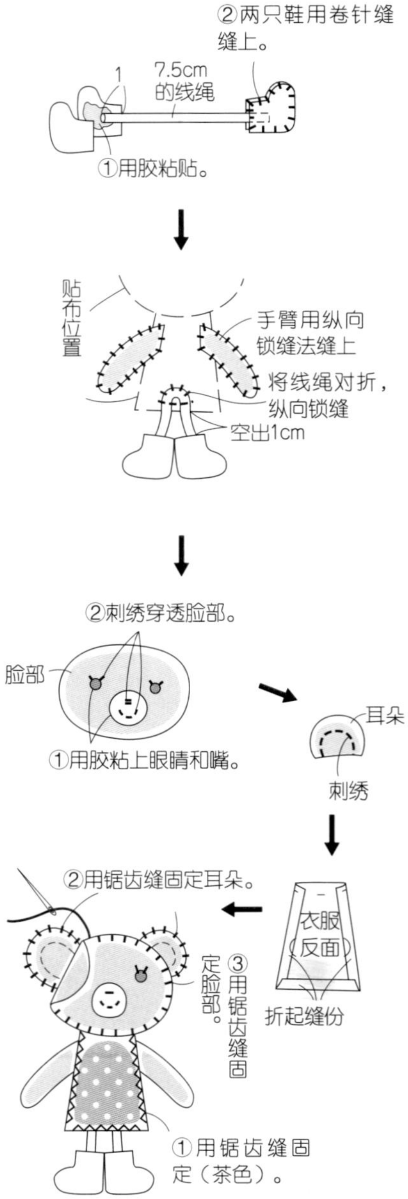

1的制作图

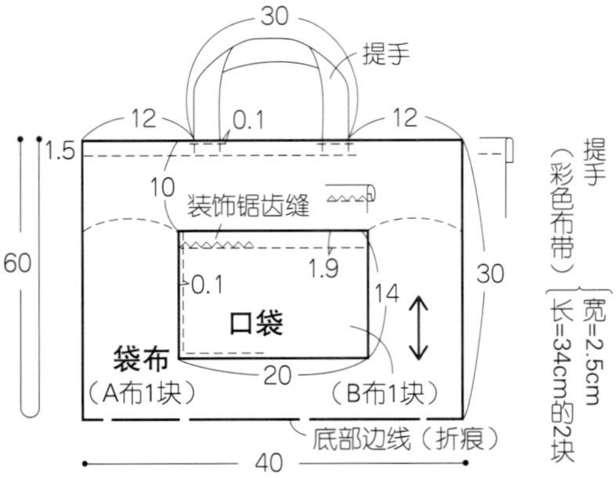

2的制作图

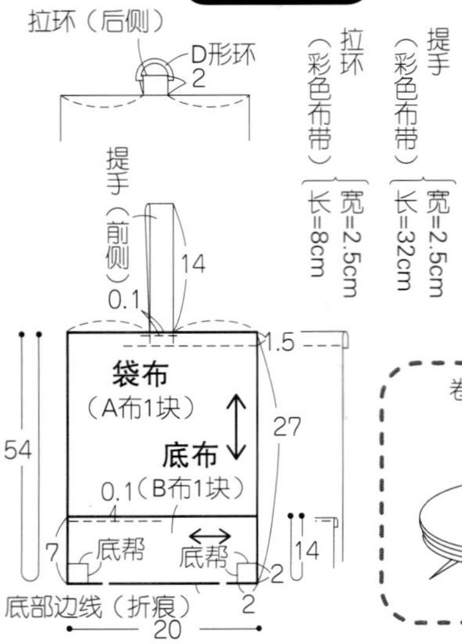

◆组合的详细做法参见P8~P13的图片说明。

1的做法

1 制作、缝上口袋。
2 缝上贴布。

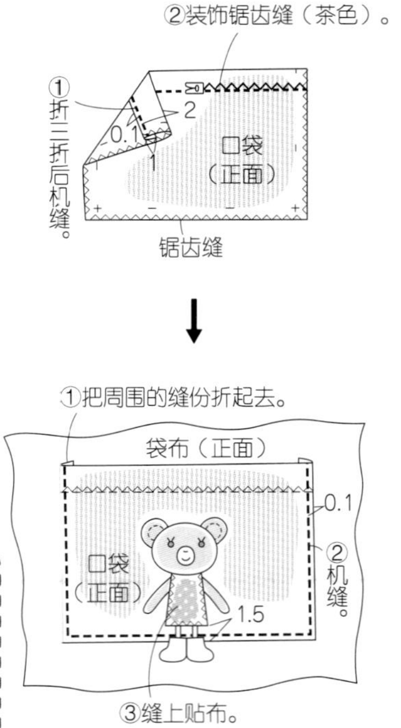

欢快的鲸鱼

◆◆◆◆◆◆◆◆◆◆◆◆◆◆◆◆◆◆

13、14、15 组合的材料

- A布（棉质帆布）110cm×80cm
  （13=35cm×80cm，14=25cm×60cm，15=45cm×65cm）
- B布（棉质条纹布）110cm×80cm
  （13=25cm×35cm，14=60cm×35cm，15=90cm×45cm）
- 黏合衬70cm×65cm
  （14=25cm×60cm，15=45cm×65cm）
- 宽松紧带2.5cm×100cm
  （14=36cm，15=64cm）
- 圆绳0.5cm粗160cm长（只13用）
- 毡布（蓝色）20cm正方形1块
  （13=20cm×10cm，14=10cm×5cm，15=20cm×15cm）
- D形环2.5cm宽 1个（只14用）
- 25号刺绣线（蓝色、藏青色）各少量

＊实物大小的贴布图案见纸样A面。
＊书包未附纸样，请自行绘图。
＊衬粘贴在A布反面，裁成14、15的袋布大小。
＊（ ）中的材料用量以制作单品为例。

13的制作图

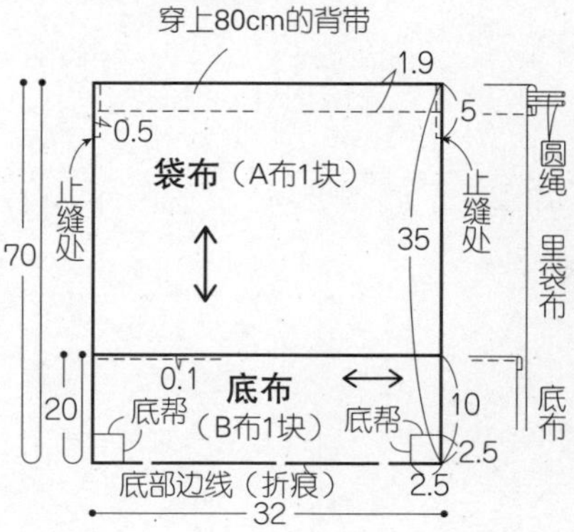

14的制作图

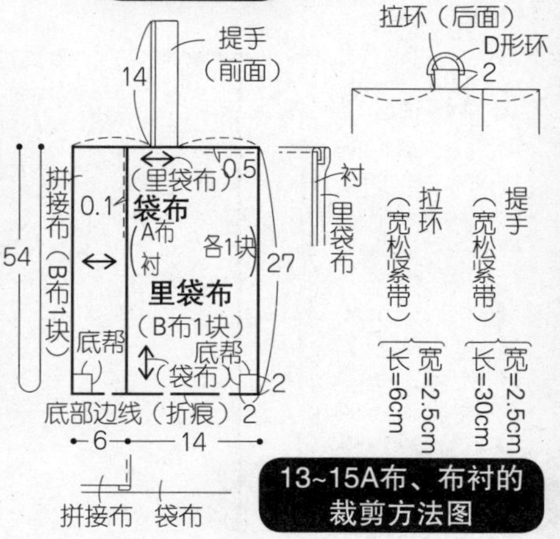

◆组合的详细做法参见P18~23的图片说明。

13~15A布、布衬的裁剪方法图

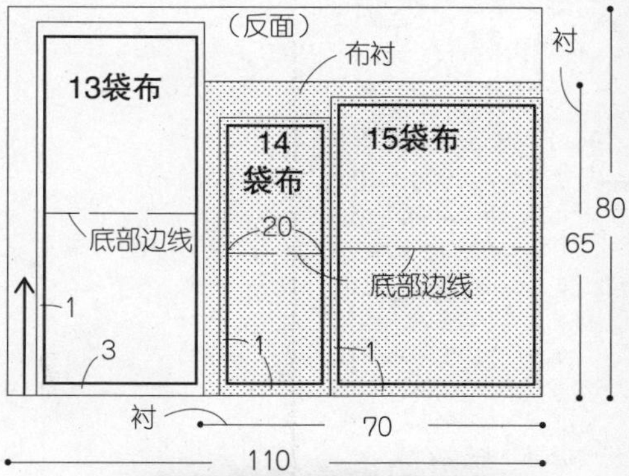

13的完成品

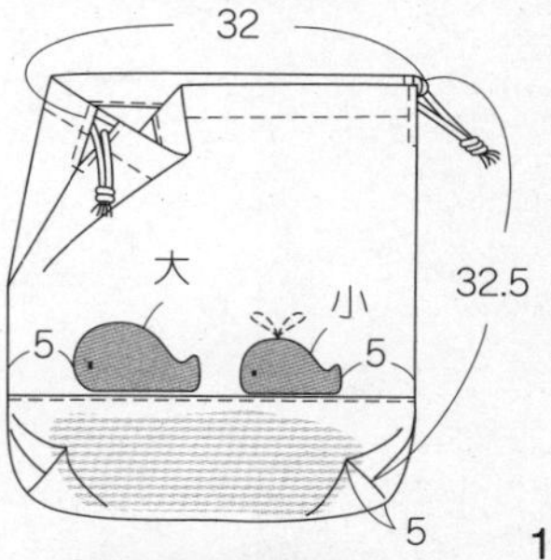

15的制作图

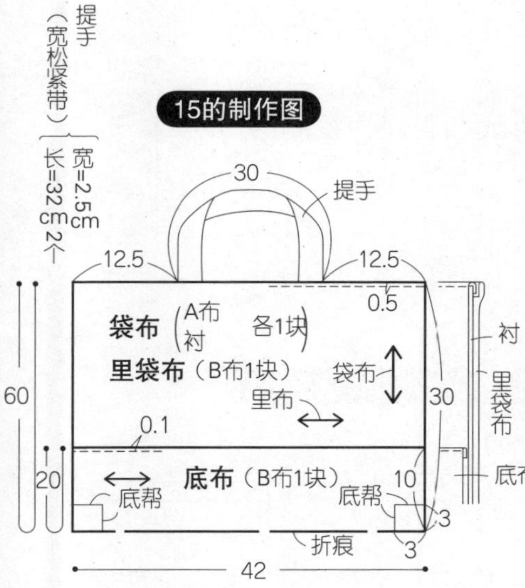

14的完成品

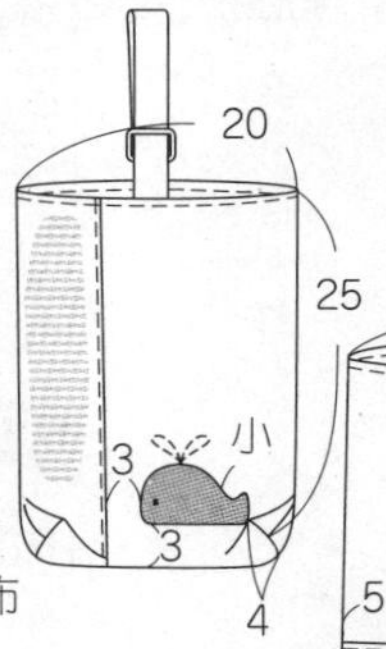

15的完成品

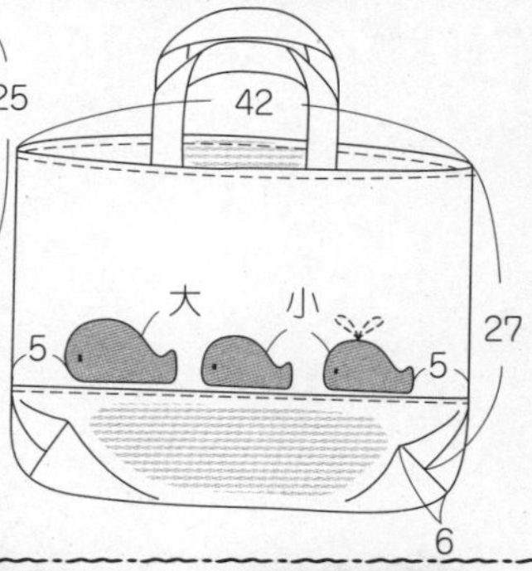

13~15B布的裁剪方法图

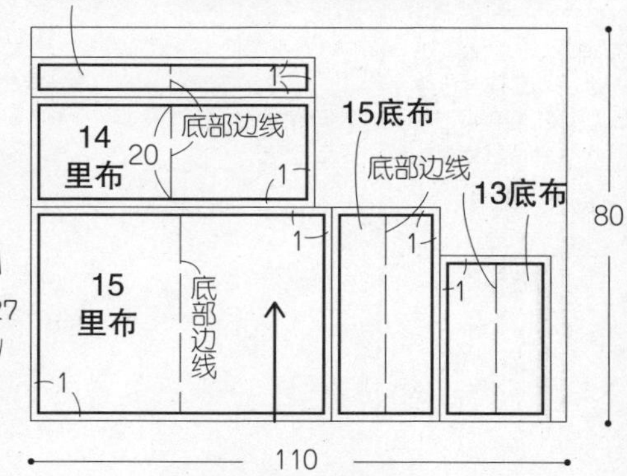

1的完成品

2的完成品

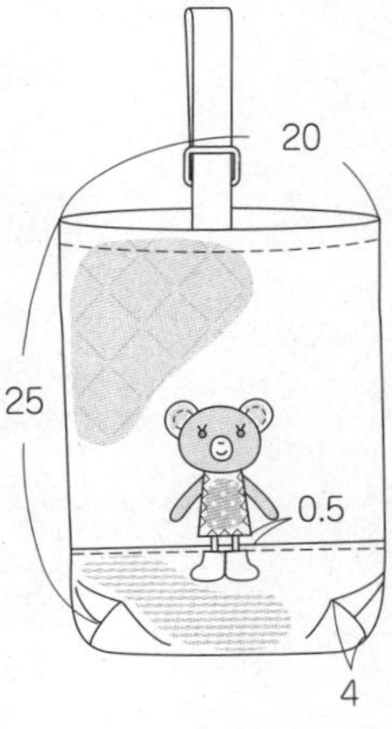

3的做法

把贴布缝到基底布上，缝到袋布上。

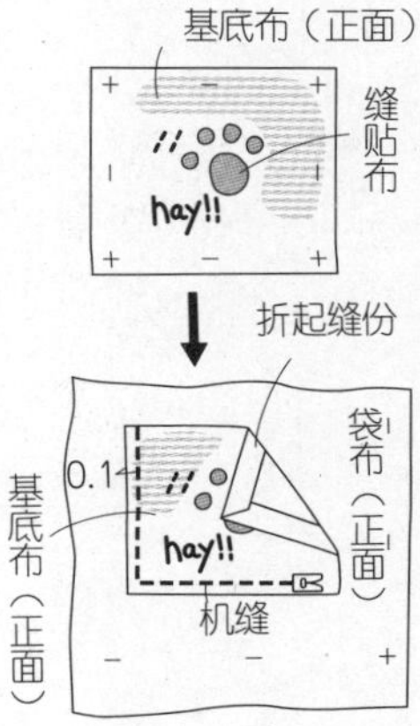

3的完成品

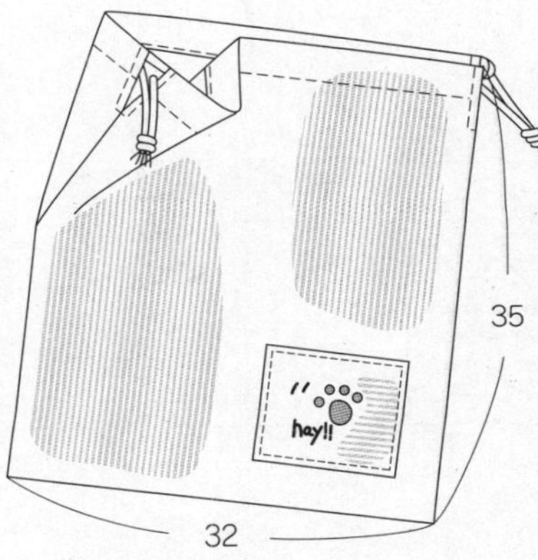

花布大撞色

7~9 女孩用包包的材料

- A布（棉质帆布镶点绗缝）108cm×70cm
  （7=45cm×70cm，9=25cm×60cm）
- B布（棉质帆布、素色）110cm×40cm
  （7=60cm×15cm，8=70cm×40cm，9=35cm×15cm）
- C布（棉质帆布、印花）110cm×25cm
  （7=35cm×15cm，8=70cm×15cm，9=20cm×15cm）
- 宽松紧带2.5cm×108cm
  （7=68cm，9=40cm）
- 棉质蕾丝3.2cm×87cm
  （7=57cm，9=30cm）
- 圆绳0.5cm粗 160cm长（只8用）
- D形环2.5cm宽 1个（只9用）
- 尾圈2个（只8用）

＊未附纸样，请自行绘图。
＊A布是圆点和格子竖向变换的花样绗缝质地。
＊（ ）中的材料用量以制作单品为例。

10~12 男孩用包包的材料

- A布（棉质帆布镶点绗缝）108cm×70cm
  （10=45cm×70cm，11=25cm×60cm）
- B布（棉质帆布、印花）110cm×40cm
  （10=60cm×15cm，11=35cm×15cm，12=70cm×40cm）
- C布（棉质帆布、素色）110cm×25cm
  （10=35cm×15cm，11=20cm×15cm，12=70cm×15cm）
- 宽松紧带2.5cm×108cm
  （10=68cm，11=40cm）
- 棉质布带1.5cm×50cm
  （10=35cm，11=15cm）
- 圆绳0.5cm粗 160cm长（只12用）
- D形环2.5cm宽 1个（只11用）
- 尾圈2个（只12用）

＊未附纸样，请自行绘图。
＊A布是圆点和格子纵向变换的花样绗缝质地。
＊（ ）中的材料用量以制作单品为例。

7、10的制作图

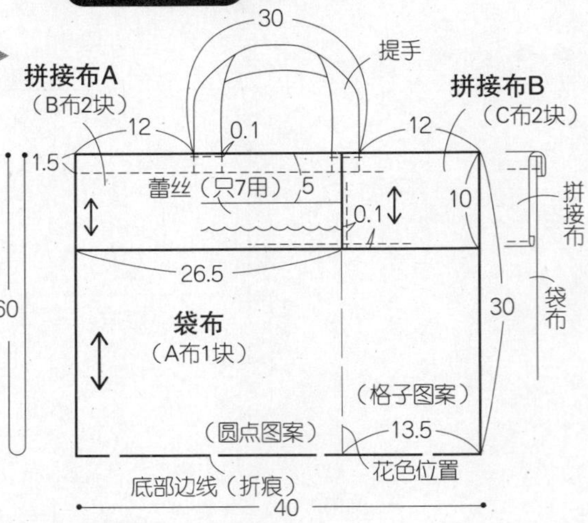

提手（宽松紧带）宽=2.5cm 长=32cm两块

9、11的制作图

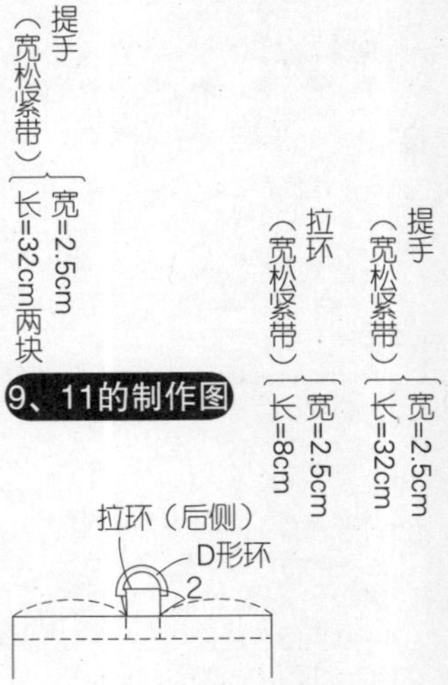

8、12的制作图

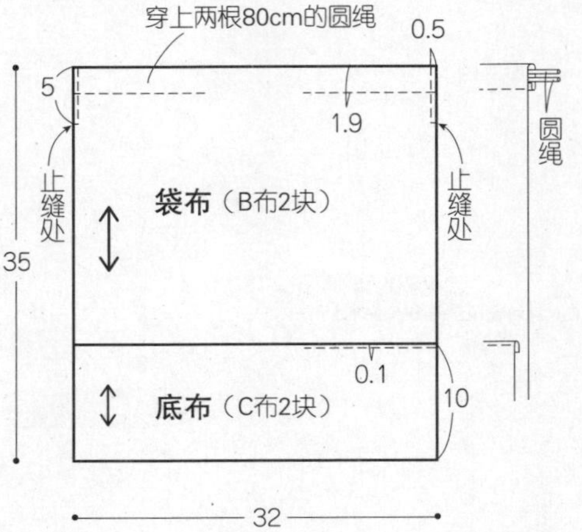

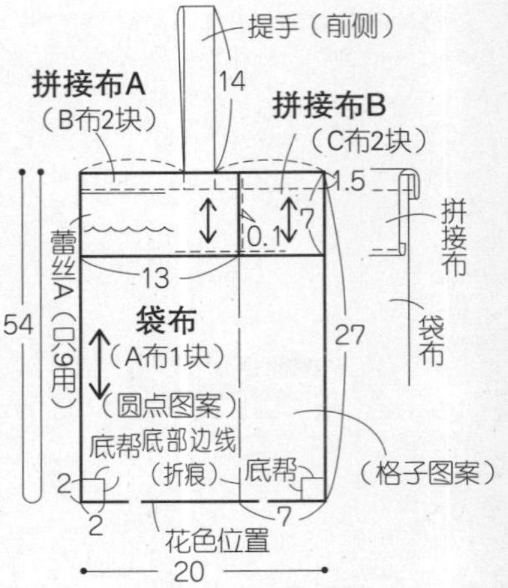

7~12B布的裁剪方法图

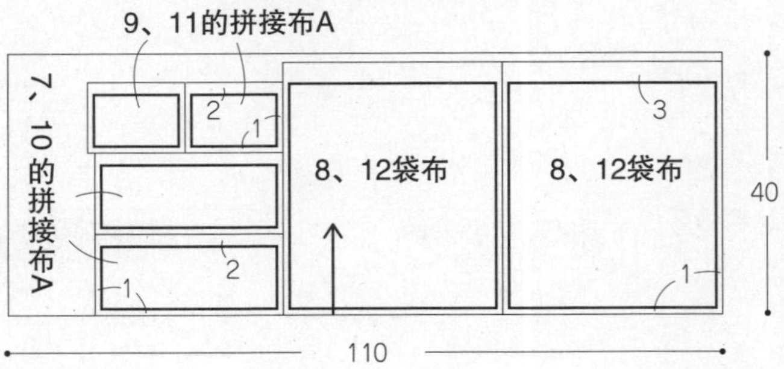

7~12A布的裁剪方法图

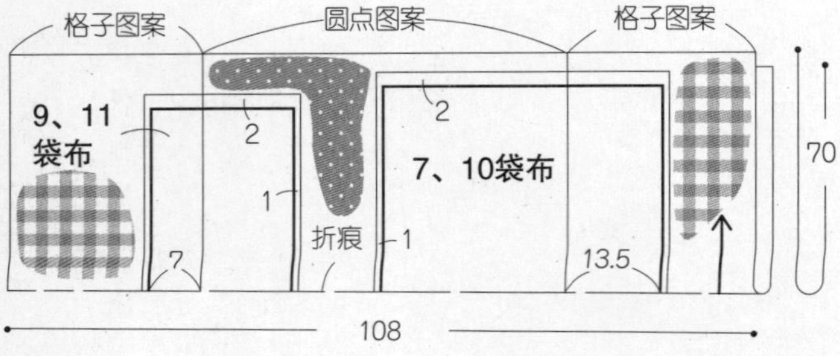

7~12C布的裁剪方法图

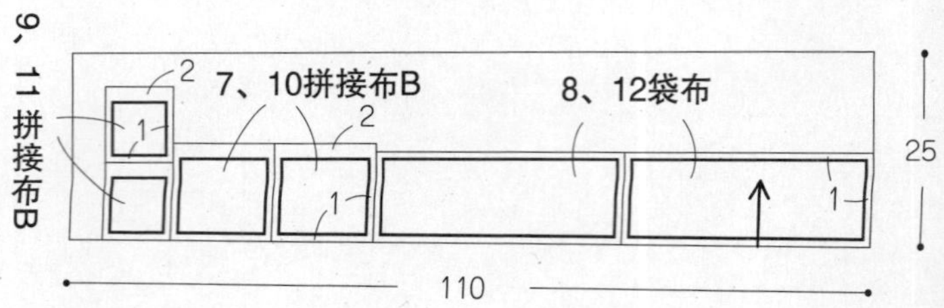

7、10的做法

◆详细做法参见P8~P11的图片说明。

1 缝合拼接布A、B。7是在拼接布A上添加蕾丝。袋布的开口处重叠缝合在一起。

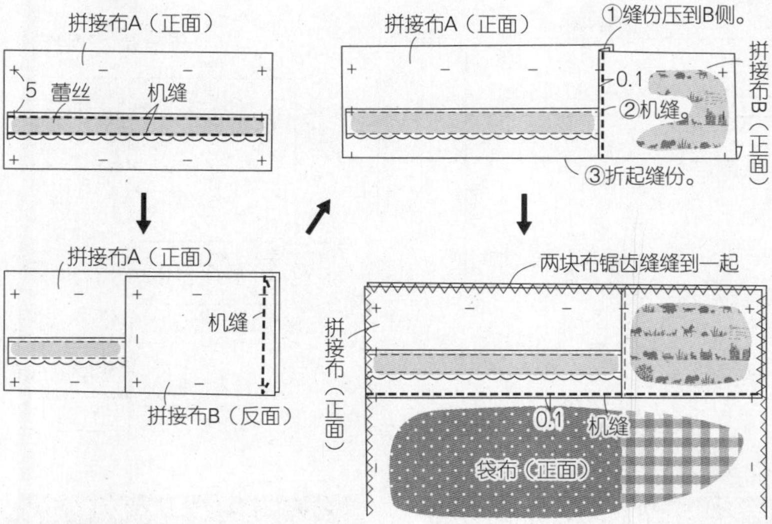

7的完成品

10的完成品

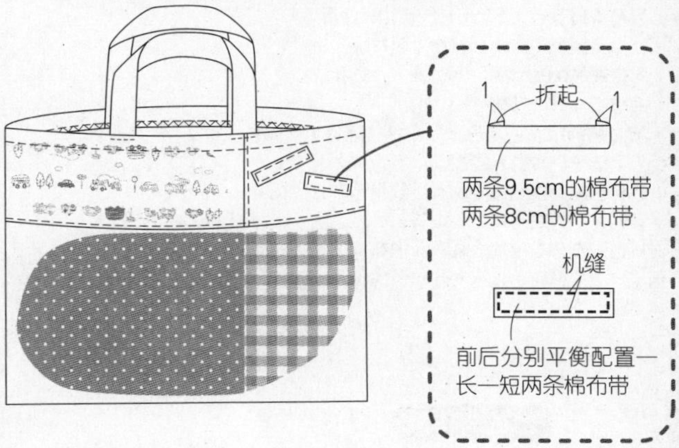

9、11的做法

◆详细做法参见P11~12的图片说明。

1 把拼接布A、B缝合到一起，重叠缝合在袋布上。

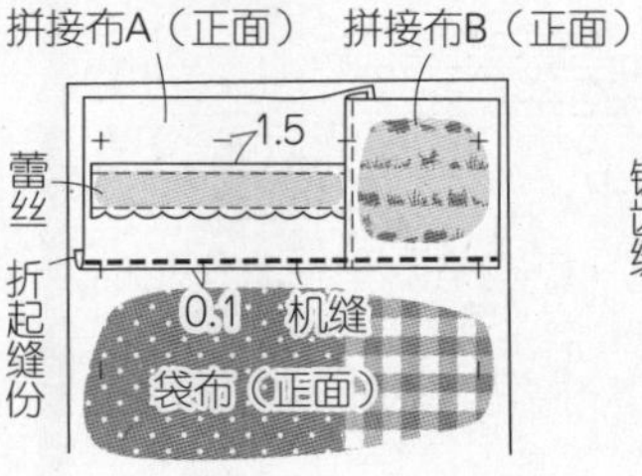

2 把周围锯齿缝缝起来，缝上提手和拉环。

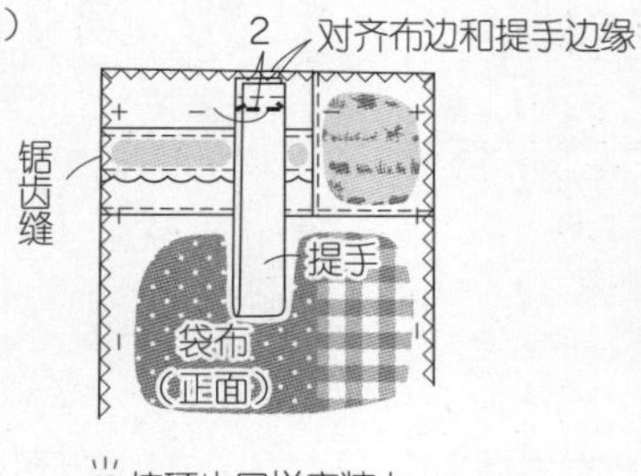

♥拉环也同样安装上。

9的完成品

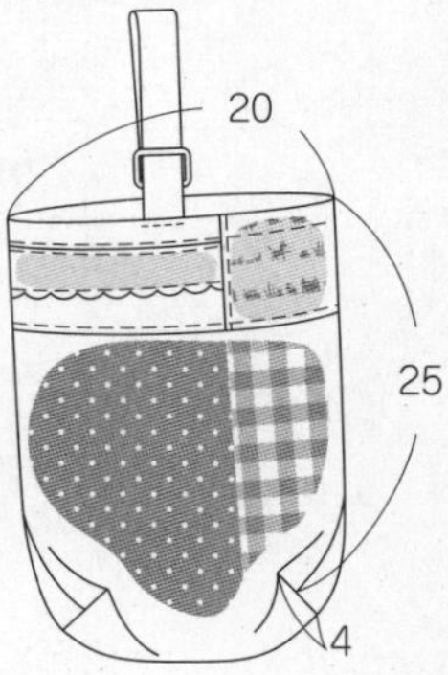

11的完成品

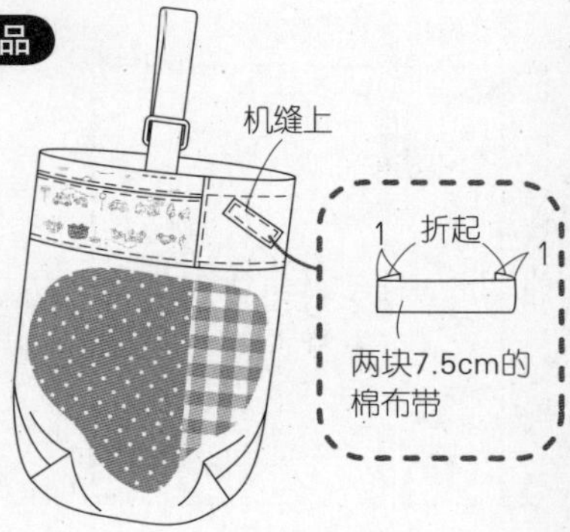

3 缝合留空的部分。

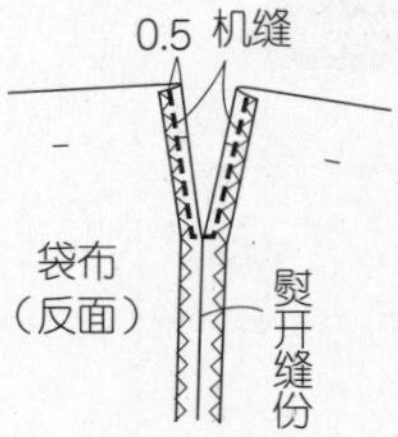

4 把开口处折三折后机缝。

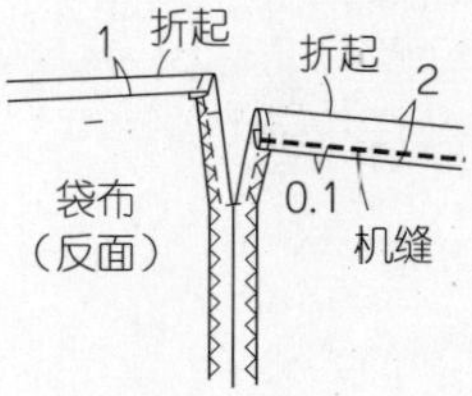

8、12的做法

1 把底布缝到袋布上。

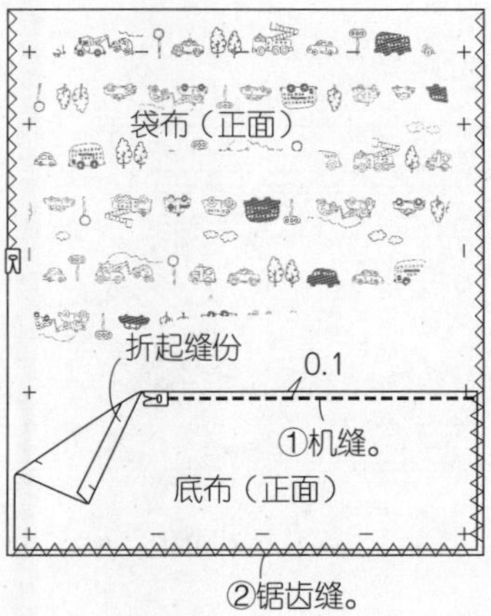

2 把前后袋布重叠在一起，缝合起来。

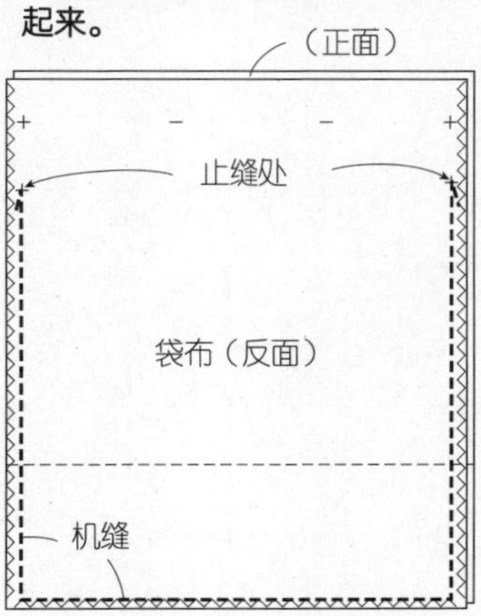

8、12的完成品

5 穿上圆绳，套上尾圈后打结。

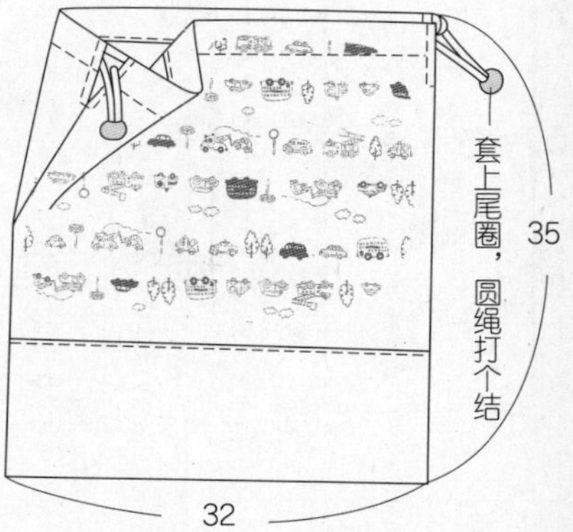

悠闲的河马

19～21组合的材料

- A布（牛津印花布）110cm×90cm
  （19=45cm×60cm，20=90cm×65cm，21=35cm宽80cm）
- B布（棉布、素色）70cm×50cm
  （19=45cm×25cm，20=35cm×45cm，21=15cm×15cm）
- C布（斜纹布）55cm×45cm
  （19=35cm×10cm，20=50cm×45cm，21=10cm×10cm）
- 黏合衬90cm×75cm
  （19=70cm×25cm，20=90cm×45cm）
- 毡布（蓝色、绿色）20cm正方形各1块
  （19=10cm×5cm，20=10cm×5cm，21=5cm×5cm）
- 毡布（藏蓝色）15cm×5cm（只20用）
- 毡布（黄色）3cm×3cm（只19用）
- 彩色线绳0.6cm粗110cm长（只21用）
- 线绳扣 1个（只21用）
- 25号刺绣线（蓝绿色、藏蓝色、黑色）各少量

*未附纸样，请自行绘图。
*装鞋包和手提包的里袋布不放拼布，直接裁剪。
*实物大小的贴布图案见纸样B面。
*衬粘贴在装鞋包的表袋布和底布、手提包的表袋布上。
*（ ）中的材料用量以制作单品为例。

20的制作图

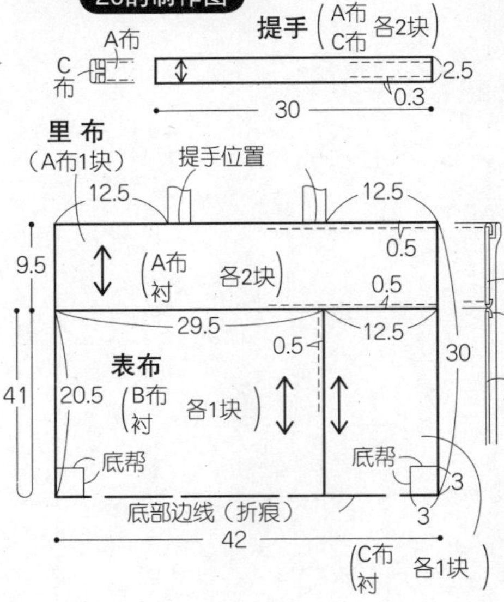

19的制作图

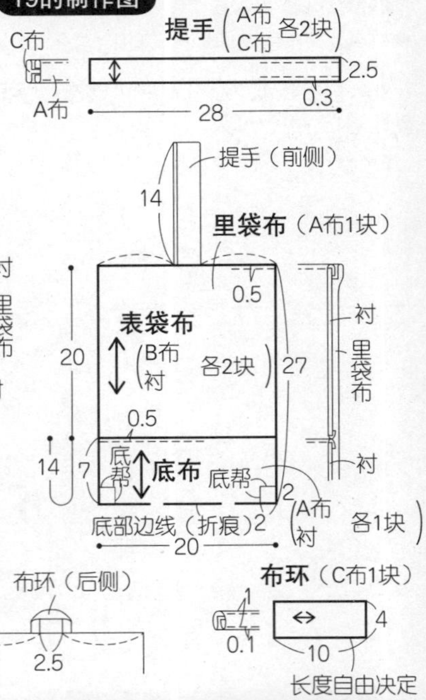

21的制作图

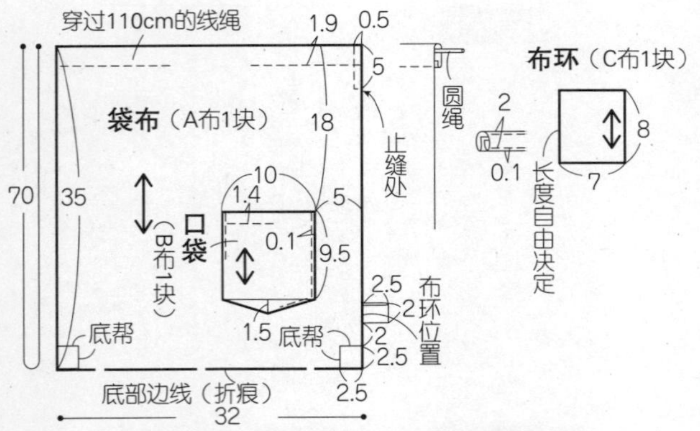

19~21A布、布衬的裁剪方法图

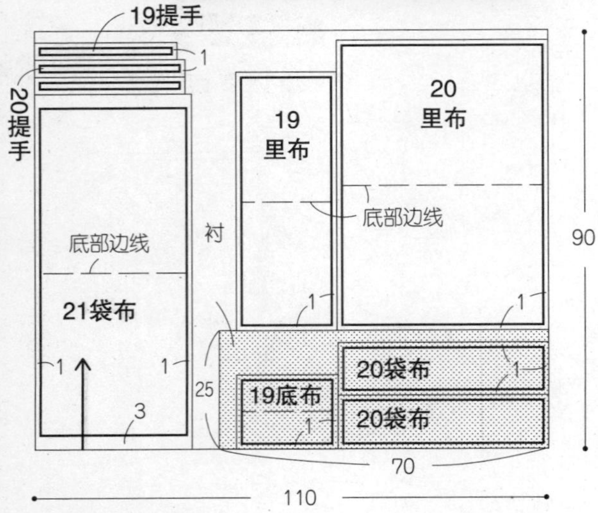

19~21B布、布衬的裁剪方法图

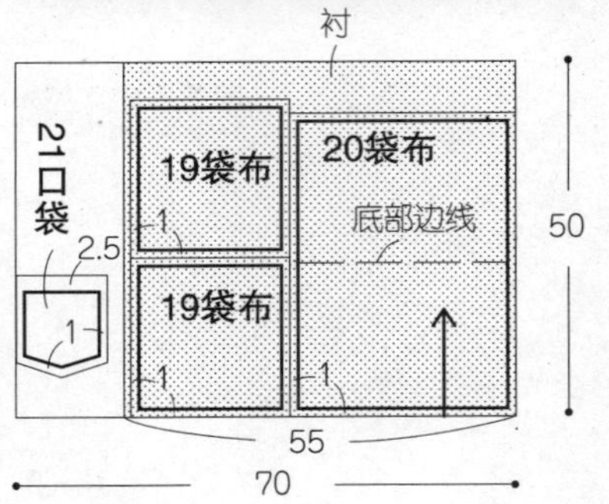

19~21C布、布衬的裁剪方法图

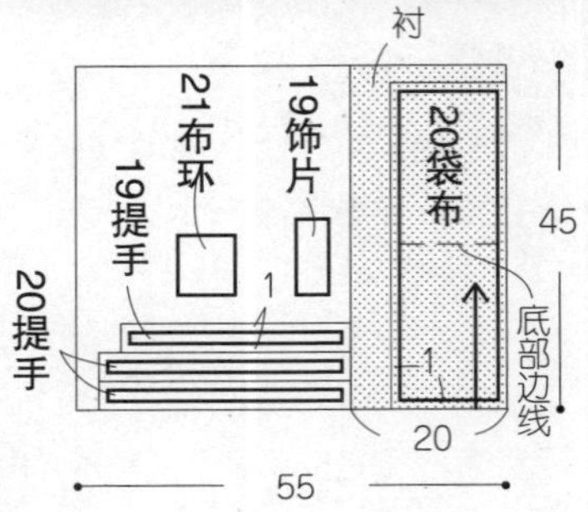

◆里布的安装方法和接下来的做法参见P18~22的图片说明。

19的做法

1 缝袋布和底布。

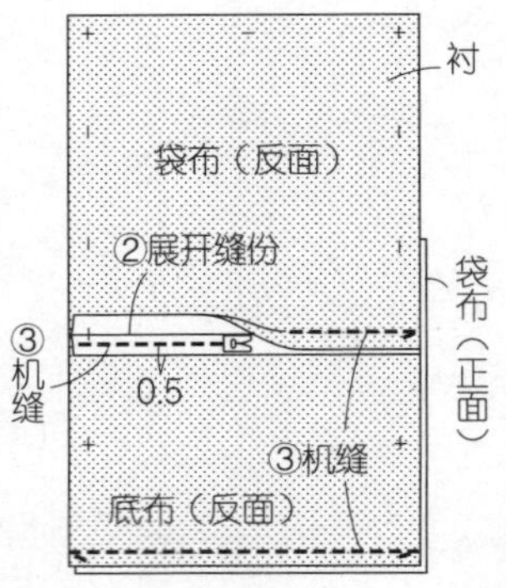

2 制作布环。

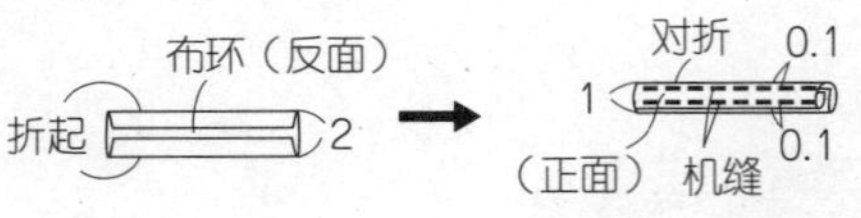

3 制作提手。

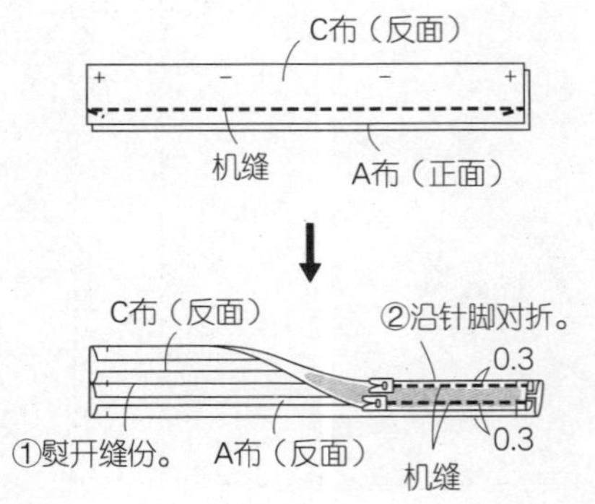

4 把贴布缝到袋布上，把提手和布环缝到袋布的缝份上。

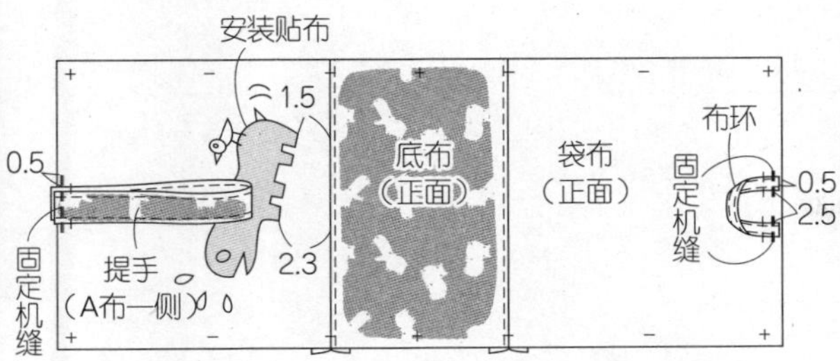

19的完成品

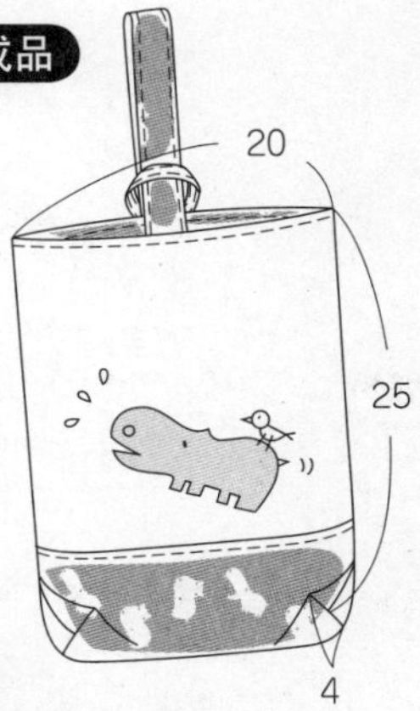

20的做法

◆里布的安装方法和接下来的做法参见P18~22的图片说明。

1 把袋布的各个布料缝合到一起，绣上贴布。

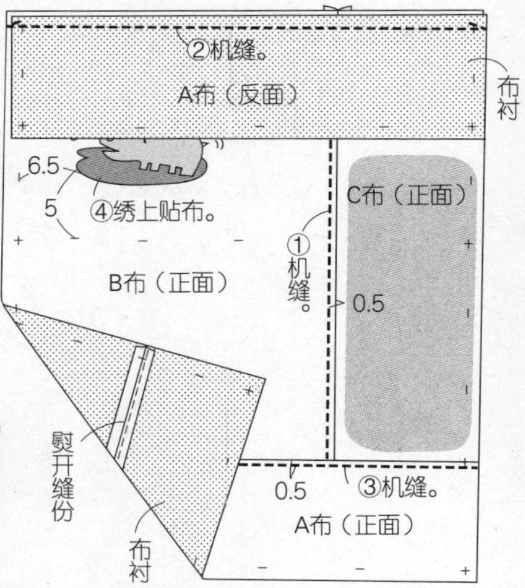

2 制作提手，并缝到袋布的缝份上。

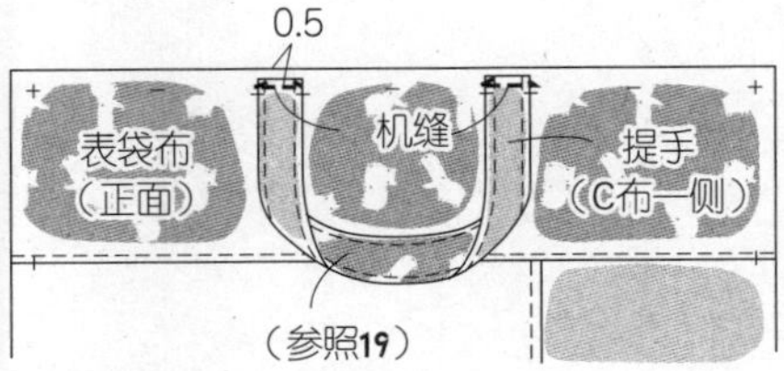

20的完成品

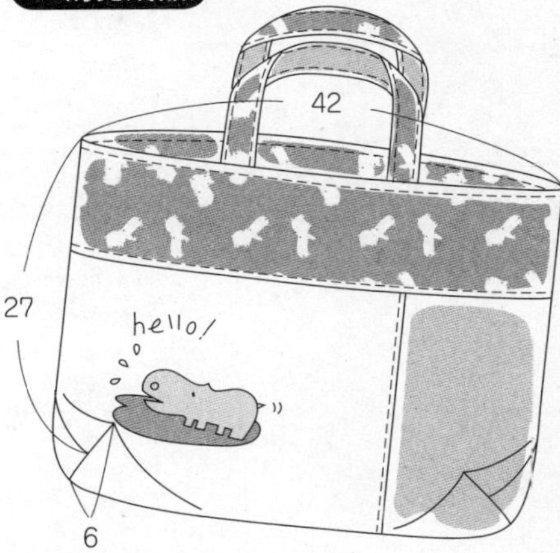

4 沿底部边线对折，缝纫边线。

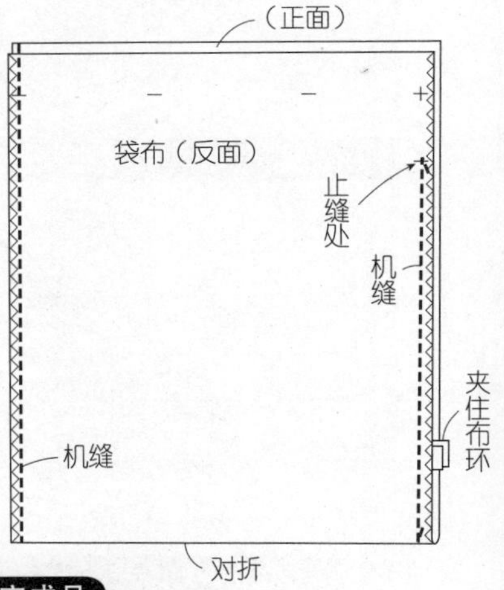

21的做法

◆接下来的做法参见P18~22的图片说明。

1 制作口袋。

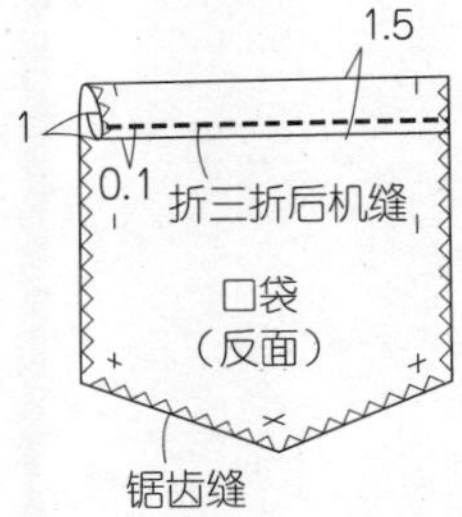

2 在口袋上绣上贴布，并缝到袋布上。

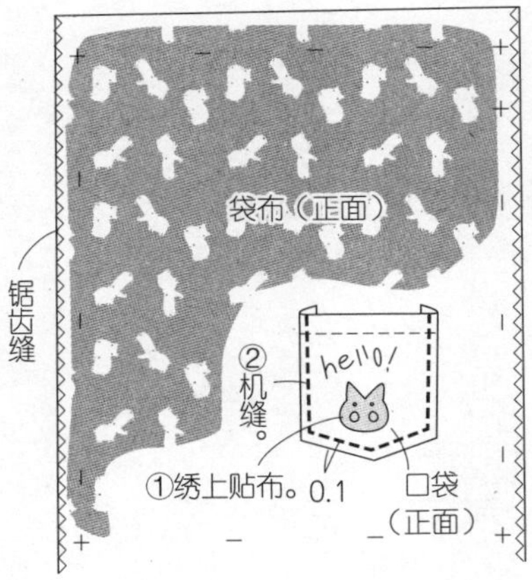

3 安装布环。

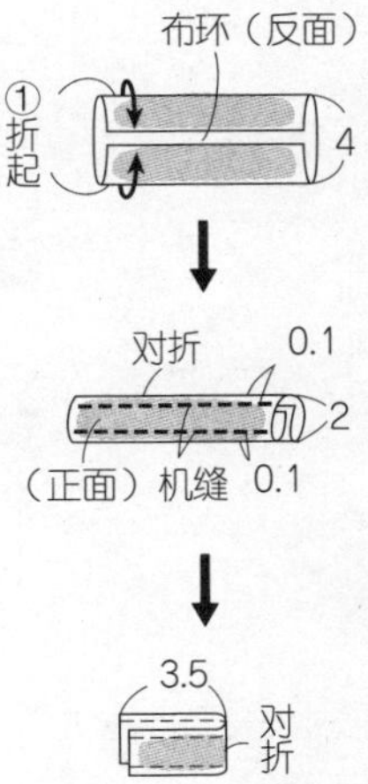

21的完成品

8 穿上软绳，成U形，套上线绳扣。单侧的线绳穿过布环，打结。

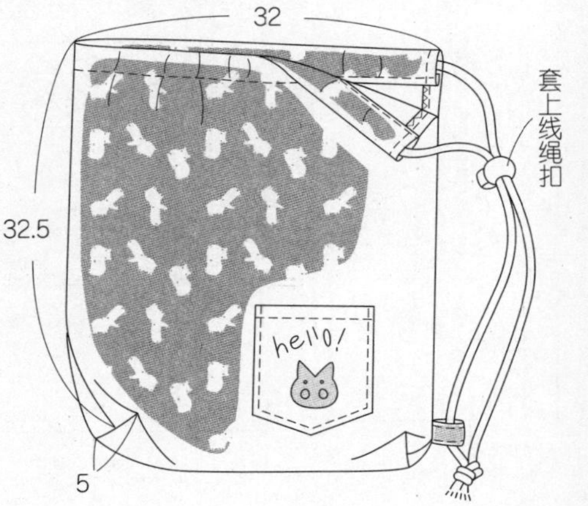

5 缝合留空的部分。

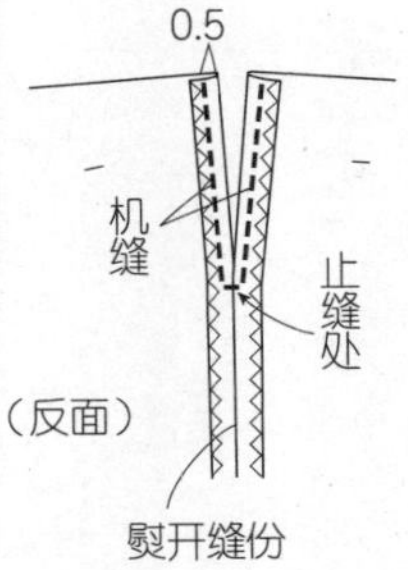

6 缝底帮。

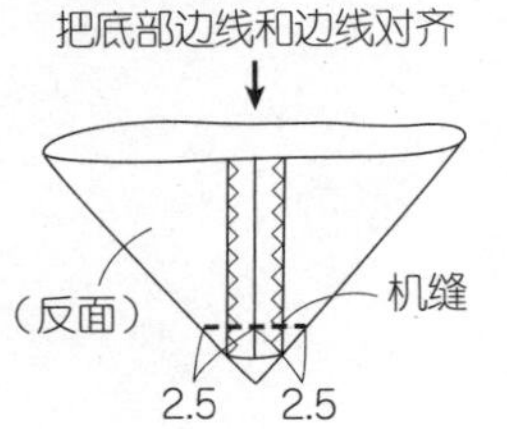

7 把开口的缝份折三折后机缝。

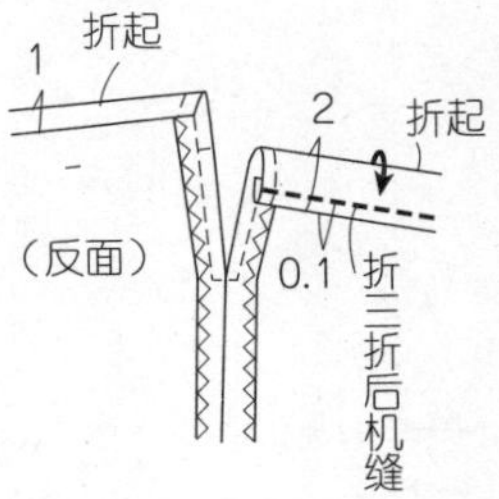

P25 **22～24**

可爱水果家族

22～24 组合的材料

- A布（棉布、素色）70cm×45cm
  （**22**=90cm×20cm，**24**=80cm×25cm）
- B布（牛津、水蓝色印花布）110cm×25cm
  （**22**=90cm×25cm，**23**=10cm×10cm，**24**=25cm×20cm）
- C布（牛津、粉色印花布）110cm×80cm
  （**22**=80cm×65cm，**23**=35cm×80cm，**24**=55cm×60cm）
- 黏合衬110cm×70cm
  （**22**=90cm×50cm，**24**=70cm×25cm）
- 水兵带0.8cm× 288cm
  （**22**=176cm，**23**=68cm，**24**=44cm）
- 毡布（红色）20cm正方形1块
  （**22**=5cm×5cm，**23**=5cm×5cm，**24**=3cm×3cm）
- 毡布（薄荷绿色）20cm正方形1块
  （**22**=5cm×5cm，**23**=3cm×3cm，**24**=3cm×3cm）

贴布布A（方格布、橘色）10cm×10cm
（**22**=5cm×10cm，**23**=5cm×10cm）

贴布布B（蓝色、单色）10cm×5cm
（**22**=5cm×5cm，**24**=5cm×5cm）

- 彩色线绳0.6cm粗110cm长（只**23**用）
- 线绳扣1个（只**23**用）
- 25号刺绣线（红色、茶色、黑色）各少量

＊里袋布不放拼布，直接裁剪。
＊实物大小的贴布图案见纸样A面。
＊布衬粘贴在鞋袋和手提包的表布和底布上。
＊贴布纵向锁缝使用红色刺绣线（双线）。
＊（ ）中的材料用量以制作单品为例。

22的制作图

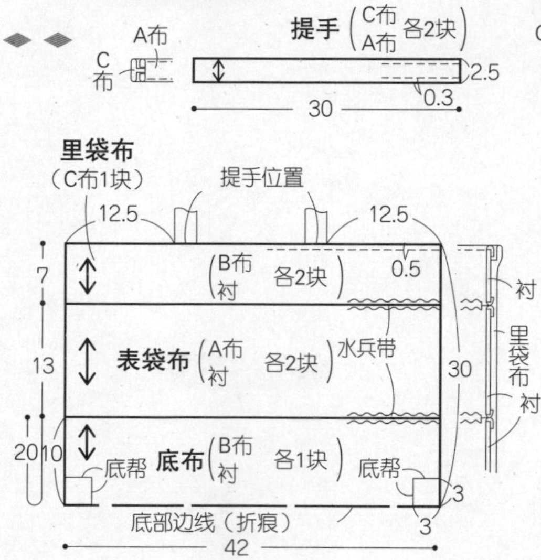

24的制作图

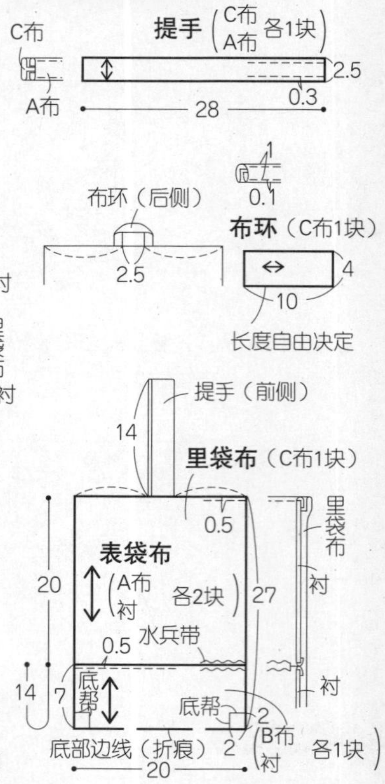

23的制作图

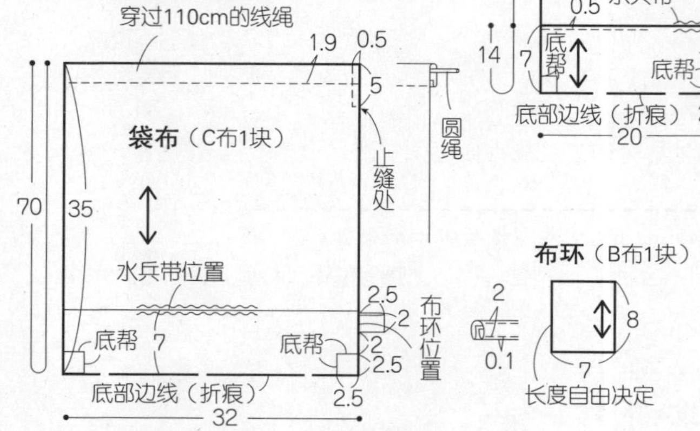

22~24B布、布衬的裁剪方法图

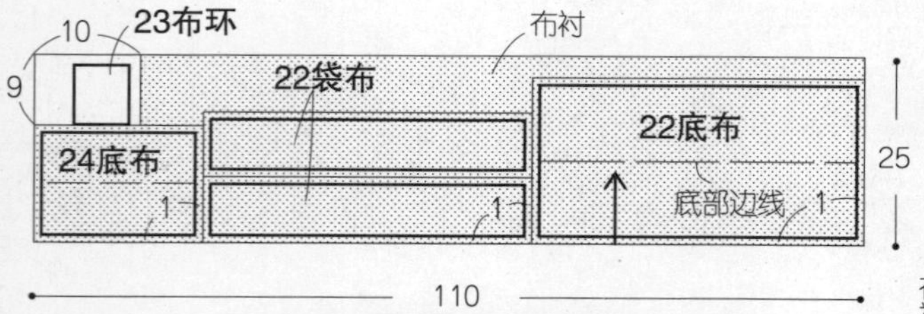

22~24A布、衬的裁剪方法图

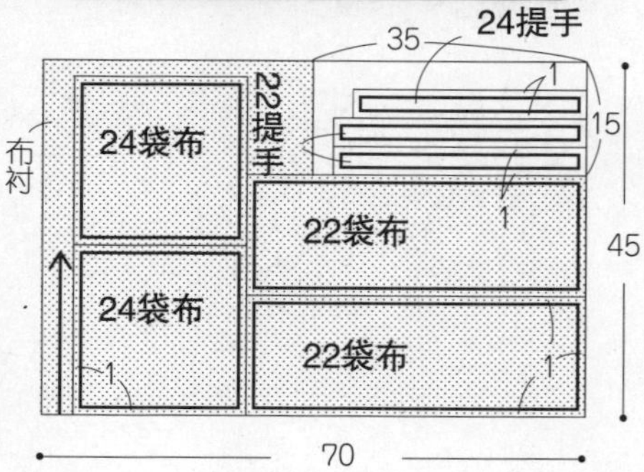

22~24C布的裁剪方法图

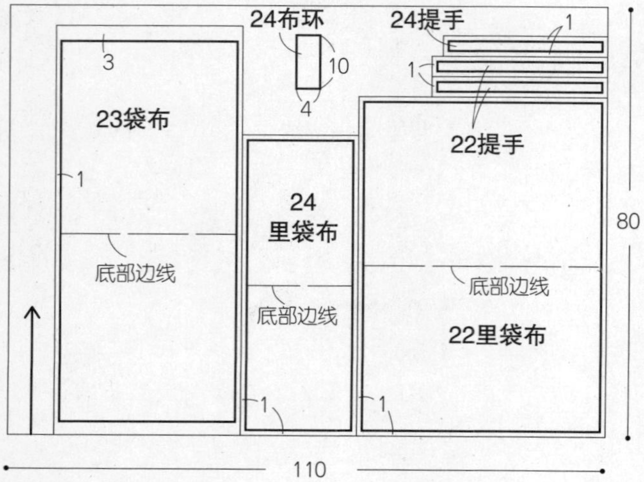

24的制作方法

◆里袋布的缝制方法参见P18～P22图片解说。

1 缝上袋子和底布，缝上水兵带，参见P68缝制提手和布环，留出袋布的缝份。

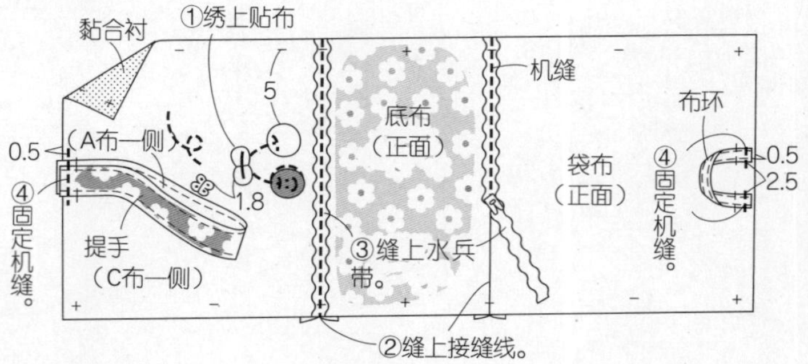

24的完成品

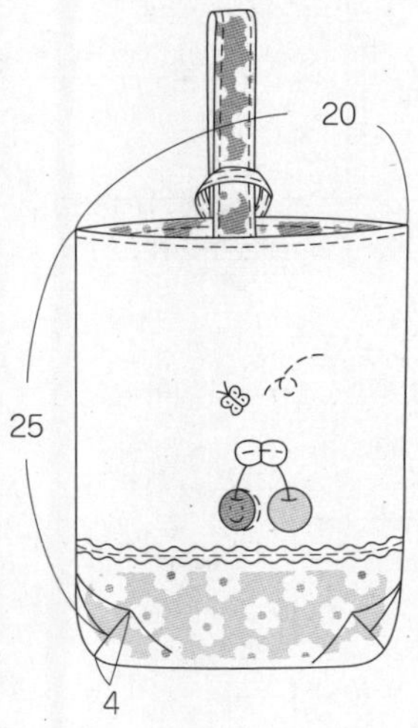

22的做法

◆缝里袋布的方法和接下来的做法参见P18~P22的图片说明。

1 把贴布粘贴到袋布上。把袋布的各个布料和底布缝合到一起，缝上水兵带。

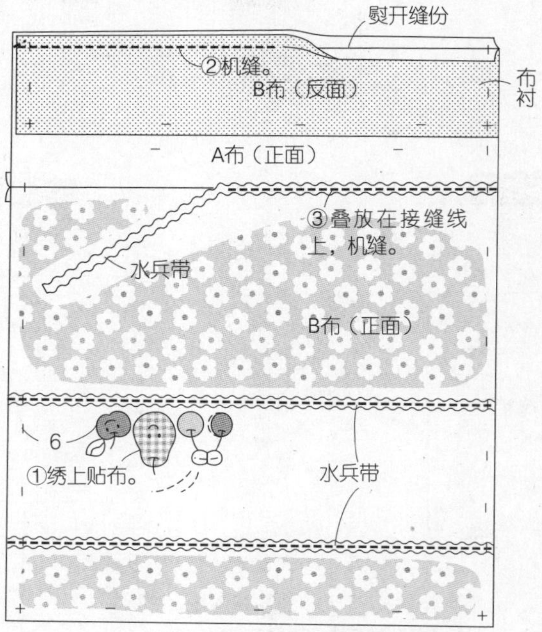

2 制作提手，缝到袋布上。

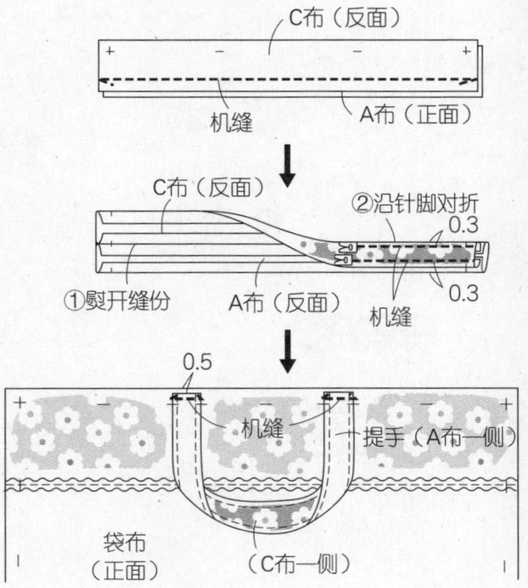

22的完成品

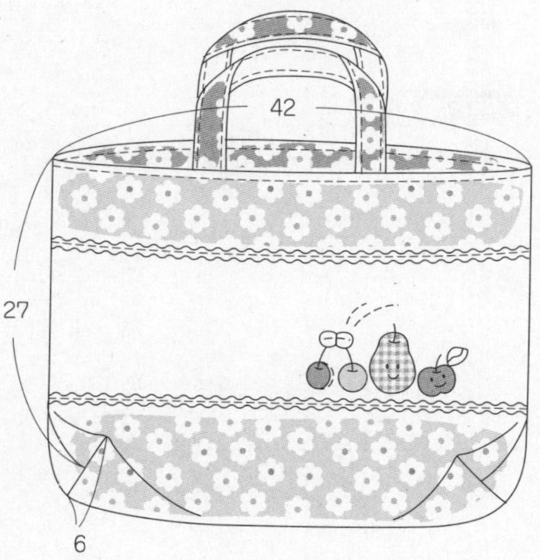

布艺贴布的做法

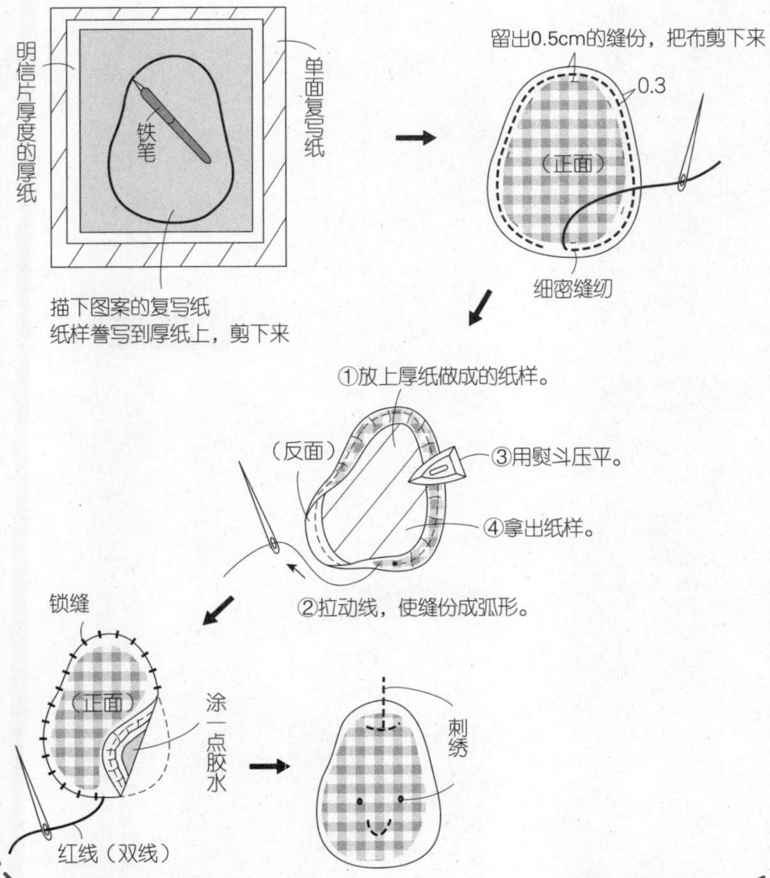

23的完成品

◆详细做法参见P7作品21。

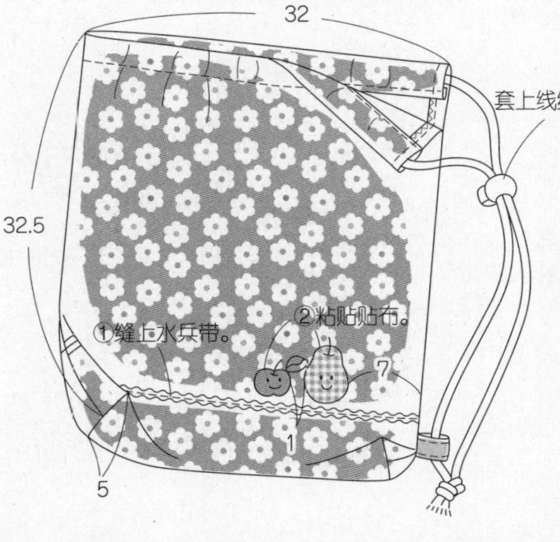

印花套系

25～28 组合的材料

- 表布（印花棉布）110cm×60cm
（25＝10cm×50cm，26＝20cm×55cm，27＝30cm×55cm，28＝75cm×30cm）
- 彩色线绳0.6cm粗 250cm长
（25＝60cm，26＝50cm，27＝140cm）

＊未附纸样，请自行绘图。
＊（ ）中的材料用量以制作单品为例。

25~28表布的裁剪方法图

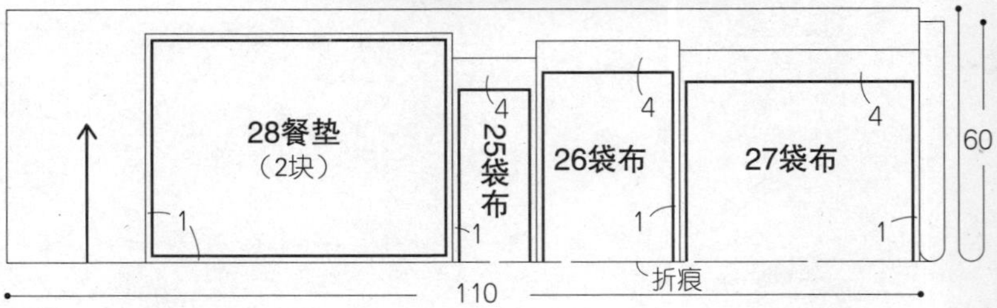

25的制作图

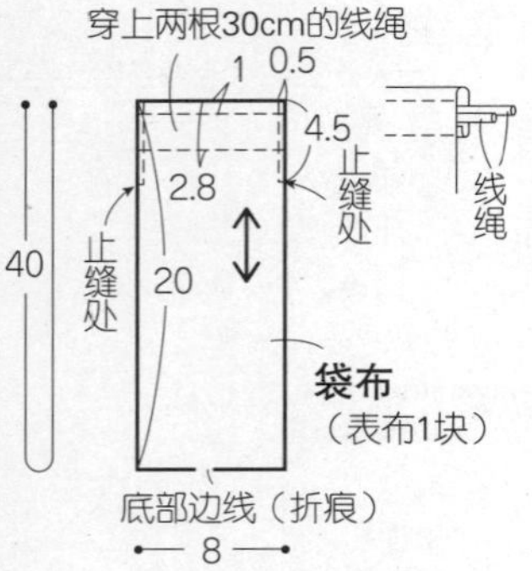

26的制作图

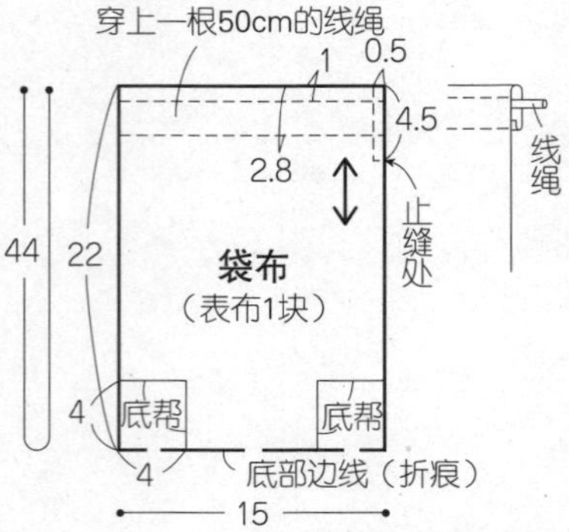

27的制作图

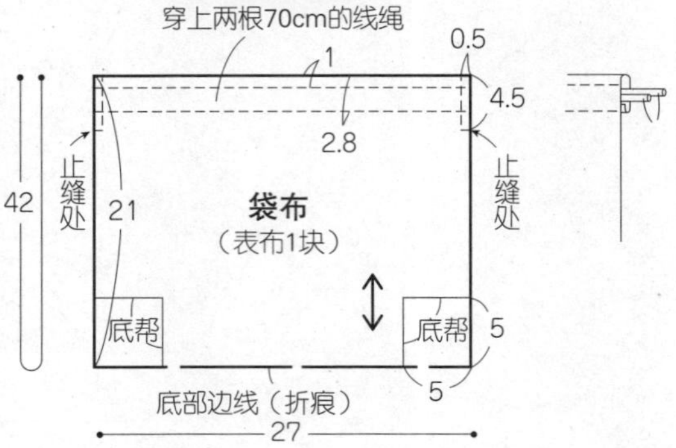

28的制作图

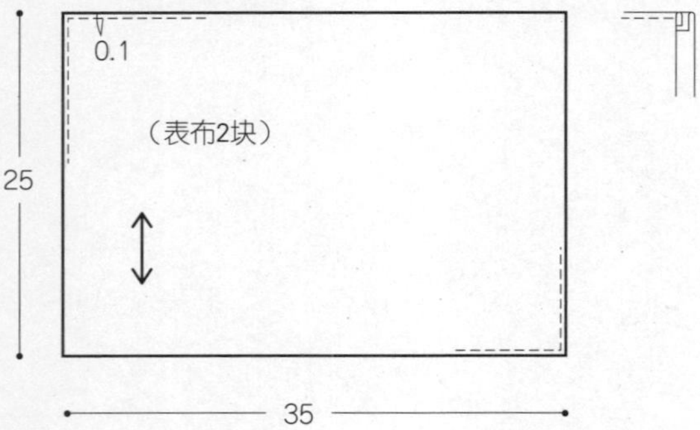

◆穿线绳的方法参见P34的图片解说。

25、26、27的做法

1 把袋布对折，缝边线。

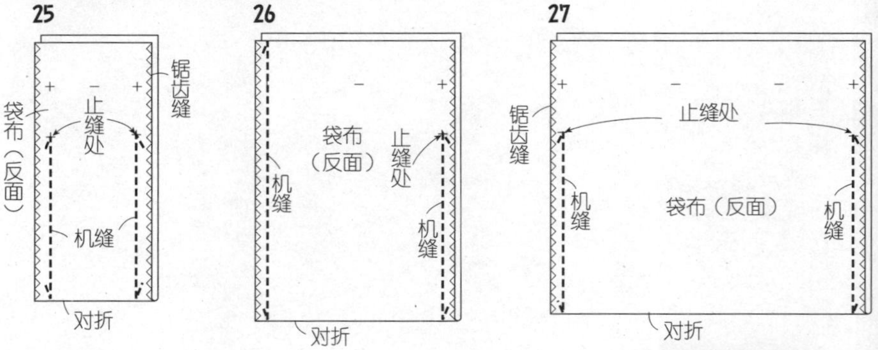

2 缝合留空的部分。

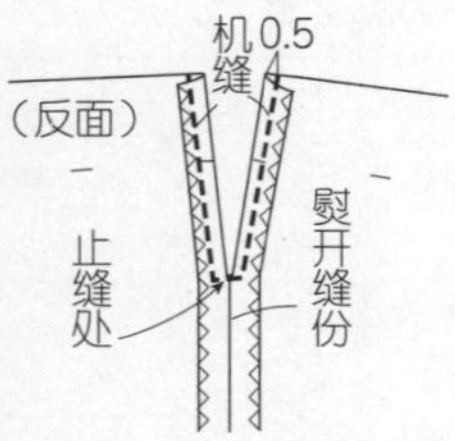

3 把开口的缝份三折后机缝，从布边向内缝起1cm，作为线绳穿孔。

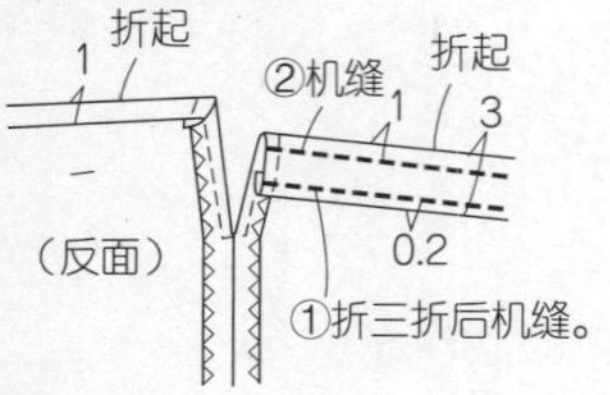

4 把袋角折成三角形，缝纫底帮（只26、27有）。

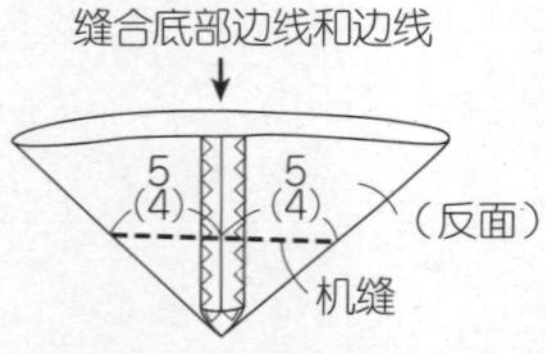

♥（ ）中的数字是作品26的尺寸。

25的完成品

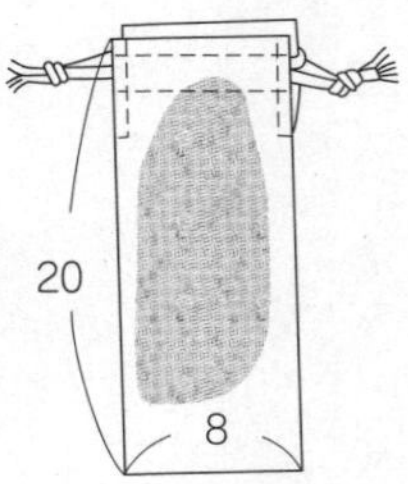

26的完成品

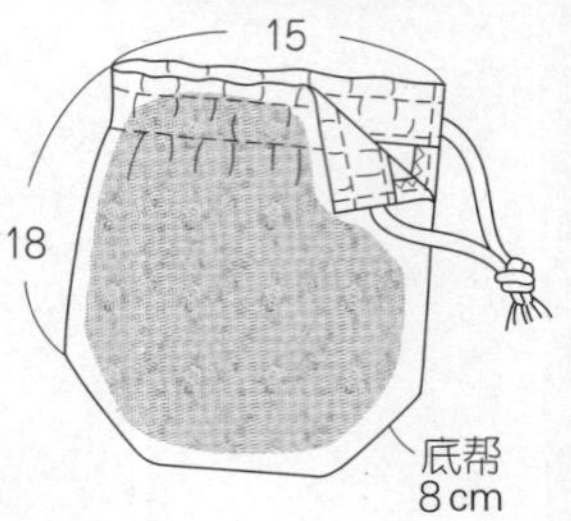

27的完成品

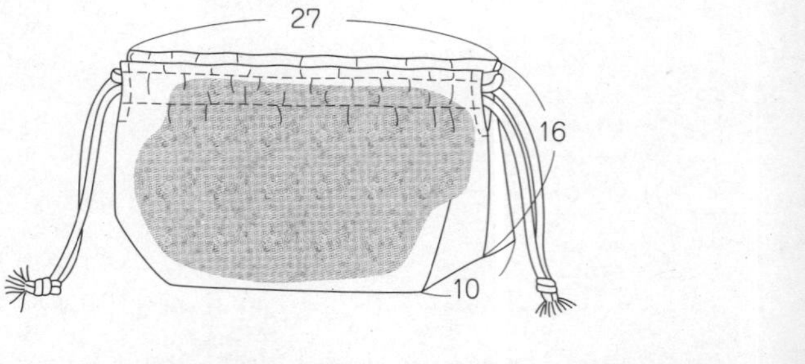

28的做法

1 将两块主体布料叠放在一起，把周边都缝起来，留出返口。

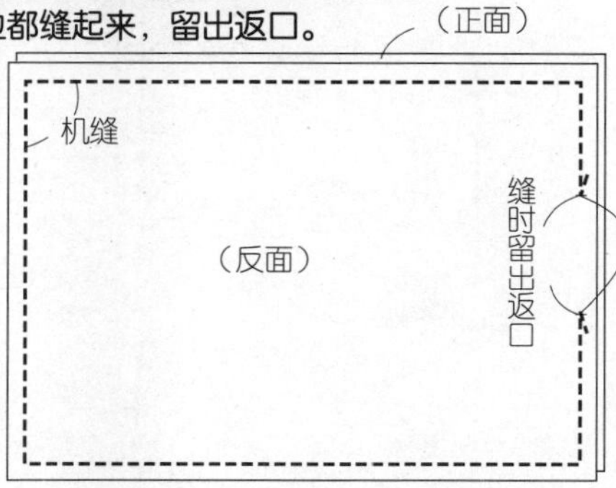

2 翻到正面，用缝纫机把周边都缝起来。

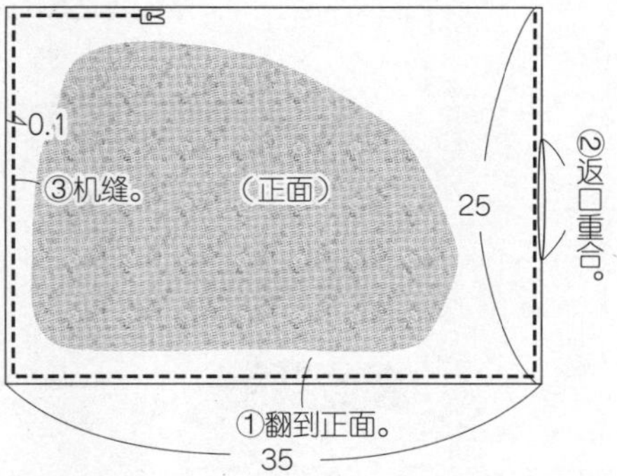

P27 **29、30、31、32**

小汽车

29~32 组合的材料

・A布（方格纹、灰色）90cm×55cm
（29=20cm×55cm，31=60cm×20cm，32=40cm×10cm）
・B布（方格纹、茶色）40cm×20cm（只32用）
・C布（牛津、素色）80cm×50cm
（29=20cm×5cm，30=10cm×50cm，31=30cm×25cm，32=40cm×30cm）
・毡布（红色）20cm正方形1块
（29=10cm×10cm，30=5cm×5cm，31=15cm×10cm，32=5cm×5cm）
・毡布（茶色）20cm正方形1块
（29=3cm×3cm，31=5cm×5cm，32=5cm×5cm）
・毡布（黄色）20cm正方形1块
（30=3cm×3cm，32=10cm×5cm）
・毡布（蓝绿色）5cm×5cm（只31用）
・毡布（白色）5cm×5cm
（29=3cm×3cm，31=3cm×3cm）
・彩色线绳0.6cm粗 250cm长
（29=50cm，30=60cm，31=140cm）
・25号刺绣线（红色、茶色、黑色、黄色、蓝绿色、白色）各少量

＊未附纸样，请自行绘图。
＊实物大小的贴布图案见纸样B面。
＊（ ）中的材料用量以制作单品为例。

32B布的裁剪方法图

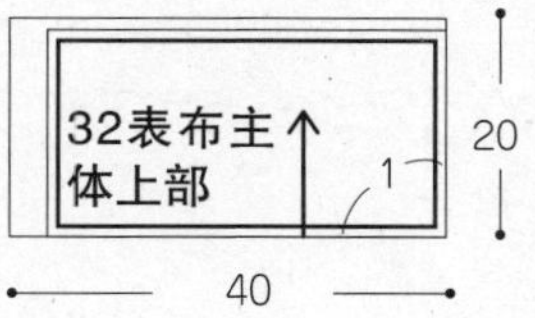

31的制作图

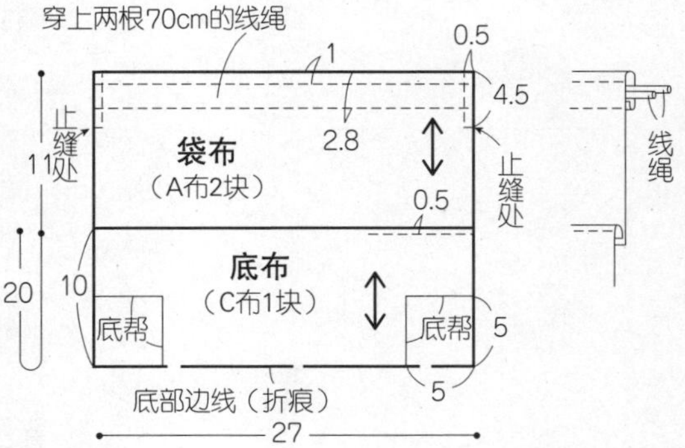

29的制作图

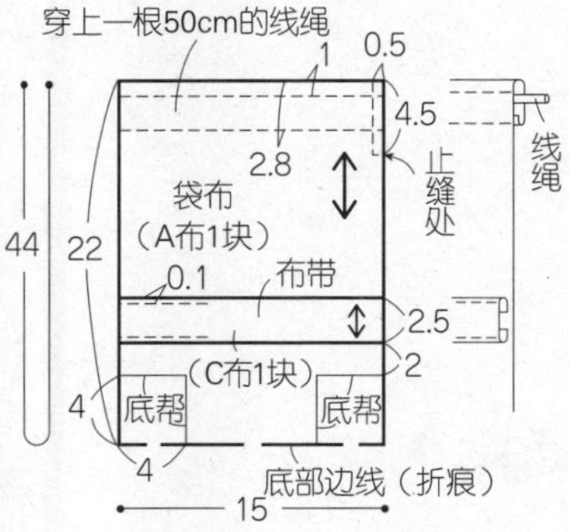

29~32C布的裁剪方法图

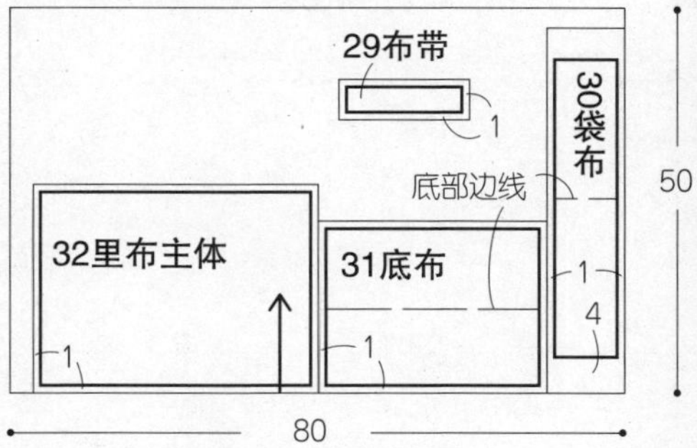

32的制作图

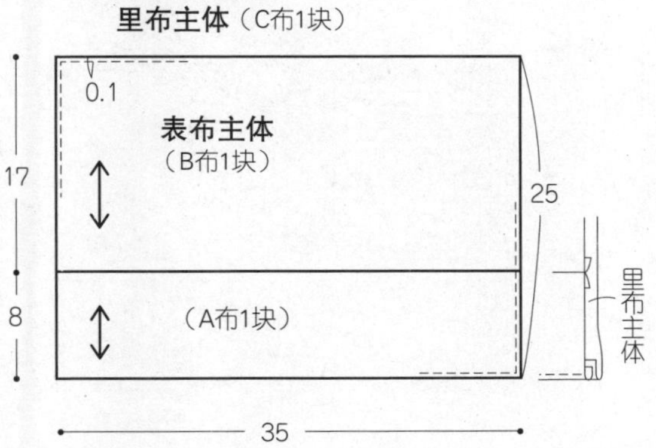

30的制作图

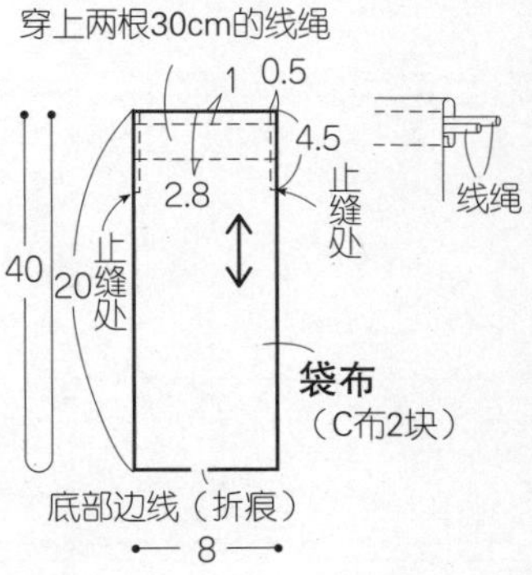

29~32A布的裁剪方法图

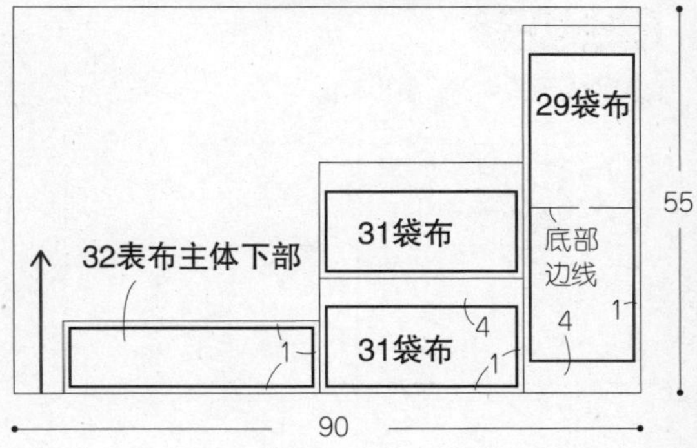

29的做法

1 把丝带贴到袋布上，贴上贴布。

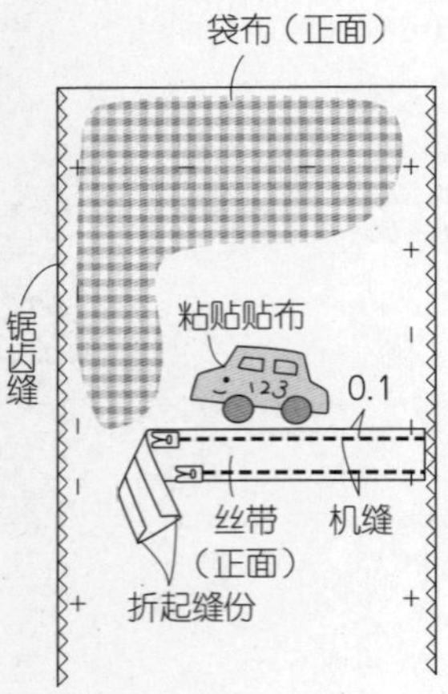

29的完成品

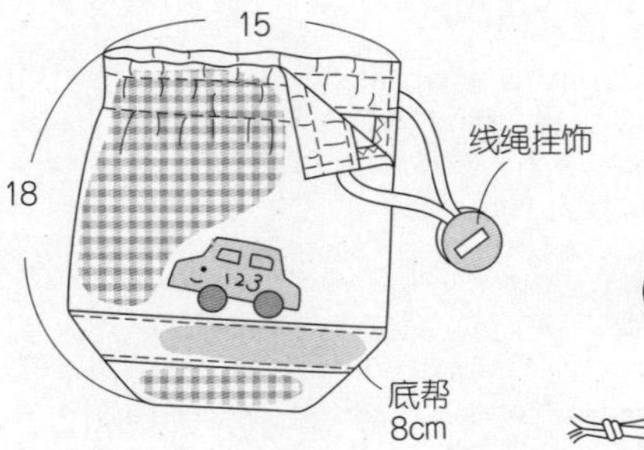

◆详细做法参见P72、73的作品25~28。
◆穿线绳的方法参见P34的图片说明。

30的完成品

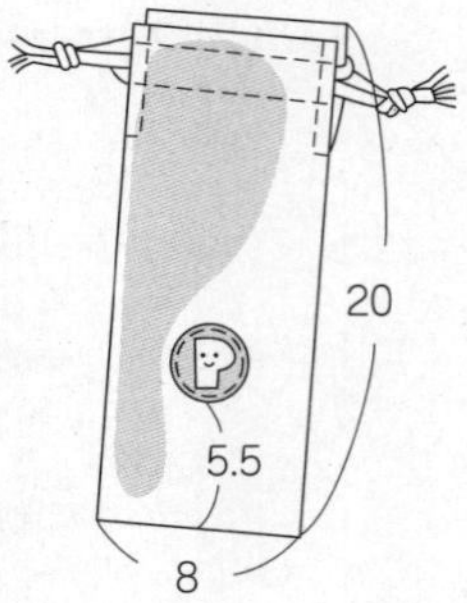

线绳挂饰的做法

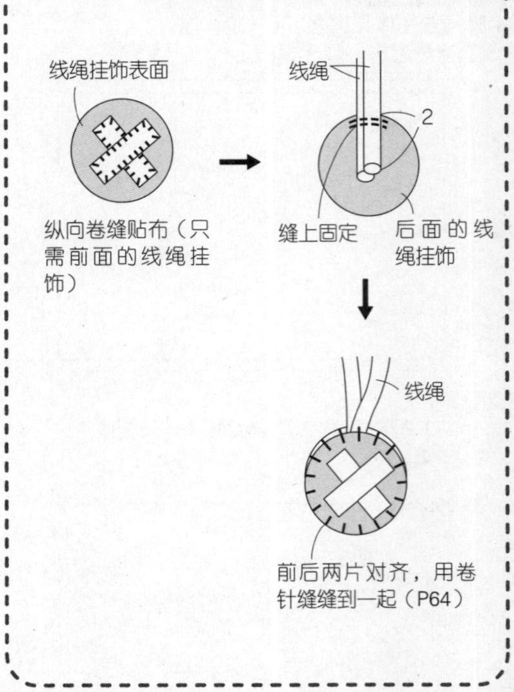

31的做法

1 缝合袋布和底布。

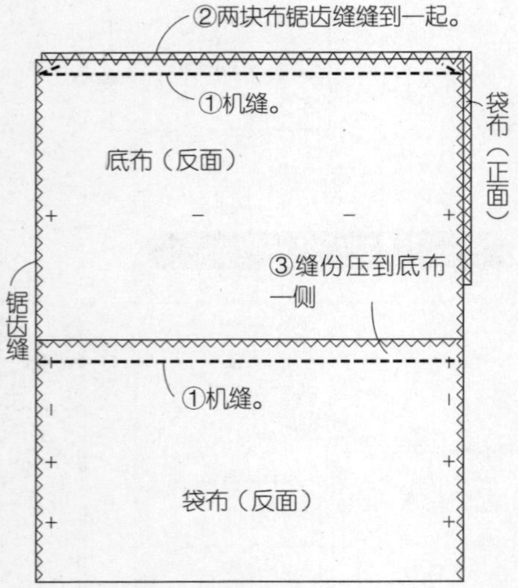

2 把贴布粘贴到袋布上。

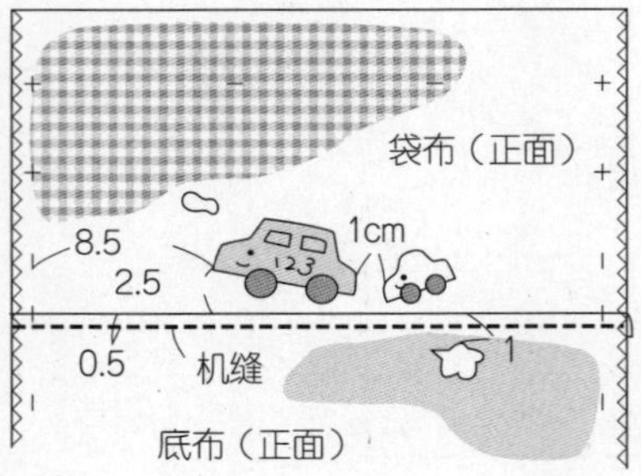

31的完成品

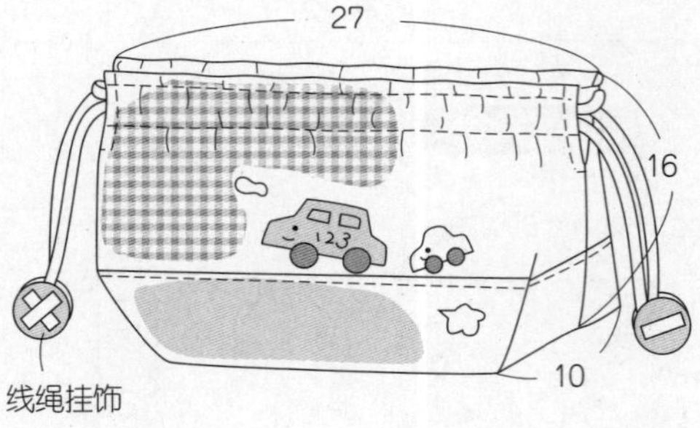

32的做法

1 缝合表布主体的A布和B布。

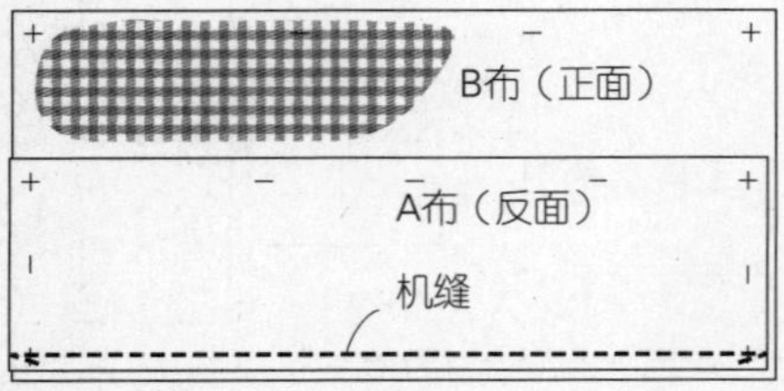

2 重合表布和里布主体，把周边缝起来，留出返口。

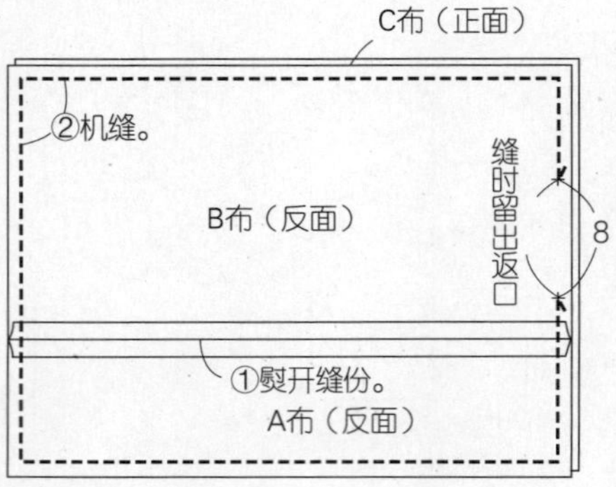

32的完成品

3 翻到正面，机缝周边。

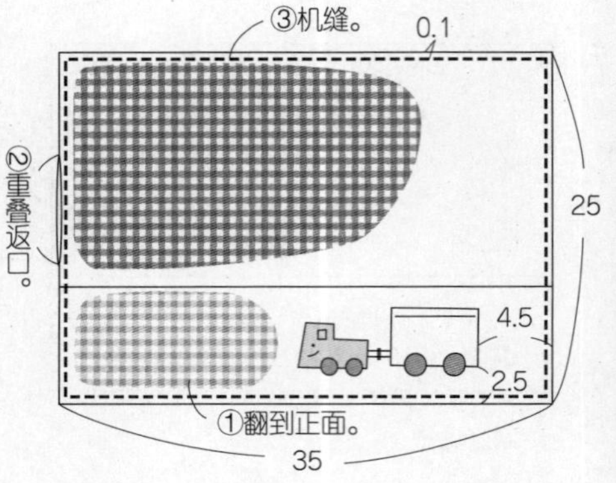

活动课上用的手提包

68 的材料

- A布（印花棉布）100cm×70cm
- B布（麻）50cm×30cm
- 彩色布带2.5cm×68cm
- 丝带1cm×94cm

＊未附纸样，请自行绘图。
＊里袋布不放拼布，直接裁剪。

A布的裁剪方法图

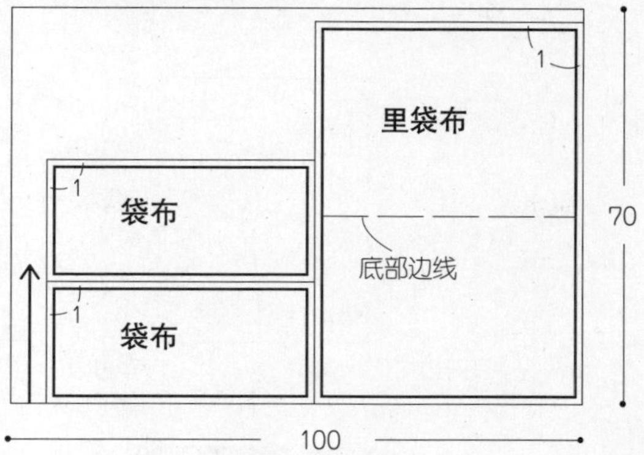

B布的裁剪方法图

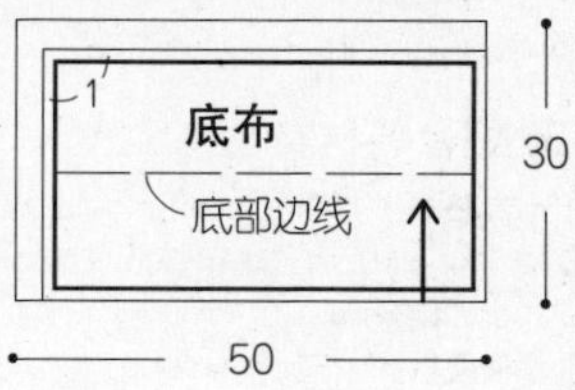

68的制作图

提手（彩色布带2块）

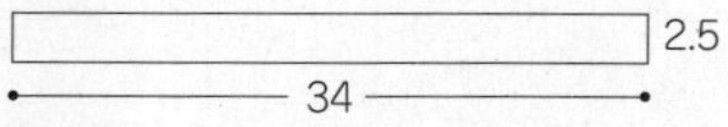

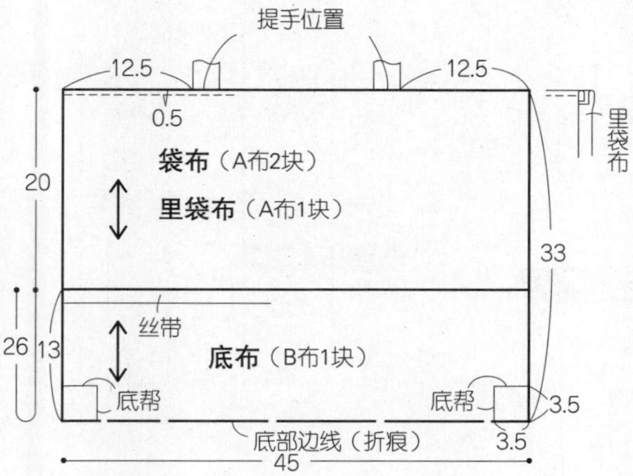

68的做法

1 缝合袋布和底布。

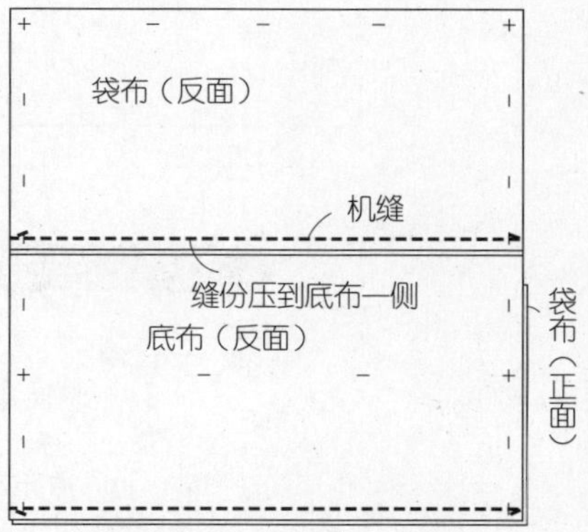

2 把丝带粘贴到接缝线处。对齐布边和提手边缘，机缝在缝份上固定。

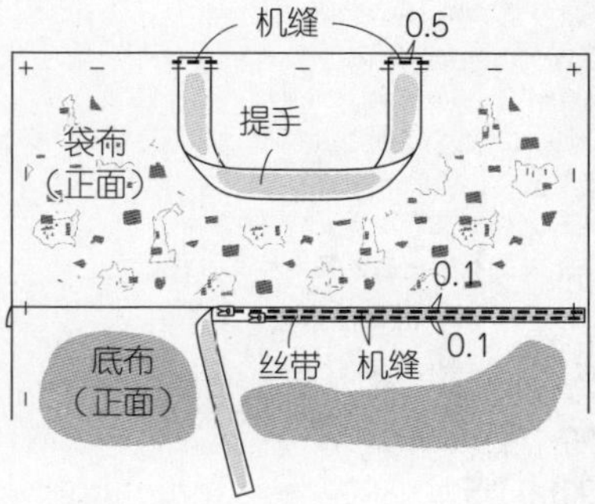

3 把袋布和里袋布重合在一起，缝纫开口。

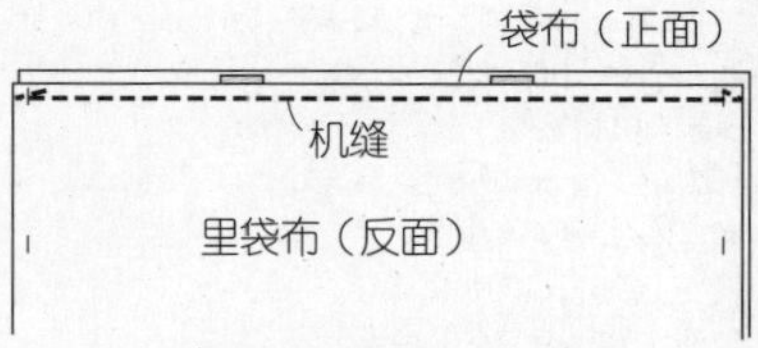

♥ 另一侧也同样缝纫。

4 把袋布和里袋布沿底部边线对折，继续缝边线，缝里袋布时留出返口。

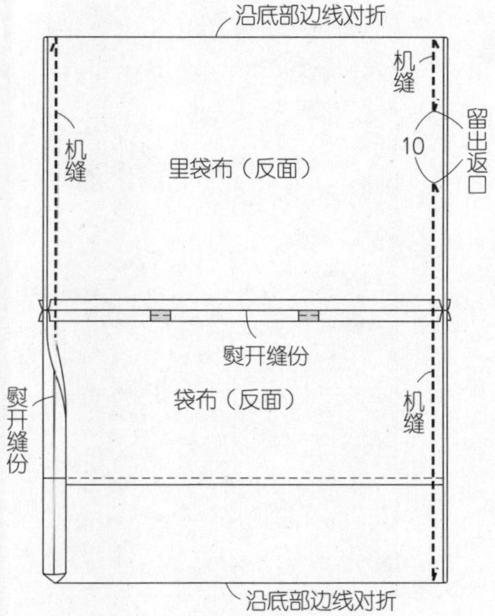

5 缝纫底帮。

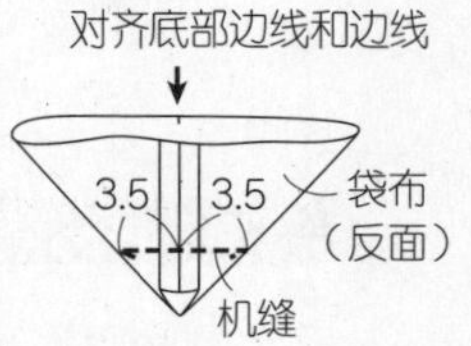

♥ 里袋布也同样缝纫。

6 从返口翻到正面，缝返口。

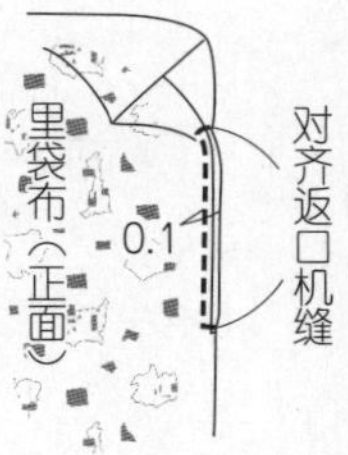

68的完成品

7 里袋布放到内侧，缝袋口。

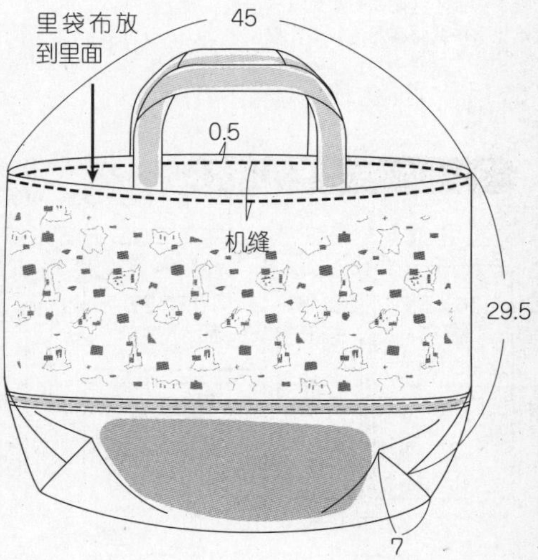

P28 33～36
小青蛙

33～36 组合的材料

- A布（方格纹）100cm×55cm
  （33＝20cm×50cm，34＝30cm×55cm，35＝80cm×30cm，36＝20cm×45cm）
- B布（棉质帆布）55cm×40cm
  （33＝15cm×30cm，34＝15cm×35cm，35＝20cm×20cm，36＝10cm×40cm）
- 按扣1组（只36用）
- 毡布（绿色）15cm×5cm
  （33～36各5cm×5cm）
- 毡布（浅粉色、黑色）各5cm×5cm
  （33～36各3cm×3cm）
- 亚麻线绳0.3cm粗 240cm长
  （33＝100cm，34＝140cm）
- 尾圈4个
  （33＝2个，34＝2个）
- 25号刺绣线（淡粉色、绿色、黑色、粉色）各少量

＊未附纸样，请自行绘图。
＊实物大小的贴布图案见纸样A面。
＊（ ）中的材料用量以制作单品为例。

P29 37～40
四叶草

37～40 组合的材料

- A布（棉质印花）100cm×55cm
  （37＝20cm×50cm，38＝30cm×55cm，39＝80cm×30cm，40＝20cm×45cm）
- B布（棉质帆布）55cm×40cm
  （37＝15cm×30cm，38＝15cm×35cm，39＝20cm×20cm，40＝10cm×40cm）
- 按扣1组（只40用）
- 毡布（黄绿色）20cm×5cm
  （37～40各5cm×5cm）
- 亚麻线绳0.3cm粗 240cm长
  （37＝100cm，38＝140cm）
- 尾圈4个
  （37＝2个，38＝2个）
- 25号刺绣线（黄绿色、淡绿色、绿色）各少量

＊未附纸样，请自行绘图。
＊实物大小的贴布图案见纸样A面。
＊（ ）中的材料用量以制作单品为例。

33~40A布的裁剪方法图

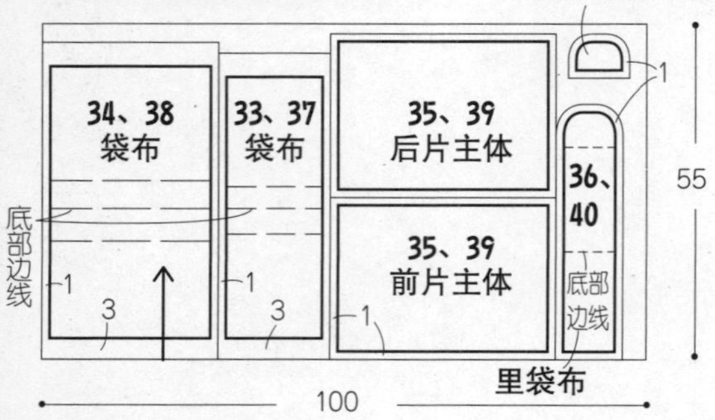

33、37的制作图

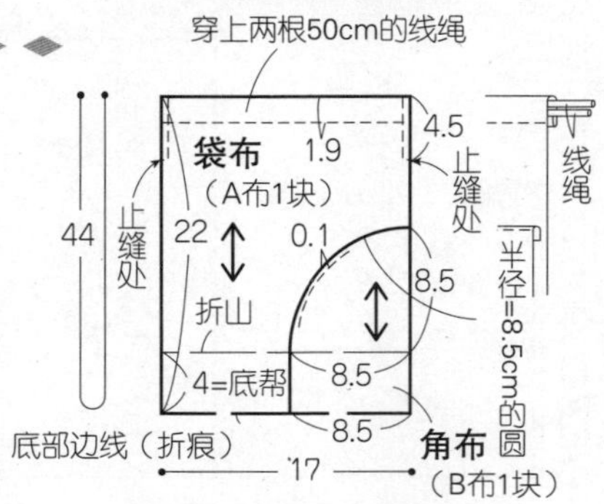

34、38的制作图

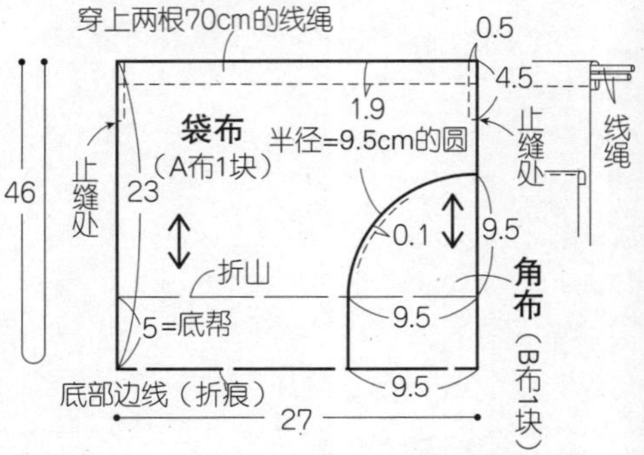

35、39的制作图

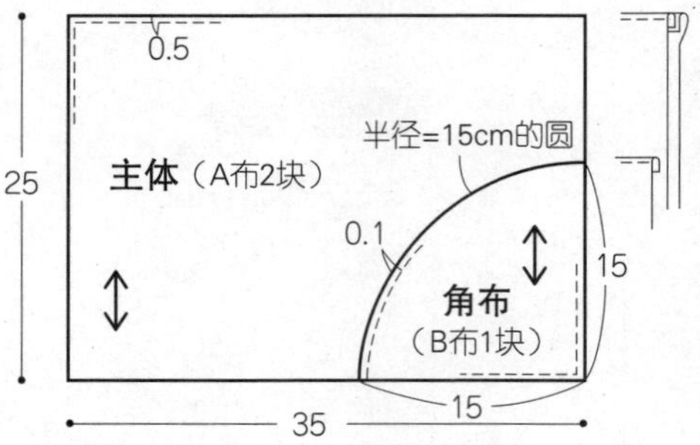

36、40的制作图

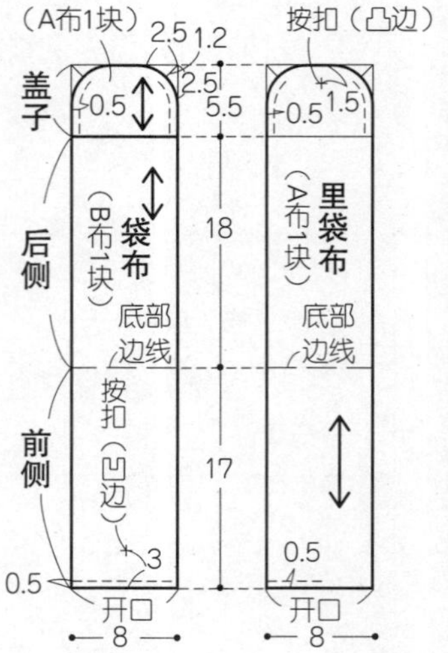

33~40B布的裁剪方法图

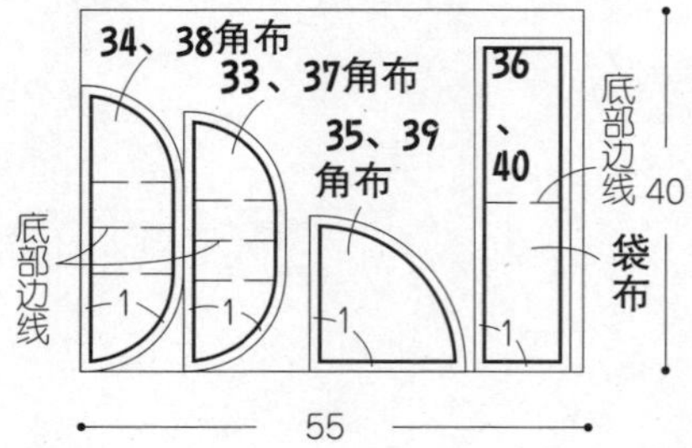

33、34、37、38的做法

1 把角布的缝份折起去。

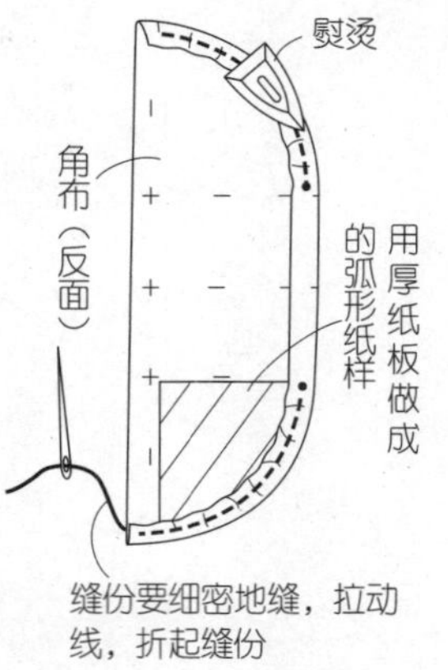

2 在角布上粘上贴布，把袋布重叠在一起，机缝。

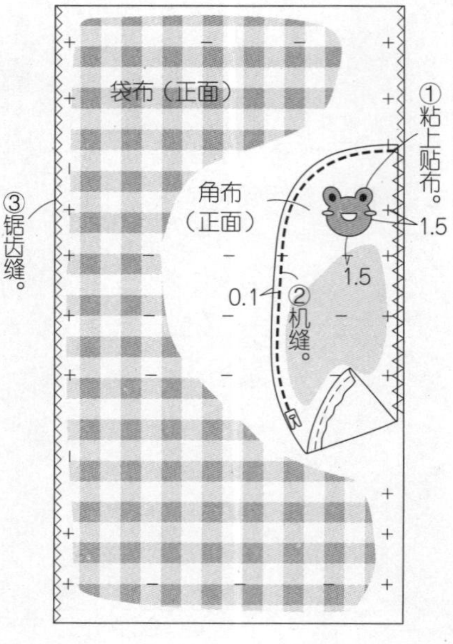

3 沿底部边线对折。

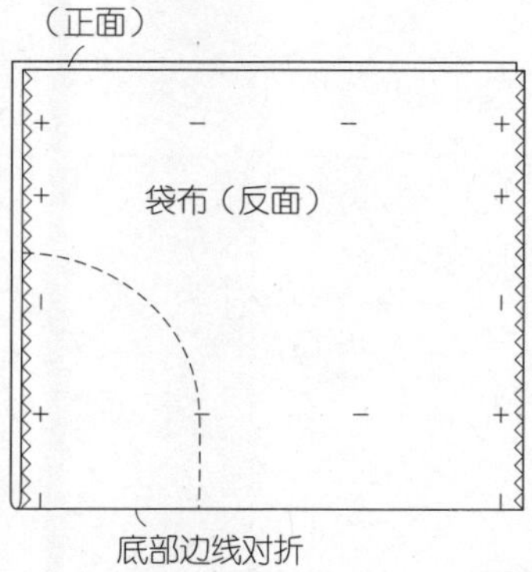

4 把底帮折到跟前，缝边线。

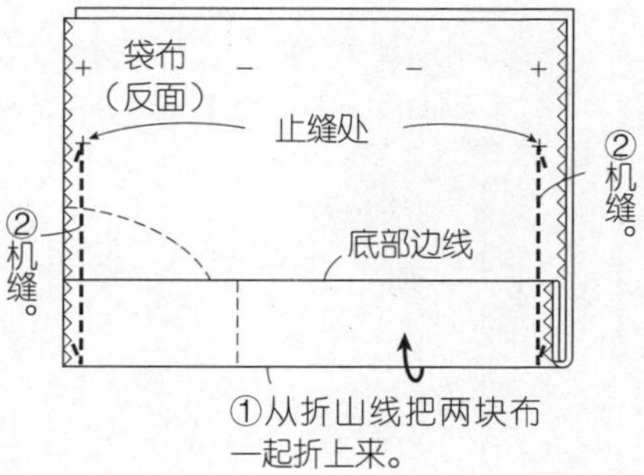

◆接下来的做法参见P32~37的图片说明。

33的完成品

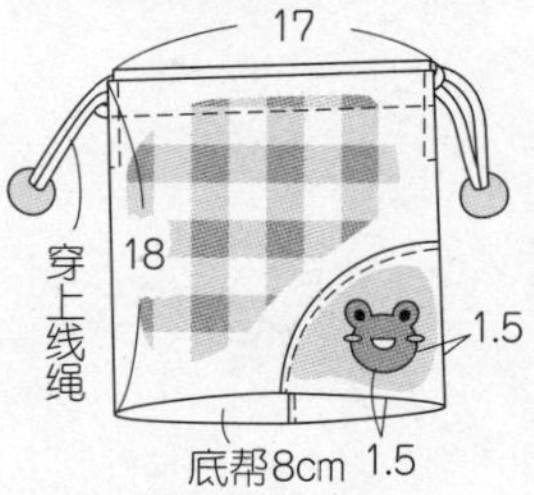

34的完成品

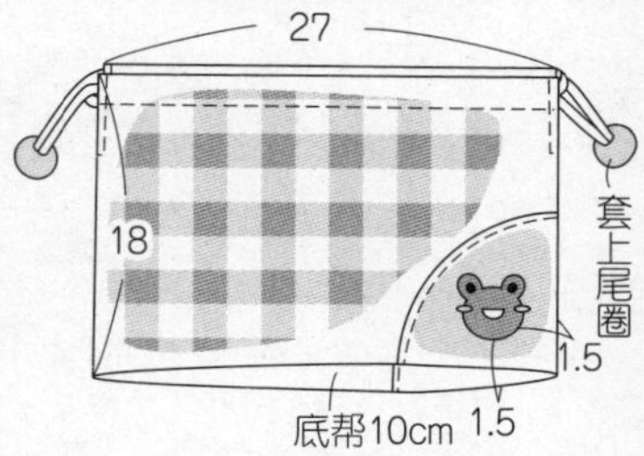

37的完成品

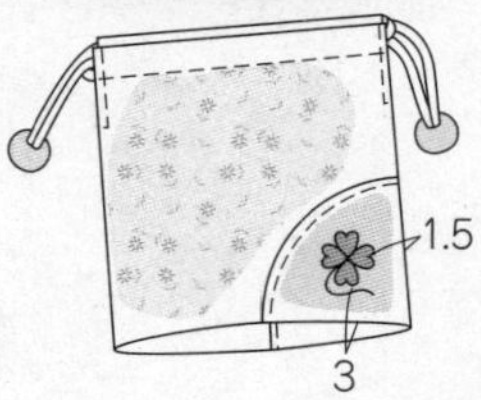

38的完成品

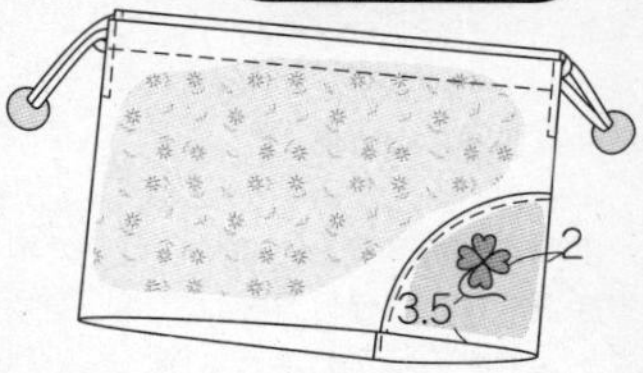

36、40的做法

1 把盖子表布和袋布缝合到一起。缝上贴布。

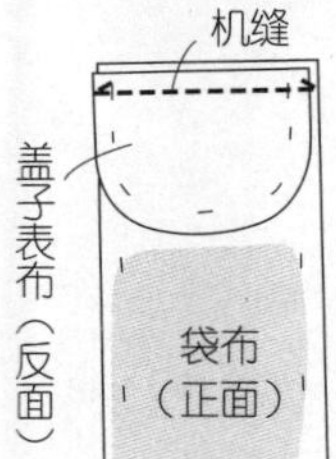

2 对齐袋布和里袋布，缝上开口。

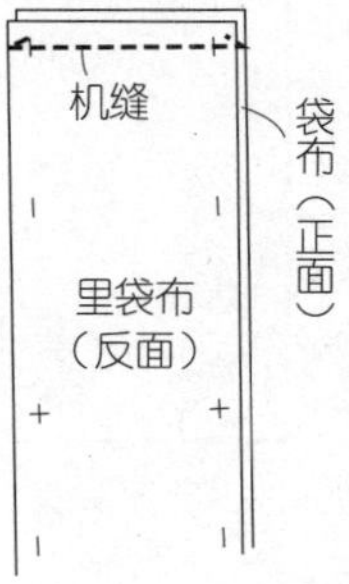

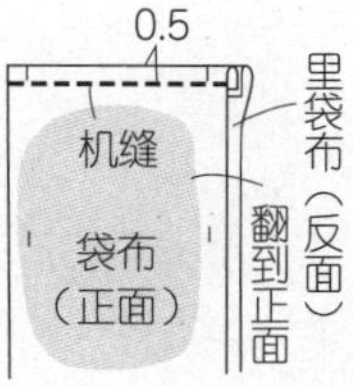

3 做出返口。

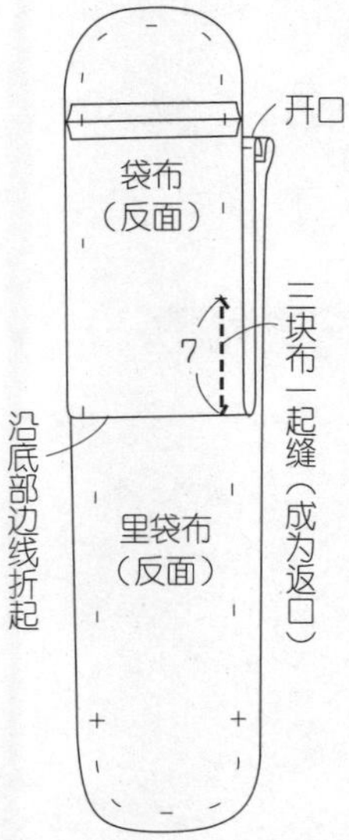

4 留出返口，缝上袋子外周。

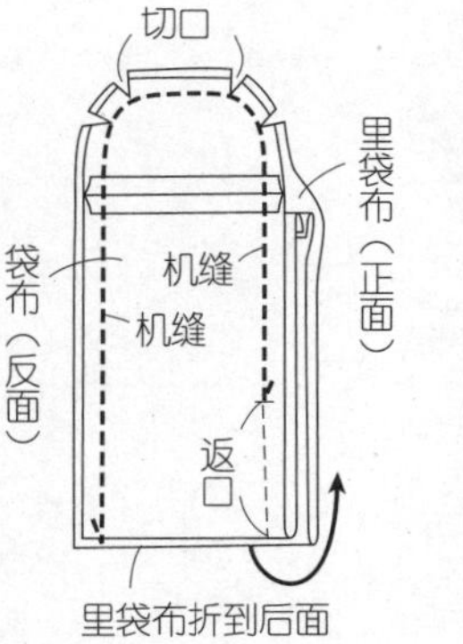

5 翻过来，卷缝返口。

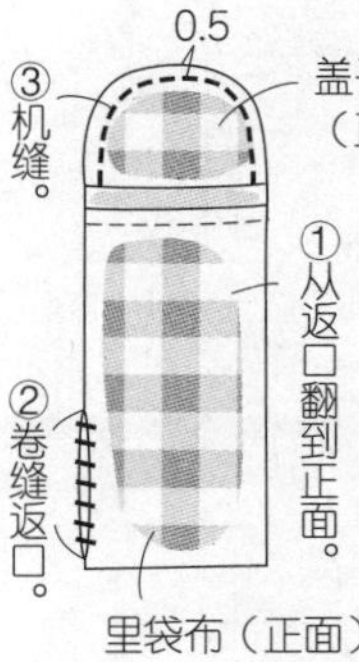

6 翻到正面，钉上按扣。

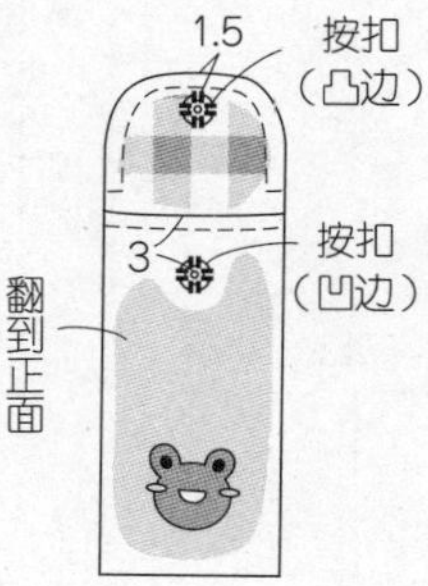

36的完成品

40的完成品

35、39的做法

1 把贴布缝到角布上，角布缝到前片主体上。

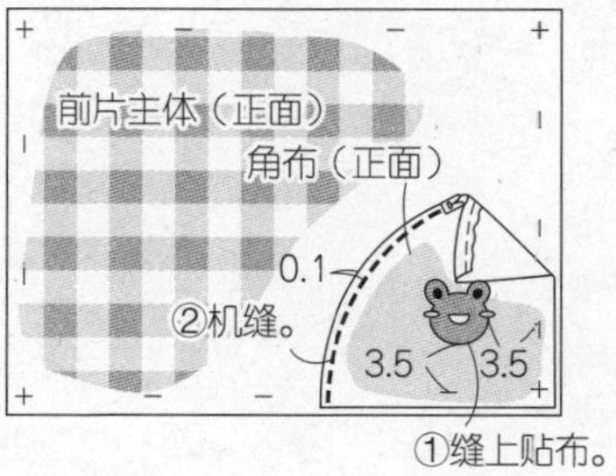

2 把表里主体叠放在一起，缝上四周。

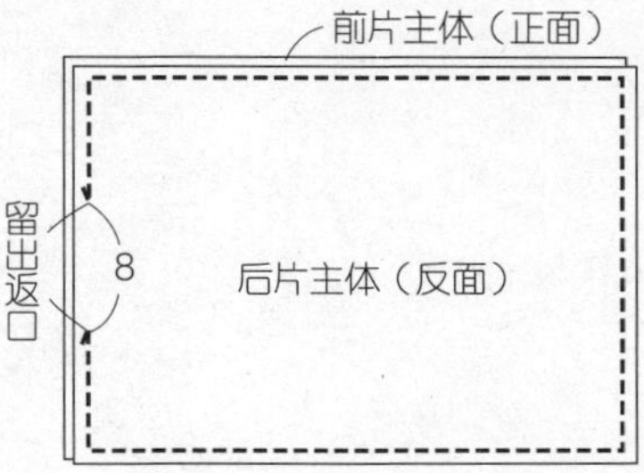

3 从返口翻到正面，周边机缝。

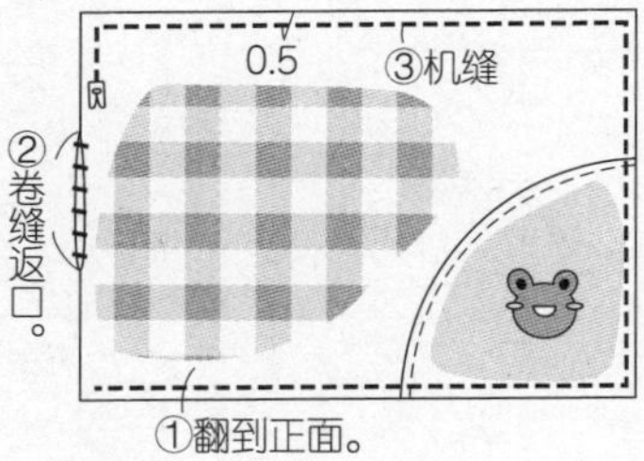

35的完成品

39的完成品

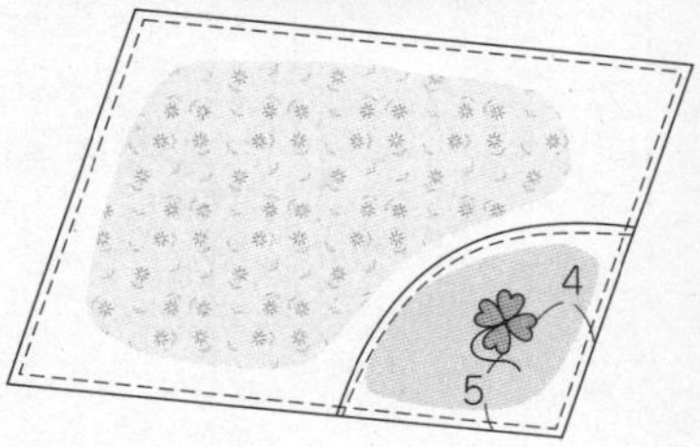

P30 **41～44**

棒球套装

◆◆◆◆◆◆◆◆◆◆◆◆◆◆◆◆◆◆◆◆◆

41～44 组合的材料

- A布（条纹亚麻布）70cm×50cm
  （**41**=15cm×50cm，**42**=30cm×30cm，**44**=30cm×50cm）
- B布（牛仔布）70cm×55cm
  （**42**=50cm×30cm，**43**=20cm×55cm）
- 毡布（蓝色）15cm×10cm
  （**41**=10cm×10cm，**44**=10cm×10cm）
- 毡布（茶色）10cm×5cm
  （**42**=10cm×3cm，**43**=10cm×3cm）
- 毡布（白色）10cm×5cm
  （**42**=3cm×3cm，**43**=3cm×3cm，**44**=3cm×3cm）
- 亚麻线绳0.3cm粗 300cm长
  （**41**=60cm，**43**=100cm，**44**=140cm）
- 25号刺绣线（蓝色、茶色、红色、白色）各少量

＊未附纸样，请自行绘图。
＊实物大小的贴布图案见纸样B面。
＊（ ）中的材料用量以制作单品为例。

41~44A布的裁剪方法图

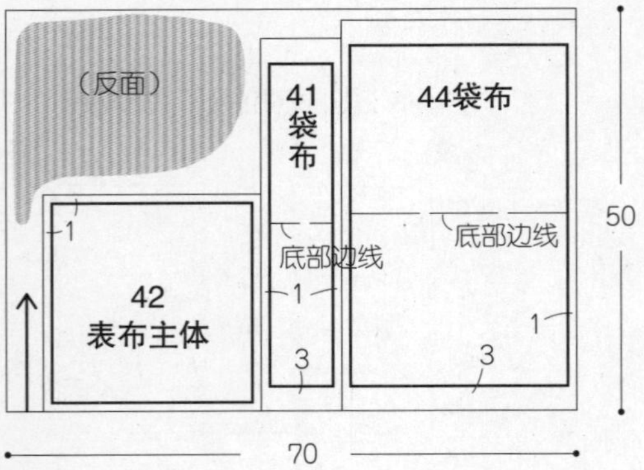

41~44B布的裁剪方法图

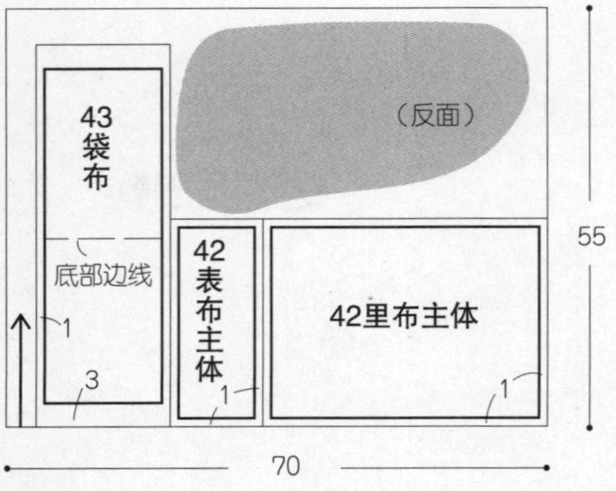

41的制作图

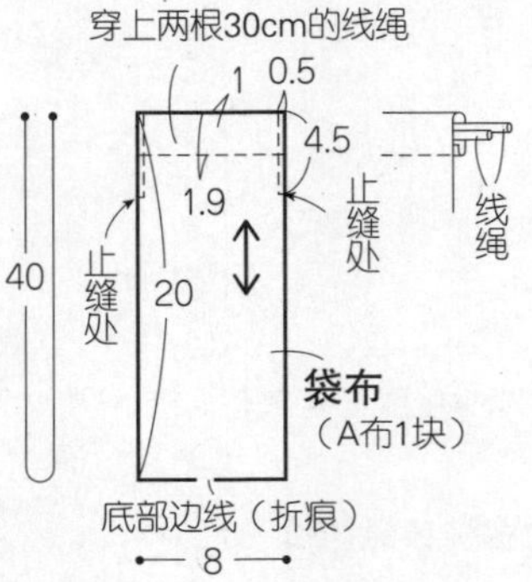

42的制作图

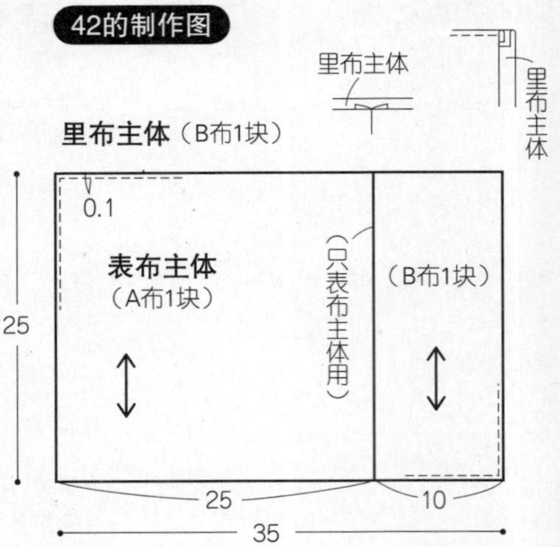

43的制作图

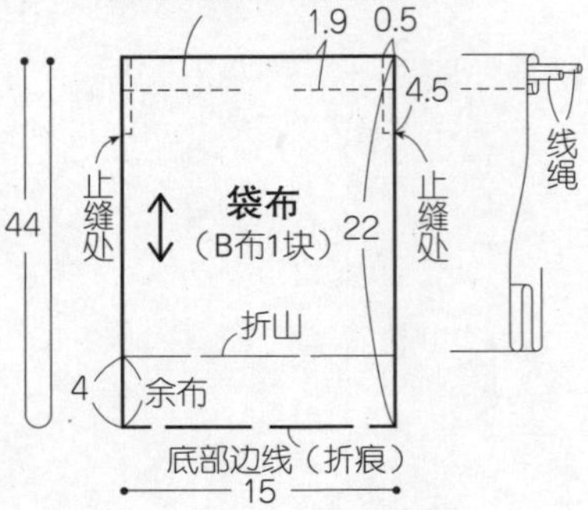

44的制作图

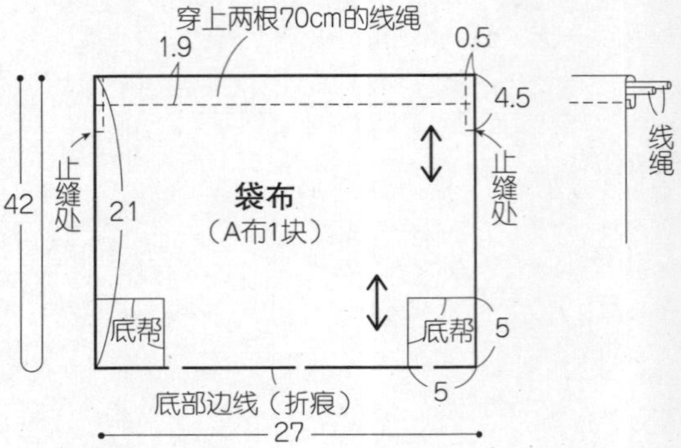

41的完成品

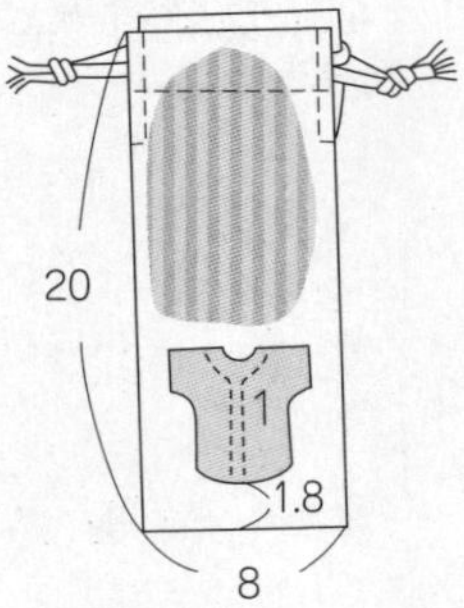

42的完成品

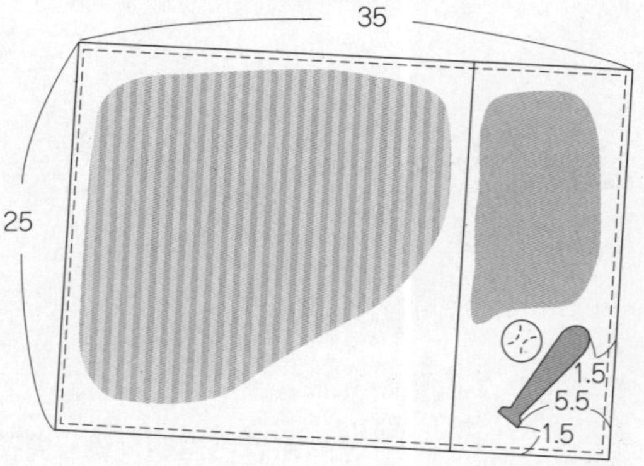

◆详细做法参见P32~P37的图片说明。

44的完成品

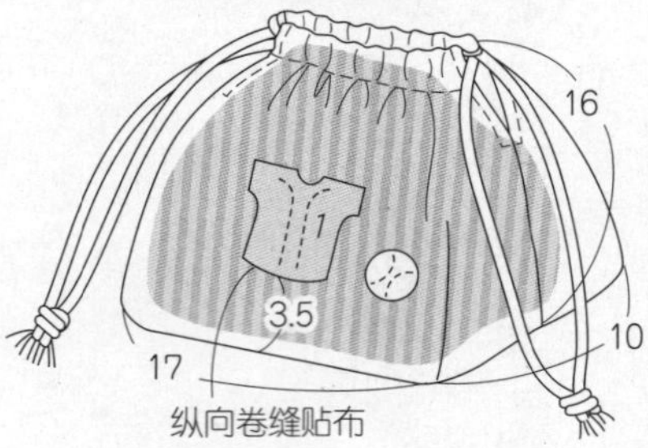

43的完成品

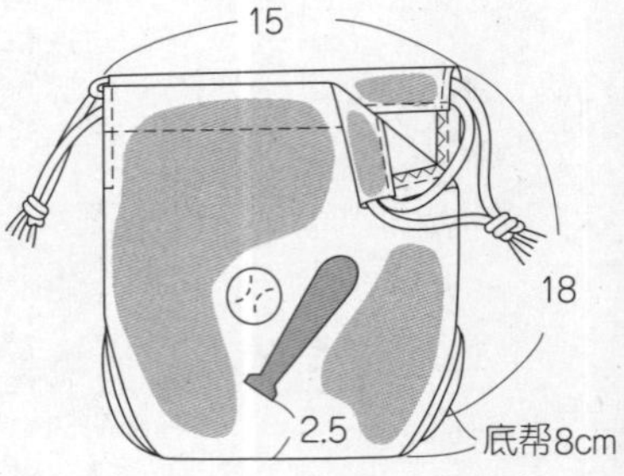

P56 **78、79**

口罩

78、79 的材料

- 表布（双层纱质）45cm × 20cm
- 彩色口罩用松紧带0.2cm粗 60cm长

＊未附纸样，请自行绘图。

78、79的制作图

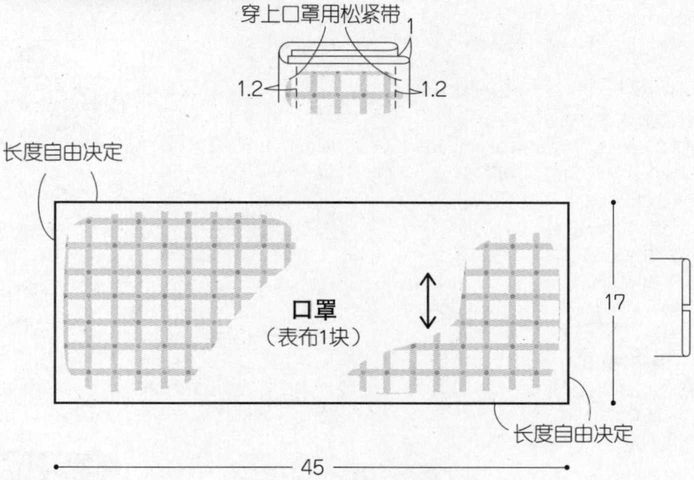

78、79的做法

1 把布折起来。

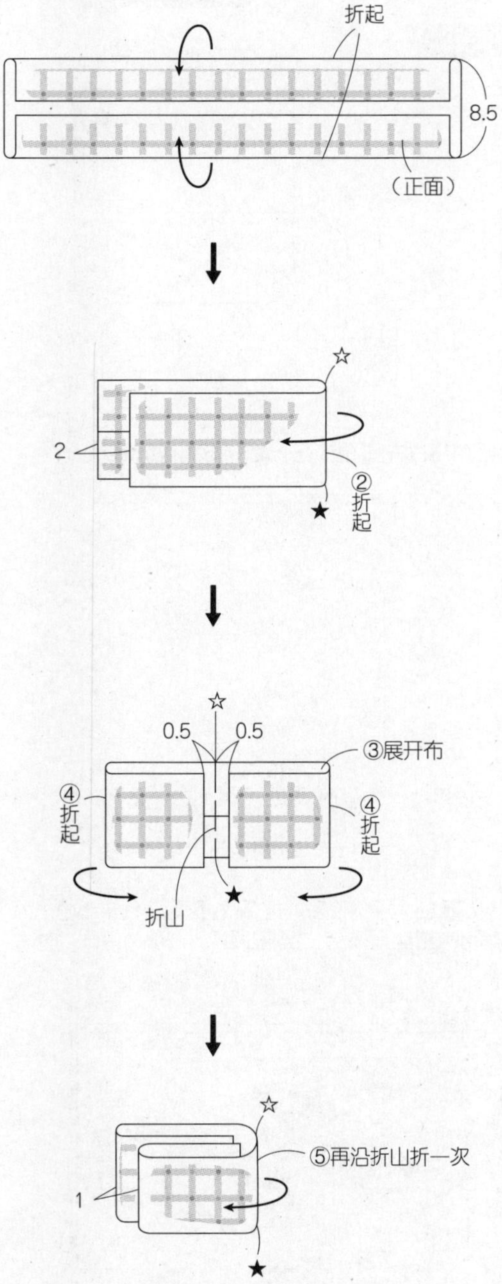

2 缝上松紧带的穿孔。

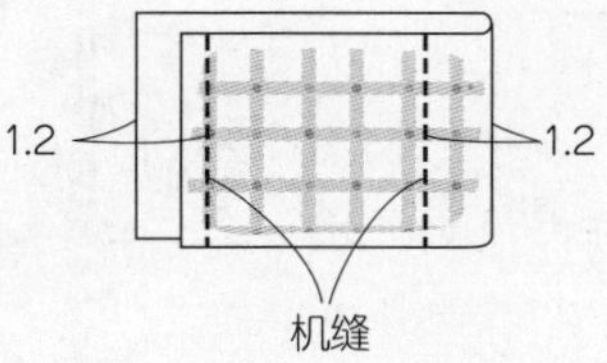

3 穿上松紧带。

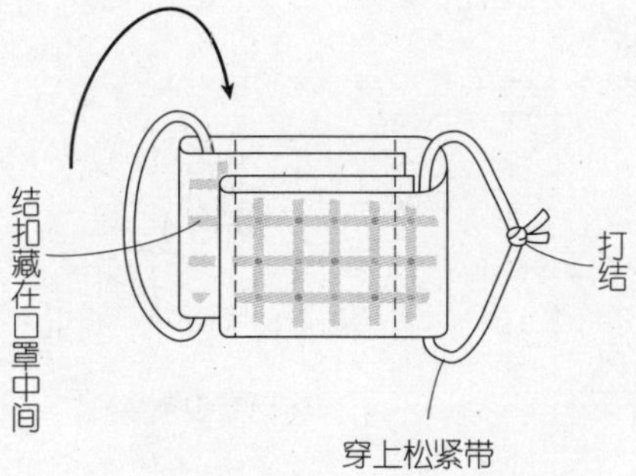

78、79的完成品

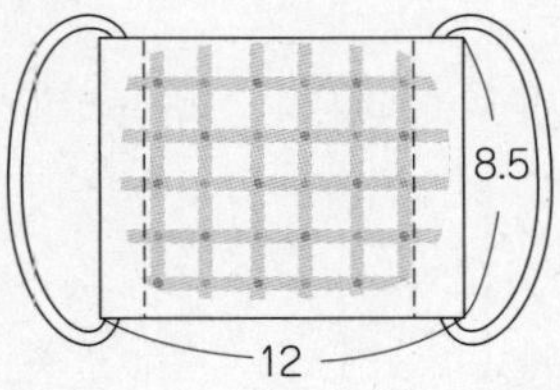

P38 **49～51**

甜点

49～51组合的材料

- A布（棉质圆点印花）100cm×45cm
  （**49**=45cm×25cm，**50**=40cm×35cm，**51**=15cm×45cm）
- B布（棉质）40cm×35cm（只**50**用）
- 蕾丝1.2cm×218cm
  （**49**=88cm，**50**=108cm，**51**=22cm）
- 线绳0.3cm粗 160cm长
  （**49**=100cm，**51**=60cm）
- 徽章套系 2组
- 徽章餐具 1组

＊**50**实物大小的纸样见A面。
＊**49**、**50**未附纸样，请自行绘图。
＊（ ）中的材料用量以制作单品为例。

50的纸样

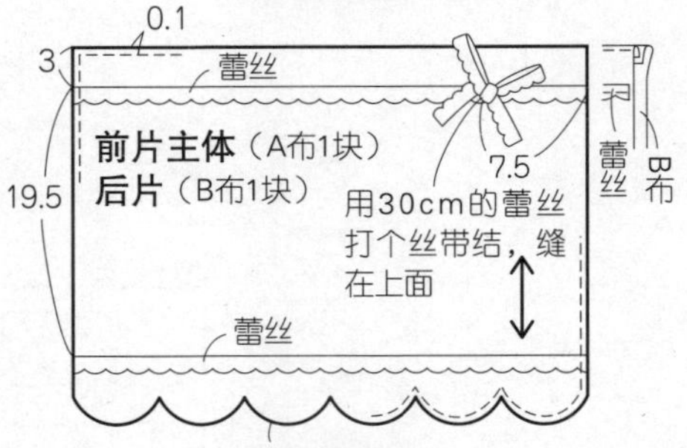

51的制作图

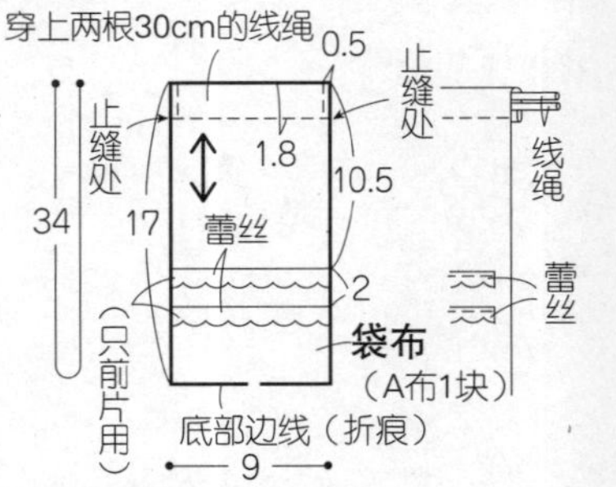

49的制作图

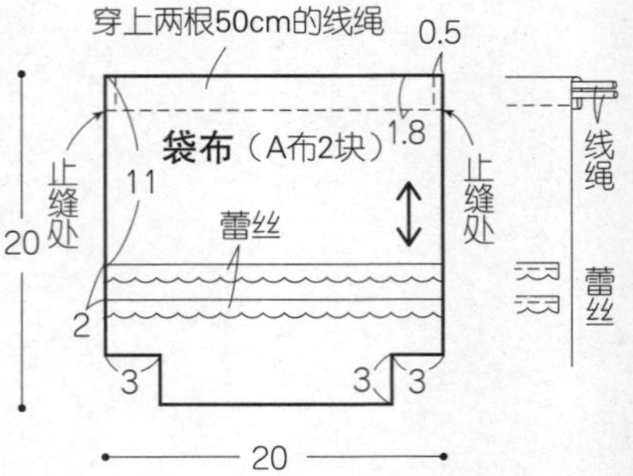

49~51A布的裁剪方法图

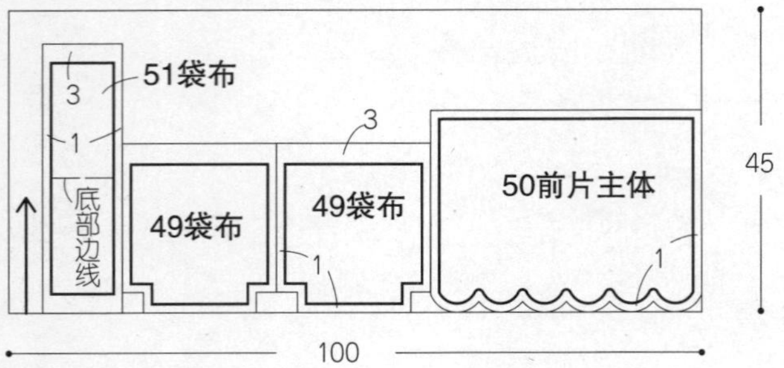

49~51B布的裁剪方法图

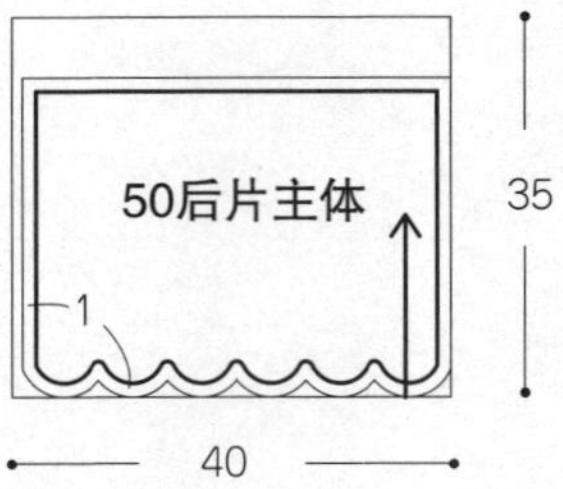

50的做法

1 把蕾丝和徽章缝在前片主体上。

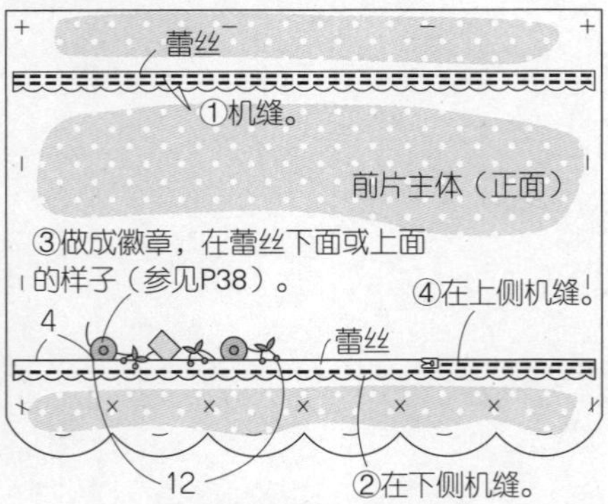

2 把前后片主体叠放在一起，把周边缝起来。

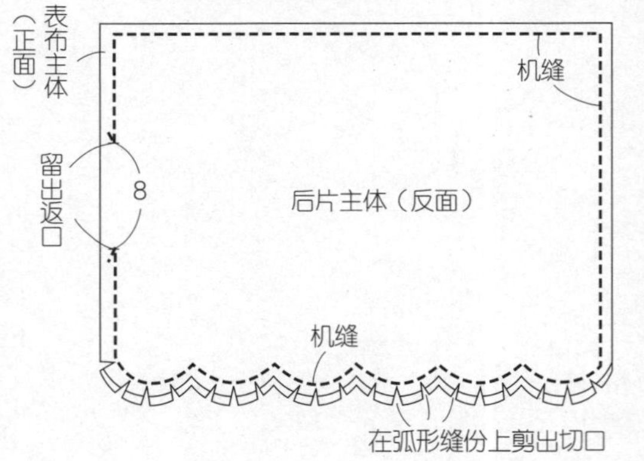

3 从返口翻到正面，把周边缝起来。把30cm的蕾丝打成结，缝在上面。

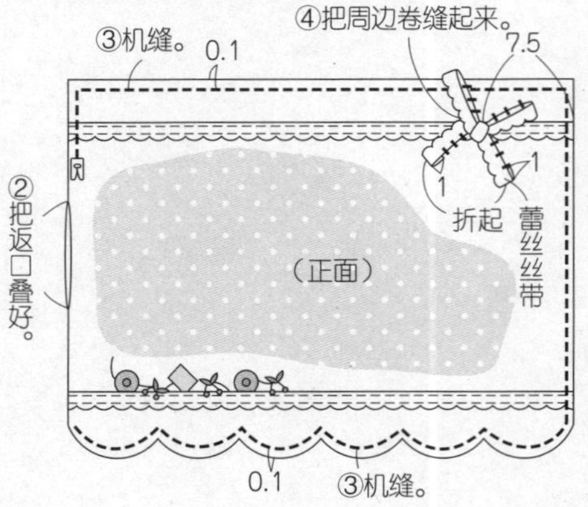

50的完成品

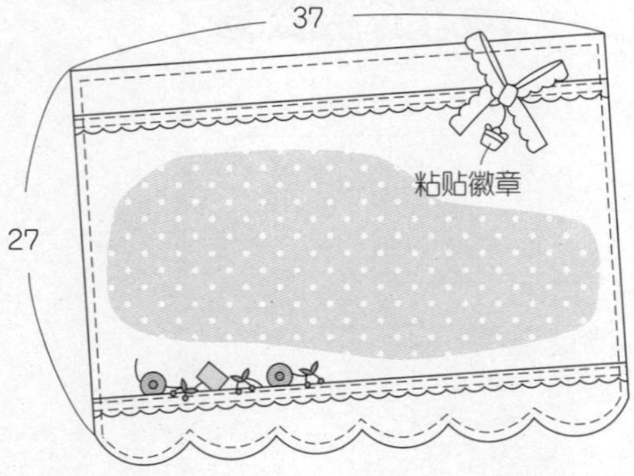

49、51的做法

1 粘上蕾丝和徽章。

49

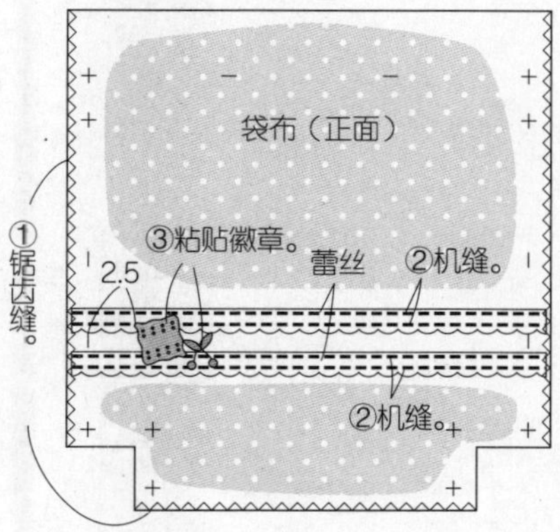

51

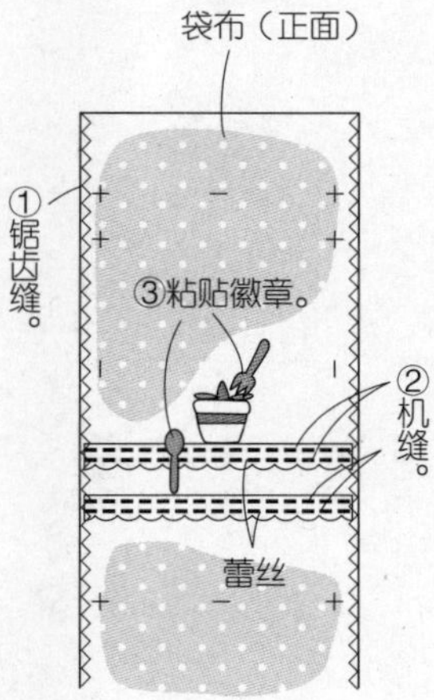

2 缝边线和底部边线（只49）。

49

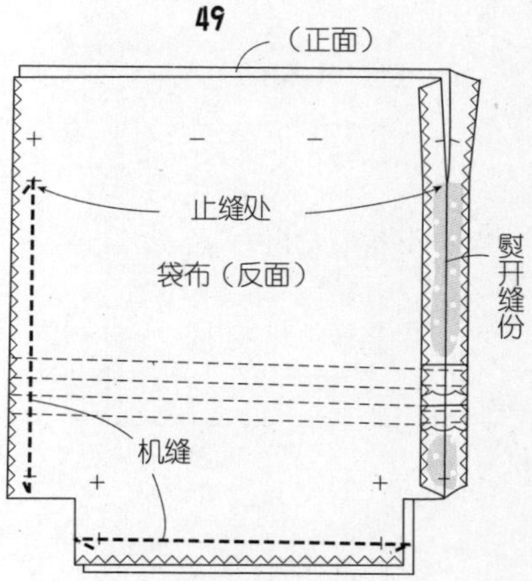

51

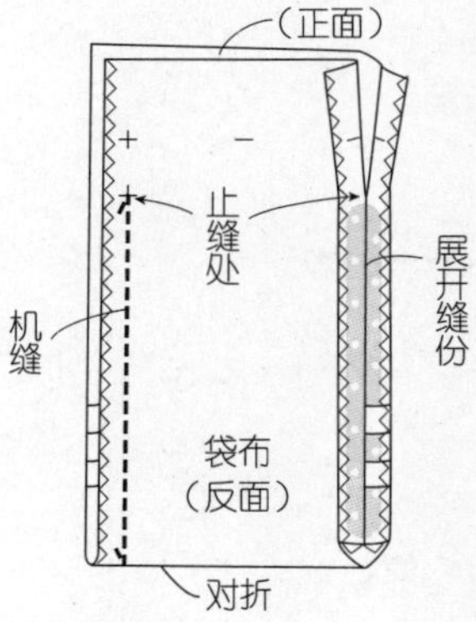

3 缝底帮（只49）。

49

对齐边线和底部边线

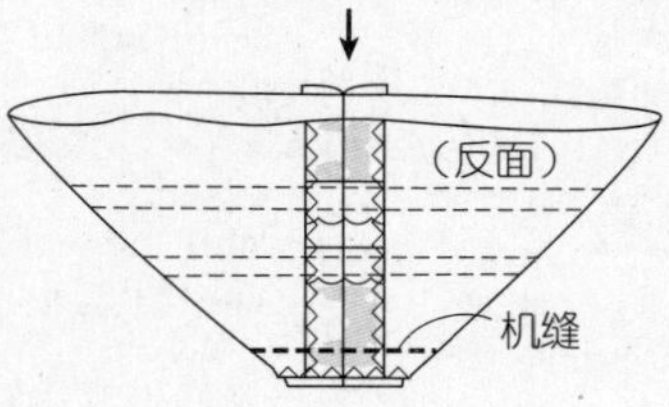

4 缝合留空的部分。

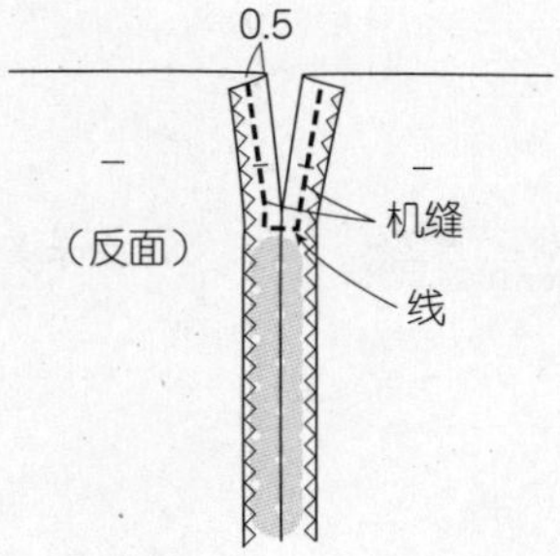

5 把开口的缝份折三折后机缝。

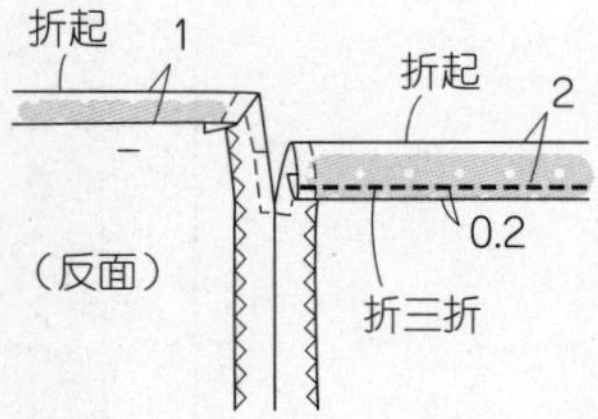

49的完成品

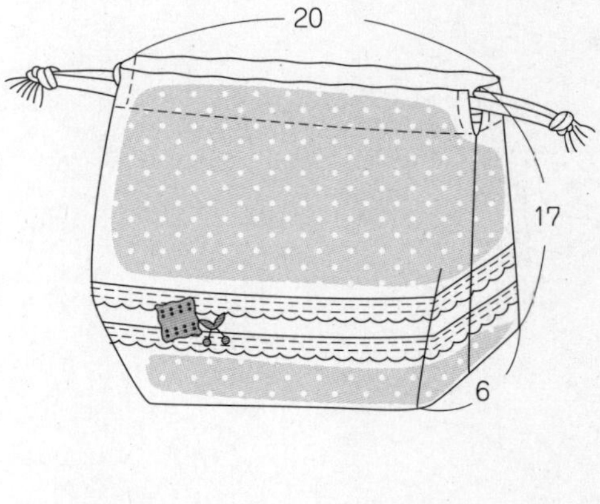

6 穿上线绳。

51的完成品

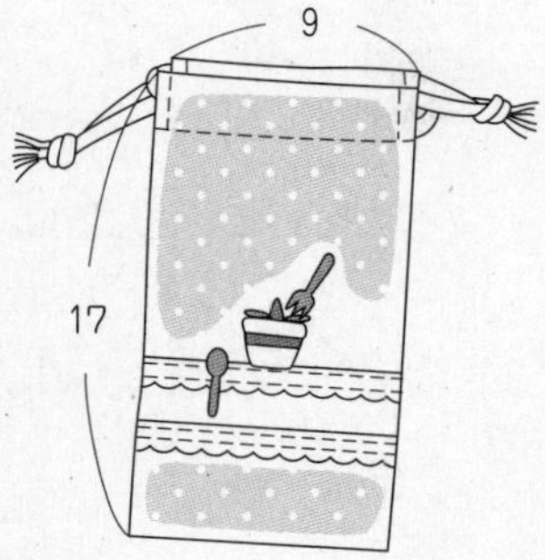

P48 **64、65**

上幼儿园的斜挎包

64、65组合的材料（1个的量）

- 表布（双面绗缝）55cm×50cm
- 毡布（红色、蓝绿色）各10cm×10cm（只**64**用）
- 毡布（紫色、淡黄色）各10cm×5cm（只**64**用）
- 毡布（灰色、黄色）各5cm×5cm（只**64**用）
- 毡布（白色）3cm×3cm（只**64**用）
- 毡布（白色、深棕色）各10cm×10cm（只**65**用）
- 毡布（桃红色）10cm×5cm（只**65**用）
- 毡布（粉色）5cm×5cm（只**65**用）
- 毡布（黄色、水蓝色）各3cm×3cm（只**65**用）
- 调节环2.5cm宽 1个
- 方形环2.5cm宽 1个
- 条纹布带2.5cm×120cm
- 尼龙粘扣2.5cm× 6cm
- 25号刺绣线（红色、紫色、淡黄色、蓝绿色）各少量（只**64**用）
- 25号刺绣线（红色、粉色、白色、深棕色、桃红色、黄色、水蓝色）各少量（只**65**用）

手工用胶

＊盖子的纸样见B面。

＊袋布未附纸样，请自行绘图。

＊实物大小的贴布图案见纸样B面。

＊表布是方格和素色的双面绗缝质地。袋布用方格、盖子用素色来做表面。

64、65的制作图

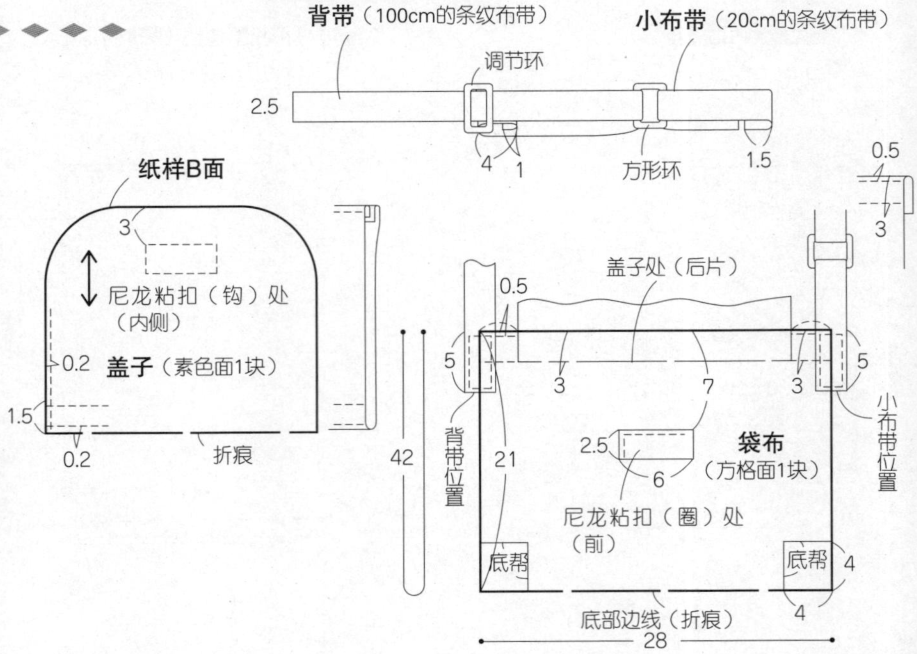

64、65的做法

1 在盖子内侧正面缝上尼龙粘扣。粘贴贴布，锁缝周边。

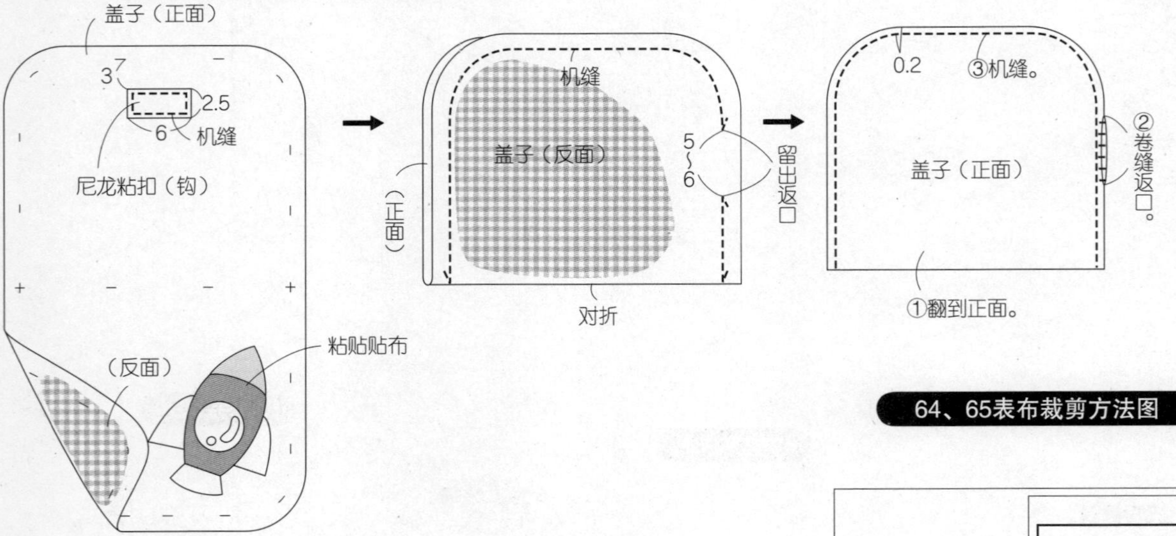

2 在袋布上缝上尼龙粘扣。

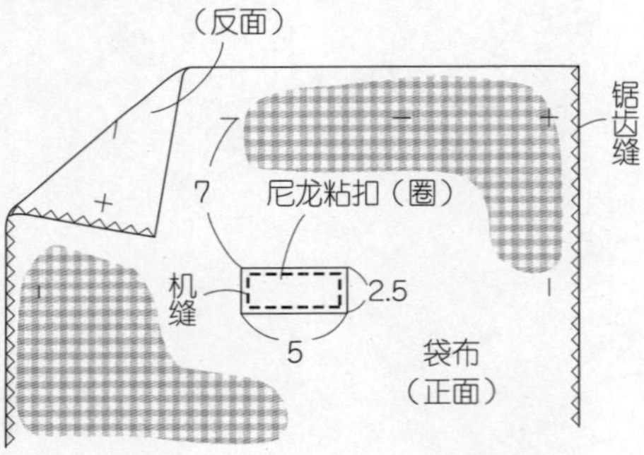

64、65表布裁剪方法图

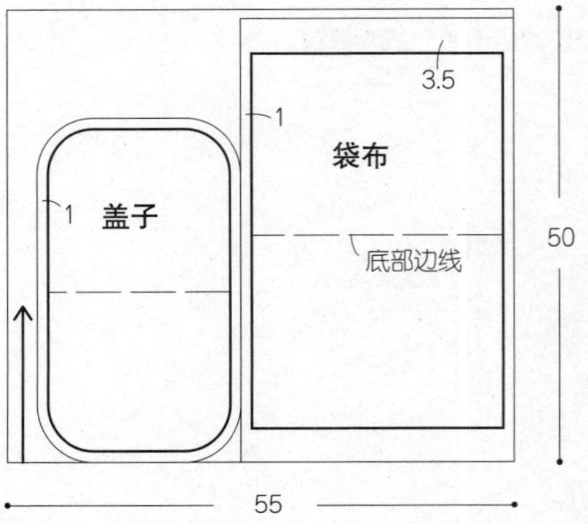

3 缝边线。

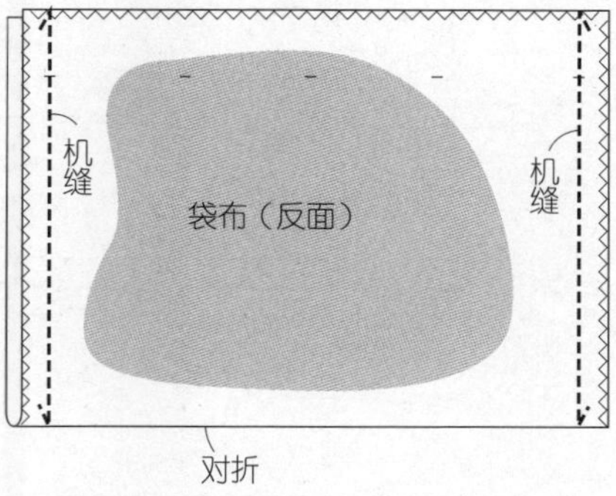

4 把袋角折成三角形，缝纫底帮。

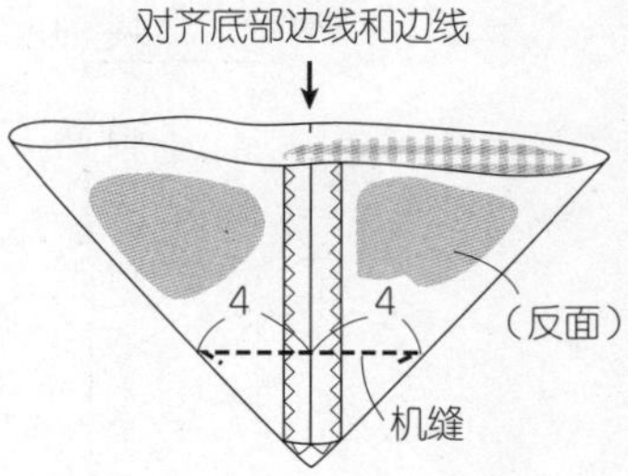

5 缝制开口。

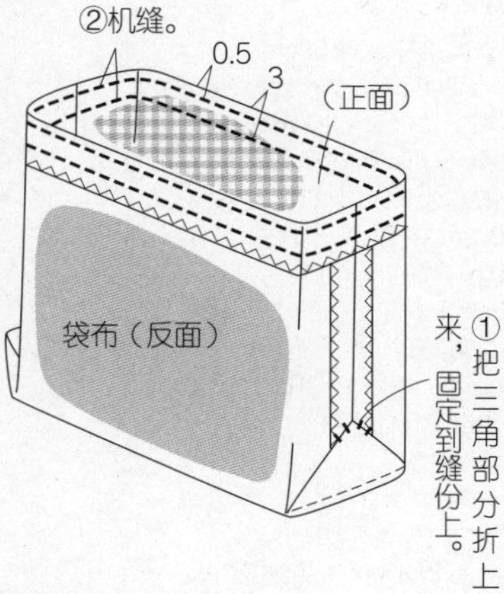

6 制作背带和小布带。

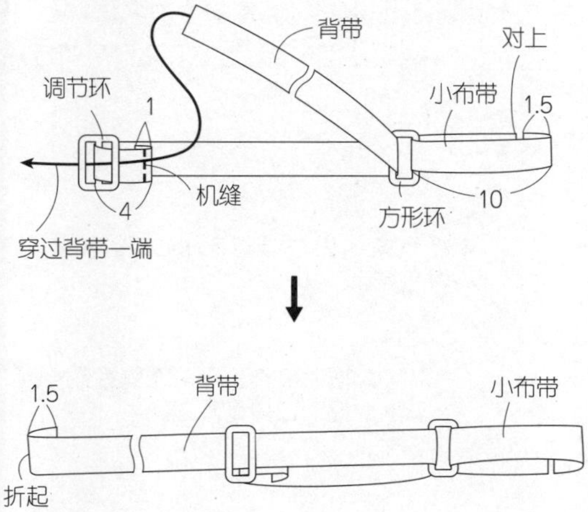

7 把背带和小布带缝到边线上。

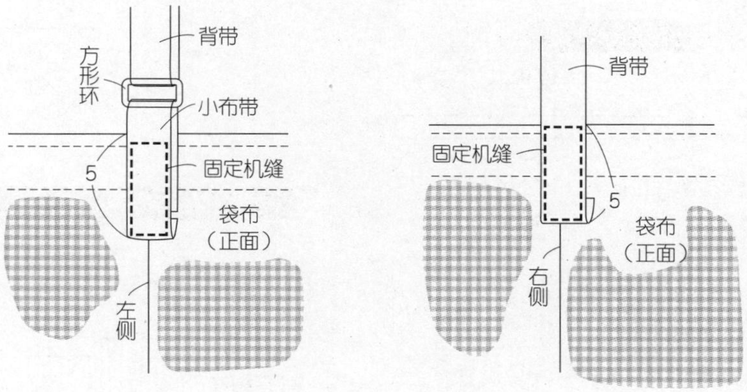

8 缝上盖子。

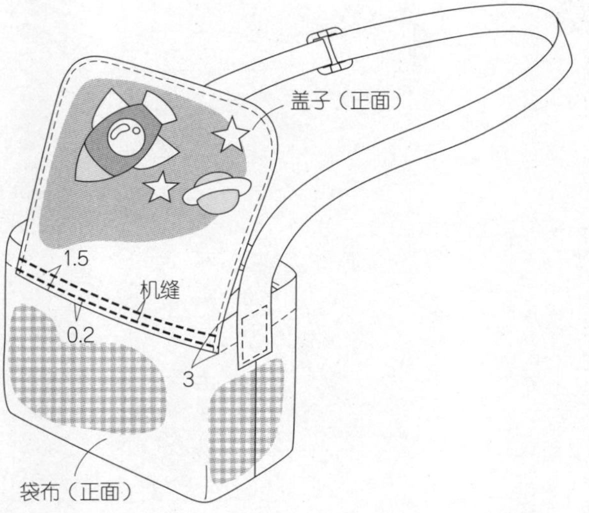

64的完成品

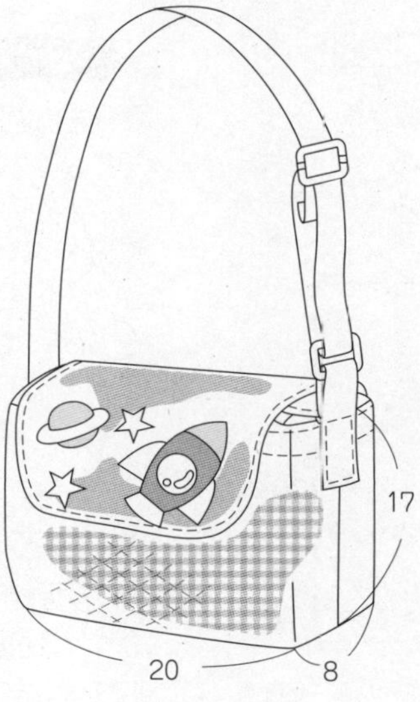

65的完成品

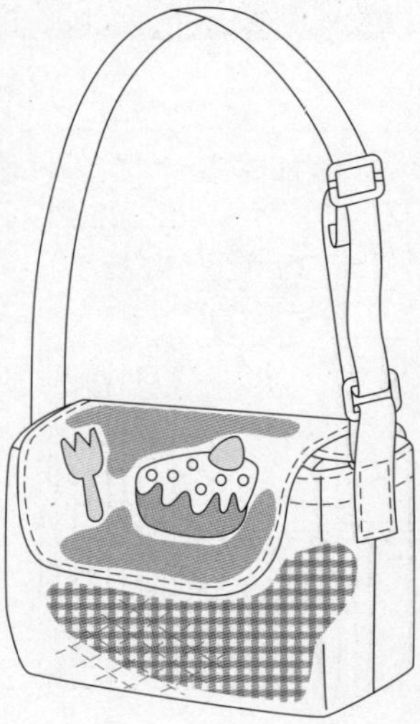

P54 **71、72**

有刺绣徽章的手提包和鞋袋

71、72组合的材料

- A布（印花布）85cm×60cm
  （**71**=55cm×60cm，**72**=35cm×40cm）
- B布（棉布）110cm×85cm
  （**71**=110cm×65cm，**72**=55cm×60cm）
- 包扣直径2.5cm1个（只**72**用）
- 水兵带0.6cm×128cm
  （**71**=84cm，**72**=44cm）
- 串珠（4mm）14个
  （**71**=8个，**72**=6个）
- 软绳0.3cm粗 11cm长（只**72**用）
- 徽章 花 2组（只**71**用）
- 徽章 蔷薇小 1组
  （**71**=1个，**72**=1个）
- 徽章 蔷薇大 1个（只**72**用）

*71实物大小的徽章的安装方法见P85。
*未附纸样，请自行绘图。
*72的里袋布不放拼布，直接裁剪。
*（ ）中的材料用量以制作单品为例。

71的制作图

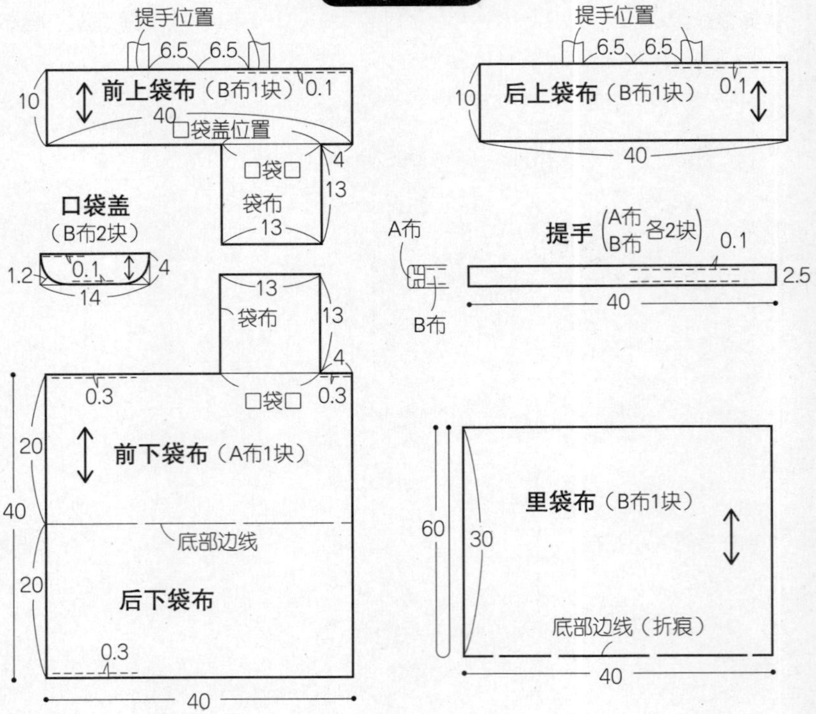

72的制作图

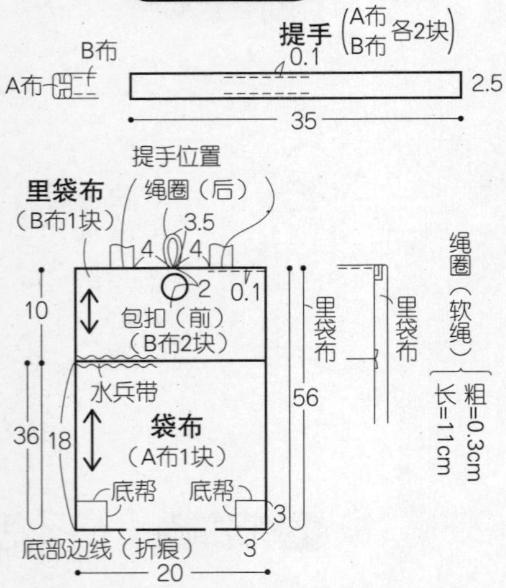

71、72A布的裁剪方法图

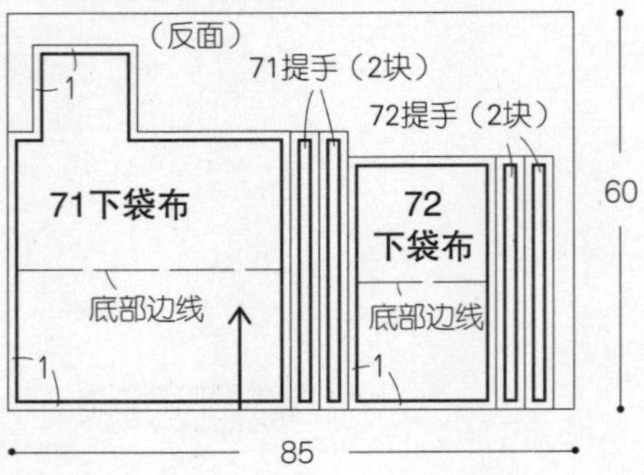

71、72B布的裁剪方法图

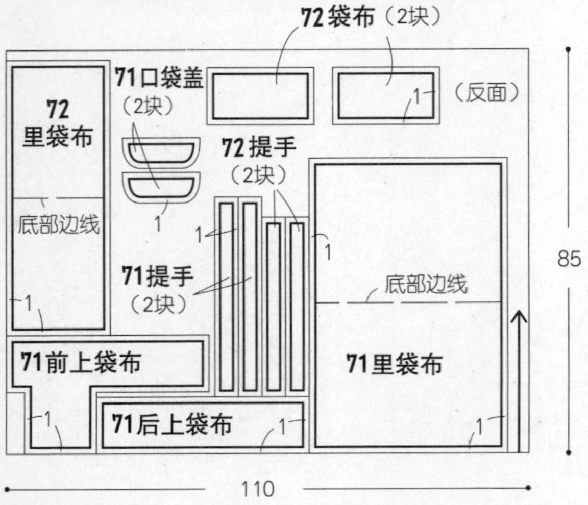

71的做法

1 制作口袋盖。

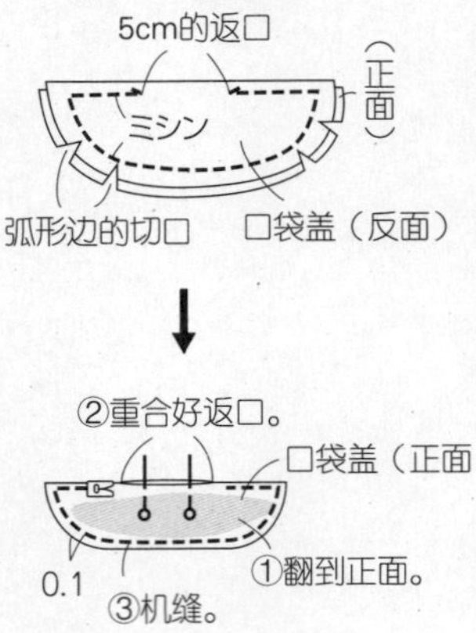

◆接下来的做法参见P18~20的图片说明。不做底帮。

2 把上袋布和下袋布缝合到一起，同时缝上口袋布周边。

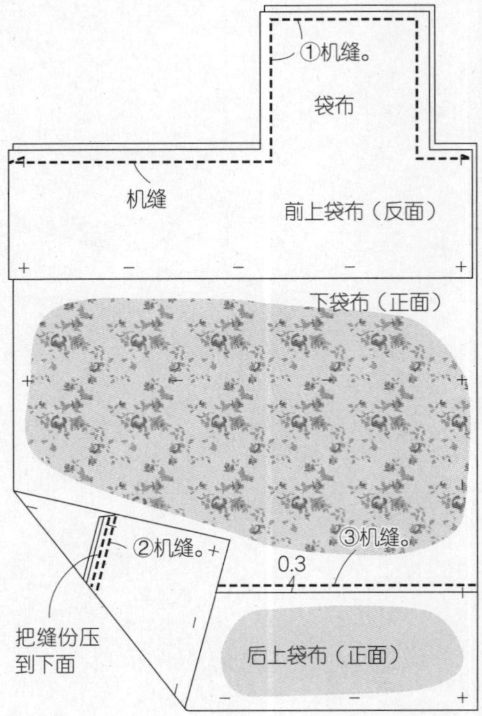

3 袋布压到下面，缝合拼接线和口袋口。

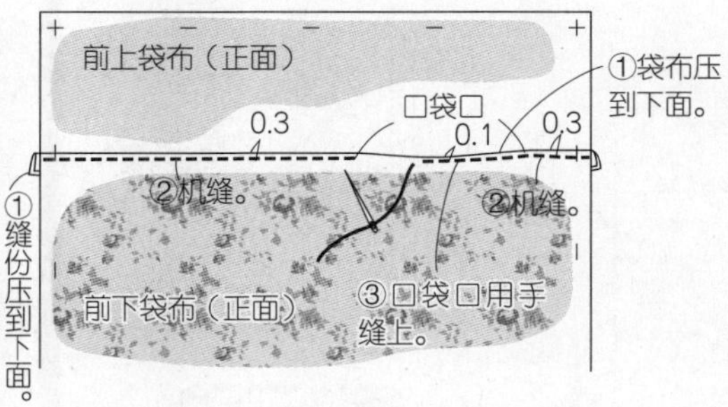

4 把口袋盖缝到口袋口，水兵带缝到接缝线上。制作提手，缝到缝份上。

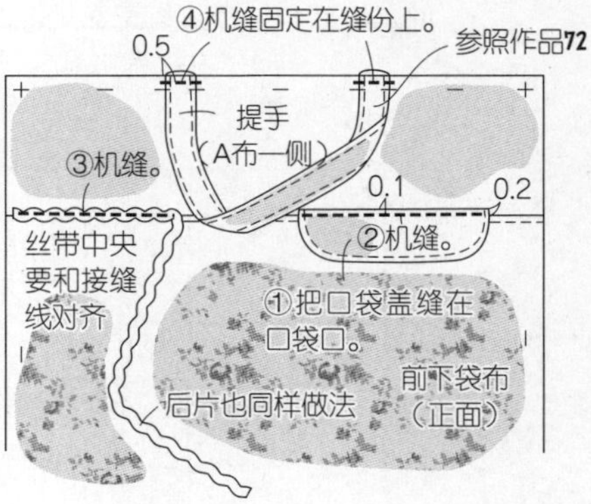

5 里袋布叠放在袋布里面，缝纫开口。

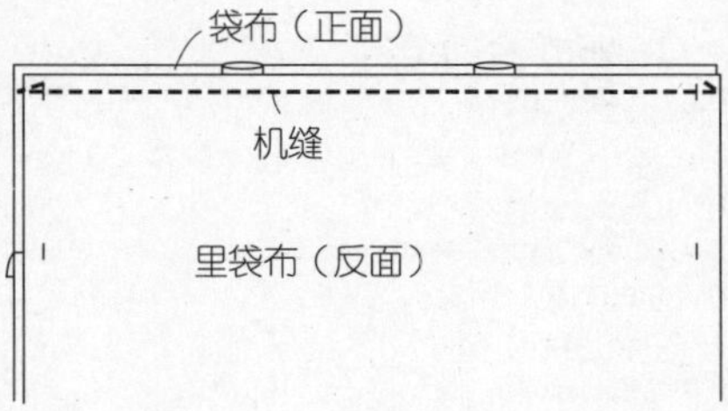

71的完成品

6 粘贴徽章。

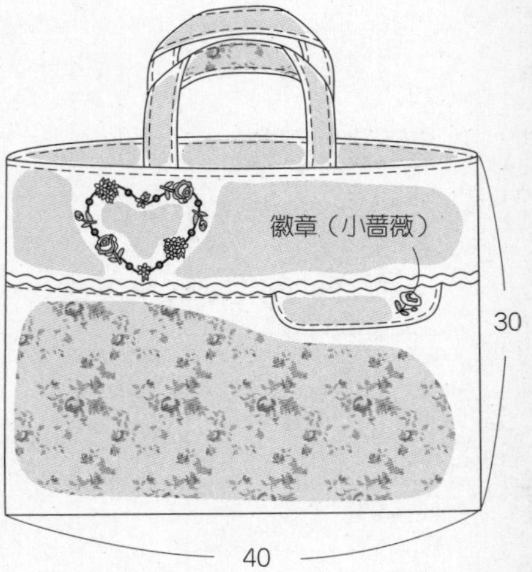

72的做法

◆接下来的做法参见第21、22页的图片说明。

1 缝上接缝线，缝上水兵带。

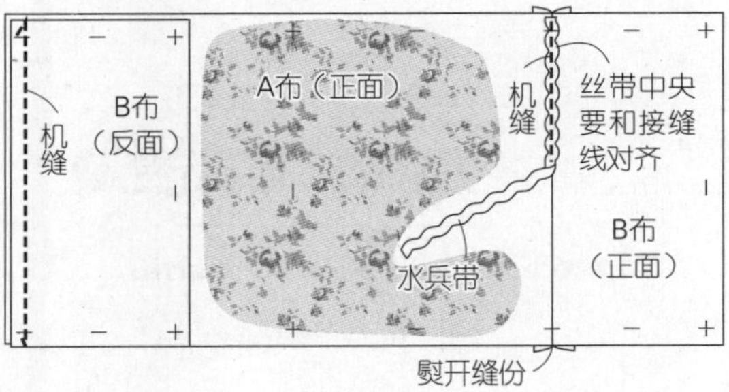

2 制作提手。

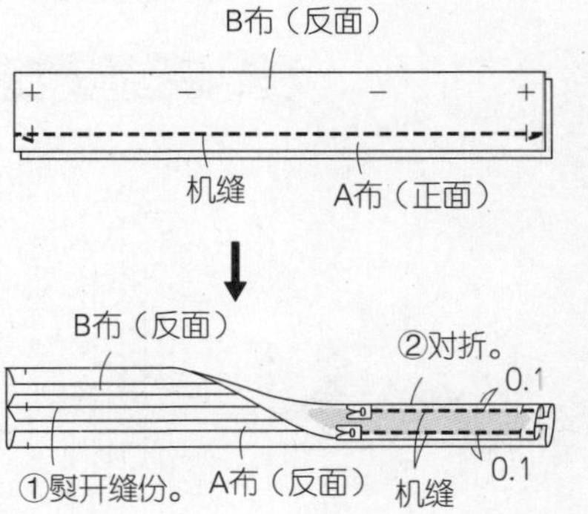

3 把布环和提手缝到开口的缝份上。

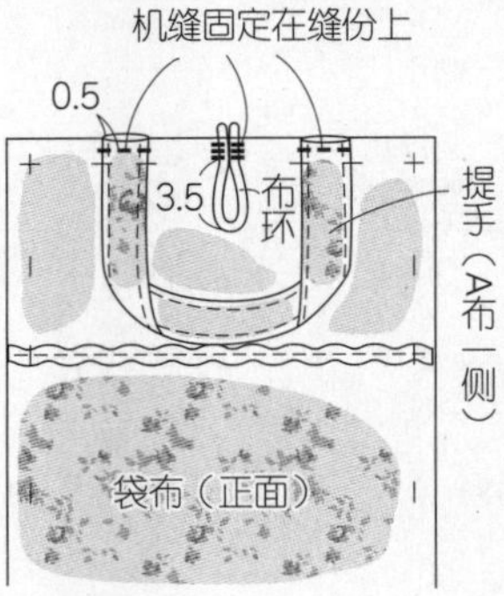

72的完成品

5 制作、安装包扣，粘贴徽章。

4 里袋布叠放在袋布里面，缝开口。

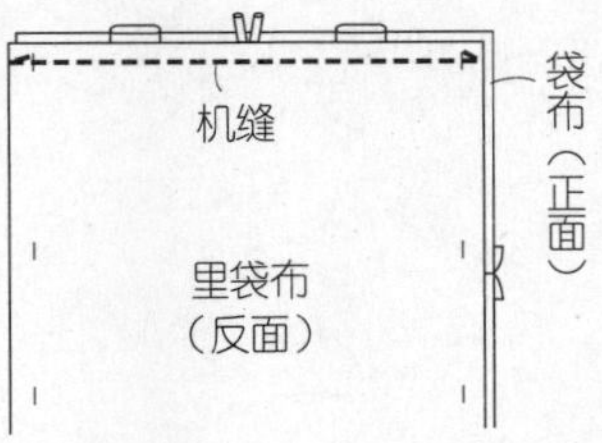

71实物大小的贴布的缝制方法

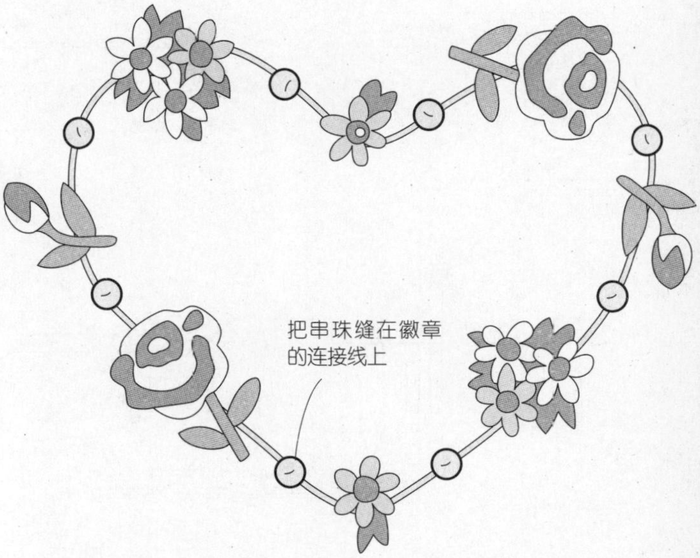

P55 73～75

外出组合套装

73、74、75 组合的材料

- A布（条纹花布）60cm×50cm
（73=35cm×50cm，74=20cm×15cm，75=30cm×30cm）
- B布（棉布）35cm×35cm
（73=35cm×35cm，74=10cm×15cm）
- 水兵带 0.6cm×31.5cm
（73=17cm，74=14.5cm）
- 苎麻乔其纱丝带 0.6cm×4.5cm（只73用）
- 徽章 鹦鹉和音符 1组（只73用）
- 徽章 拉丁字母 1组
（74=1个，75=1个）
- 25号刺绣线（灰色）少量

＊未附纸样，请自行绘图。
＊（ ）中的材料用量以制作单品为例。

73的制作图

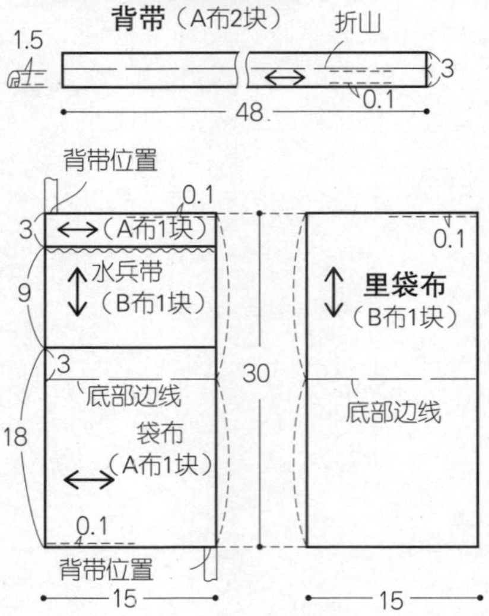

74的制作图

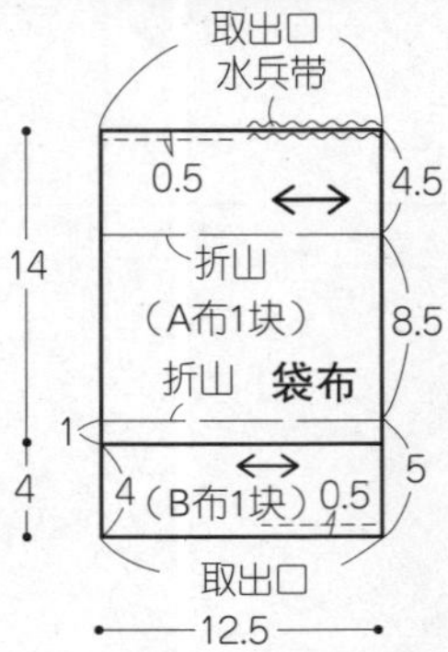

75的制作图

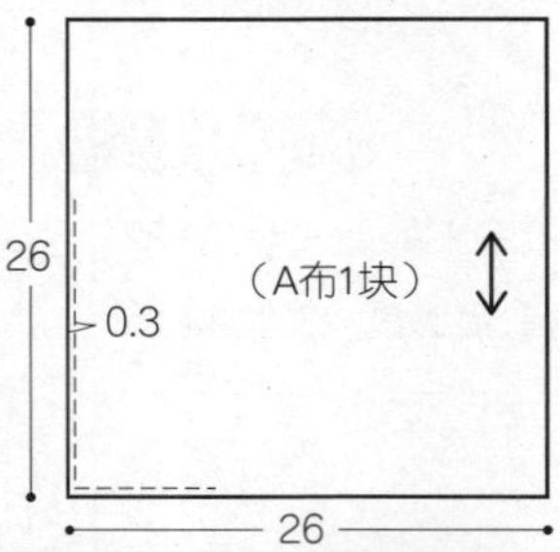

73~75A布的裁剪方法图

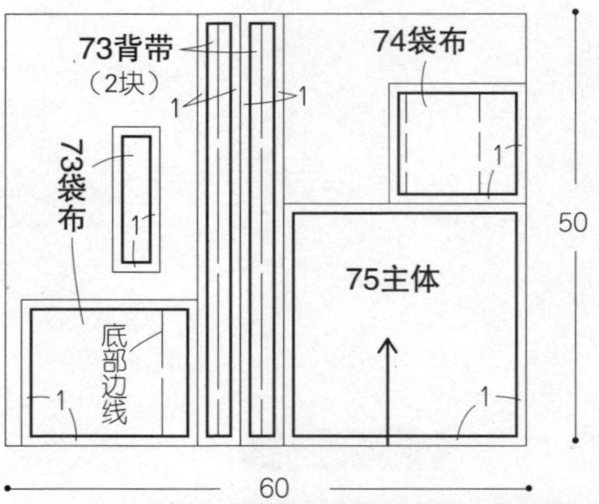

73~75B布的裁剪方法图

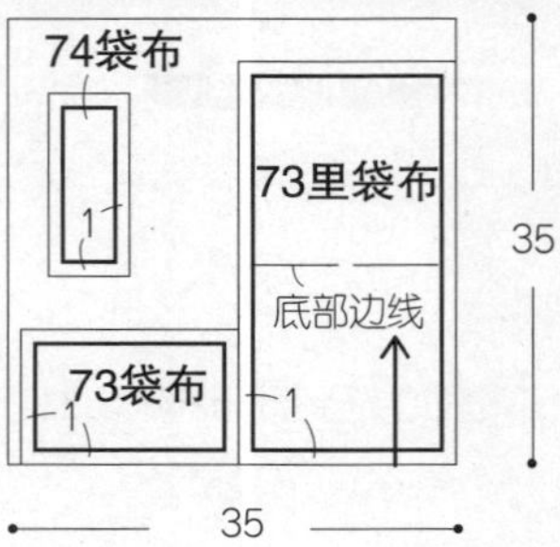

73的做法

1 把水兵带缝到袋布B布上，缝上贴布。

2 把袋布的各种布缝合到一起。

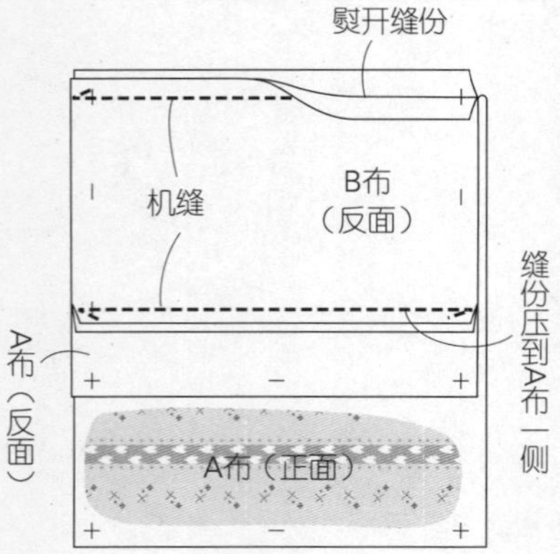

3 制作背带。

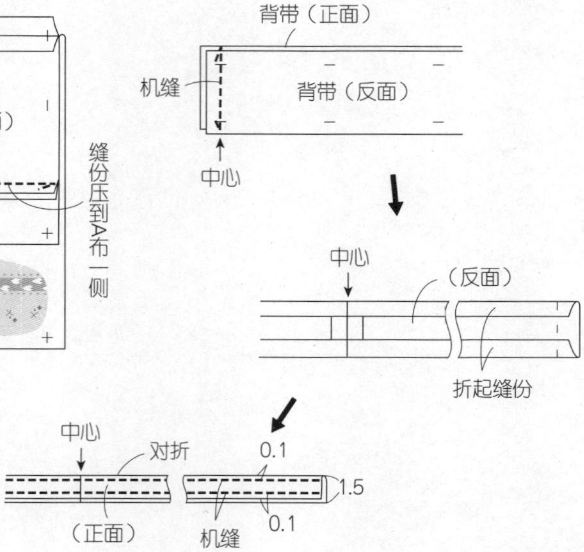

73实物大小的徽章的缝制方法

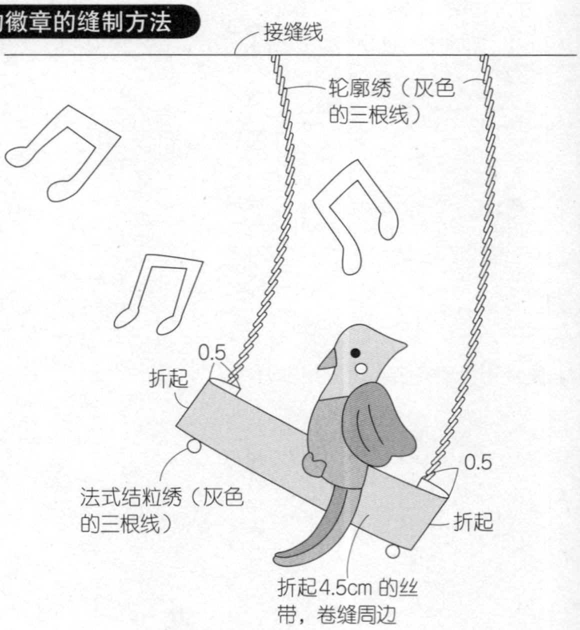

4 把袋布和里袋布的反面重合，背带夹在里面，缝制开口。

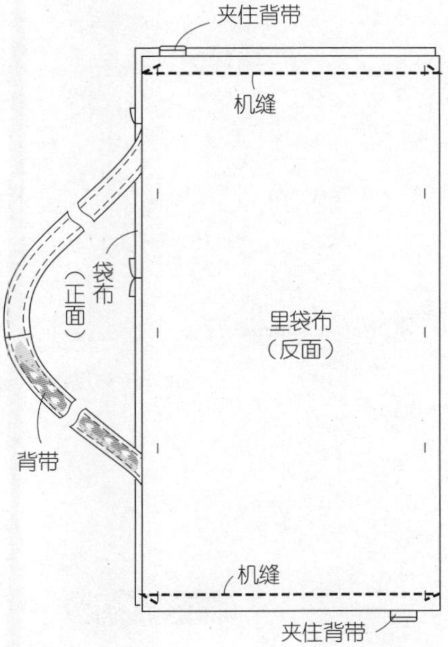

5 把袋布和里袋布沿底部边线对折，继续缝边线。

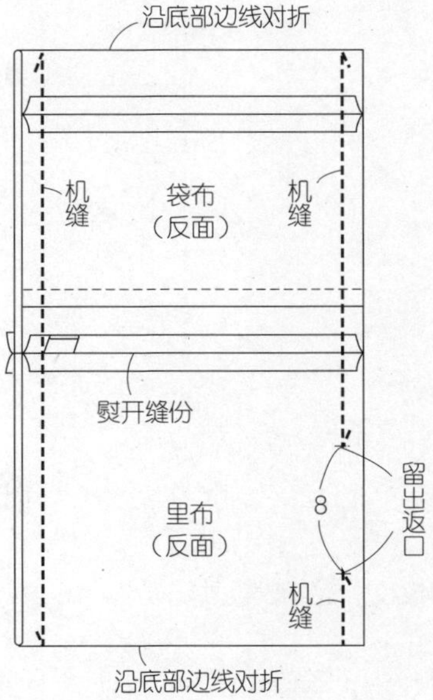

73的完成品

6 翻到正面，把里袋布放到内侧，缝开口。

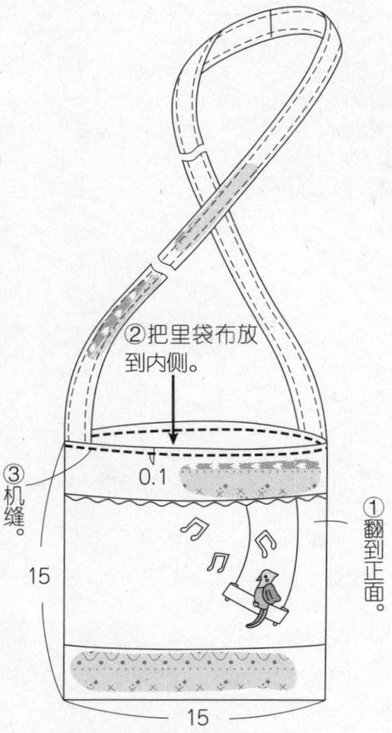

♥ 返口的处理参见P20。

74的做法

1 把A布和B布缝合到一起，缝出取出口。

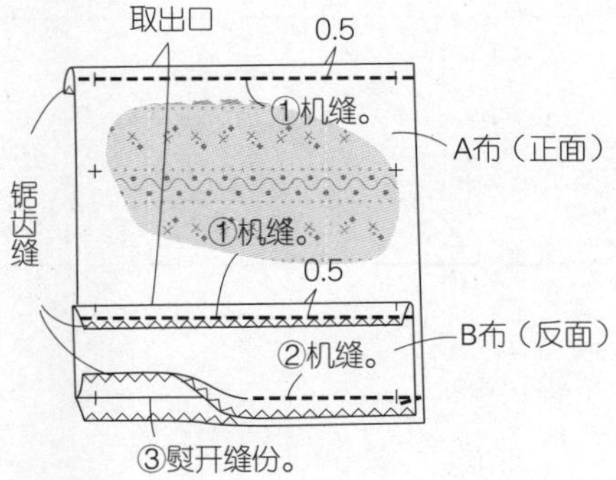

2 把水兵带缝在A布的取出口。

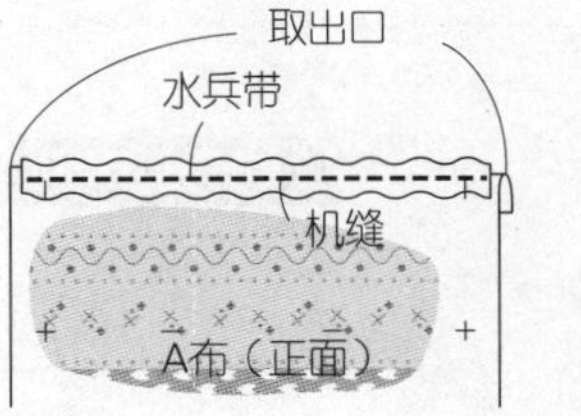

3 把取出口重合1cm，沿折痕折起。缝边线。

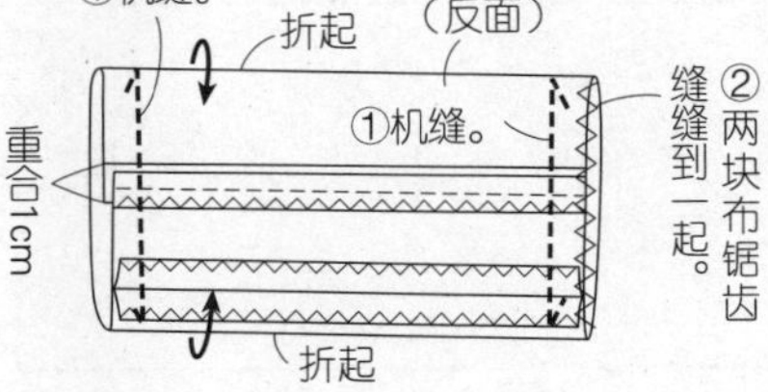

74的完成品

4 粘贴徽章。

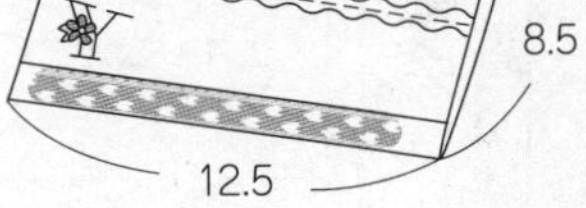

75的做法

把周边折三折后机缝。粘贴徽章，完成。

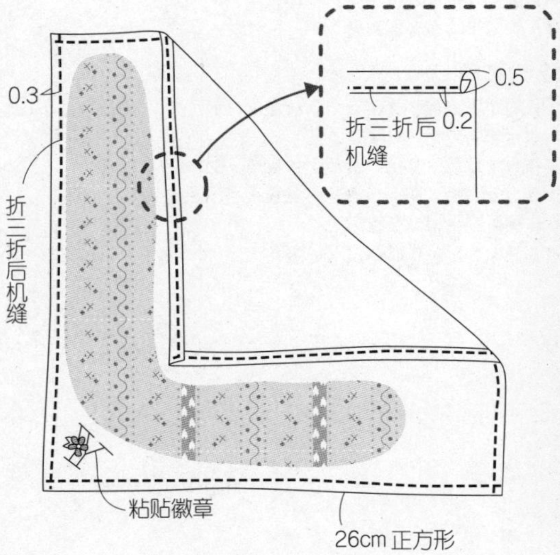

P62 **86、87**

纸巾袋

86、87 的材料（1个的量）

- 表布（圆点棉布）15cm×20cm
- 毡布（黄色）5cm×5cm（只**86**用）
- 毡布（黄色）3cm×3cm（只**87**用）
- 毡布（橘红色）3cm×3cm（只**87**用）
- 25号刺绣线（蓝色）少量（只**86**用）
- 25号刺绣线（蓝色、茶色、橘红色、黄色）各少量（只**87**用）

＊未附纸样，请自行绘图。
＊实物大小的贴布图案见P89。

86、87的制作图

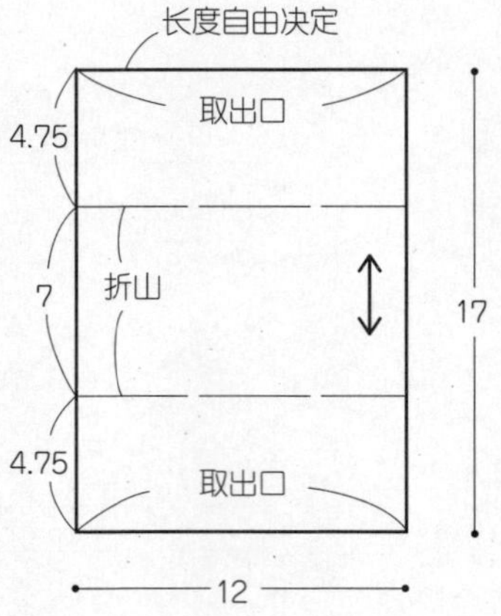

86、87的做法

1 把取出口折三折后机缝，缝上贴布。

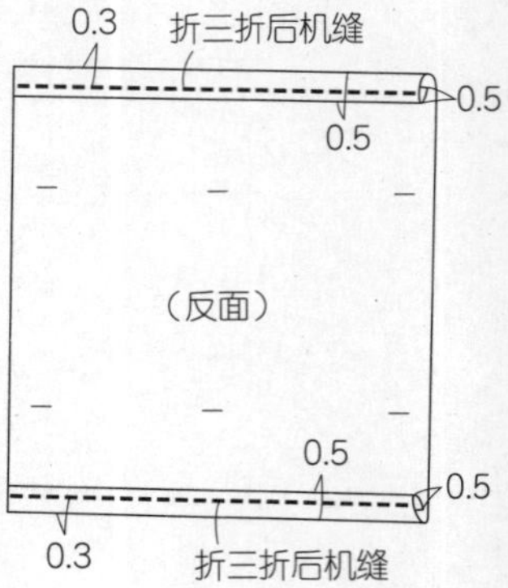

2 沿山折线折起，把取出口重合0.5cm。

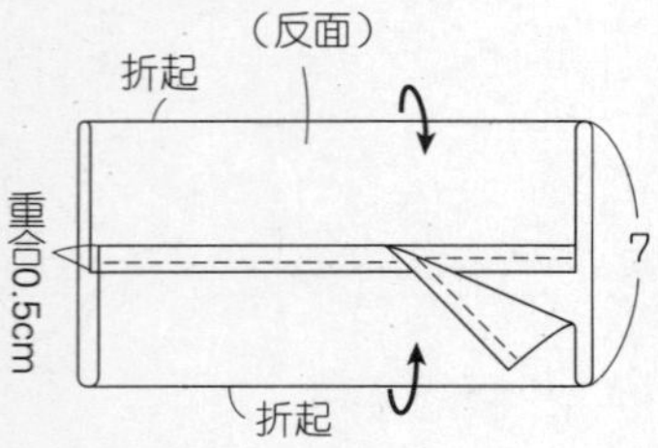

3 缝纫边线，翻到正面。

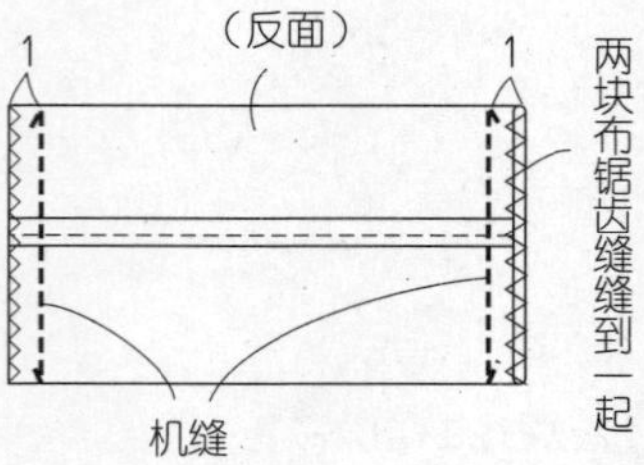

86的完成品

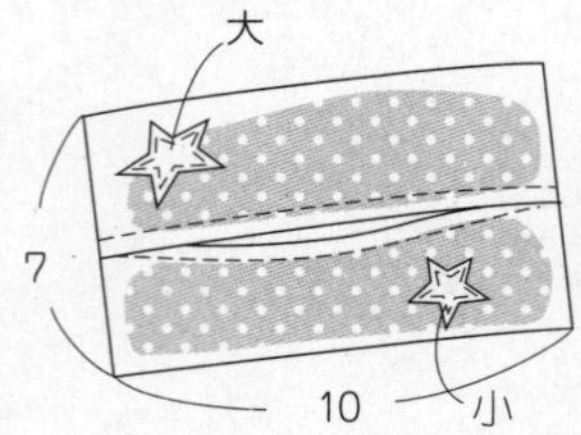

87的完成品

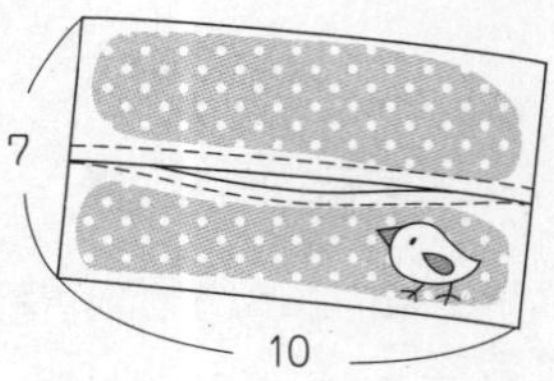

♥ 贴布处要摆放平衡。

P62 **88、89**

纸巾袋

88 的材料

- 表布（麻质）60cm×15cm
- 条纹布带2cm×15cm
- 毡布（白色、红色、藏青色）各3cm×3cm
- 25号刺绣线（水蓝色、白色、红色、藏青色）各少量

＊未附纸样，请自行绘图。
＊实物大小的贴布图案见P89。

89 的材料

- 表布（圆点棉布）60cm×15cm
- 水兵带0.6cm×60cm
- 毡布（绿色、红色、黄色）各3cm×3cm
- 25号刺绣线（黄色、白色、红色）各少量

＊未附纸样，请自行绘图。
＊实物大小的贴布图案见P89。

—— —— =山折
——·—— =谷折

88的制作图

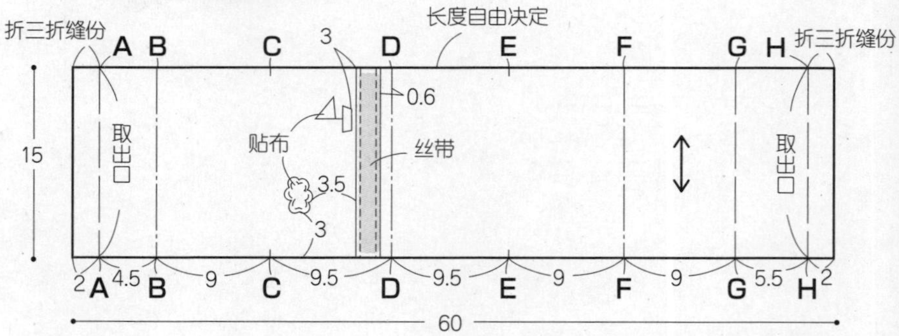

♥ 山折和谷折是为了缝边线，从布料表面能看见的线。

89的制作图

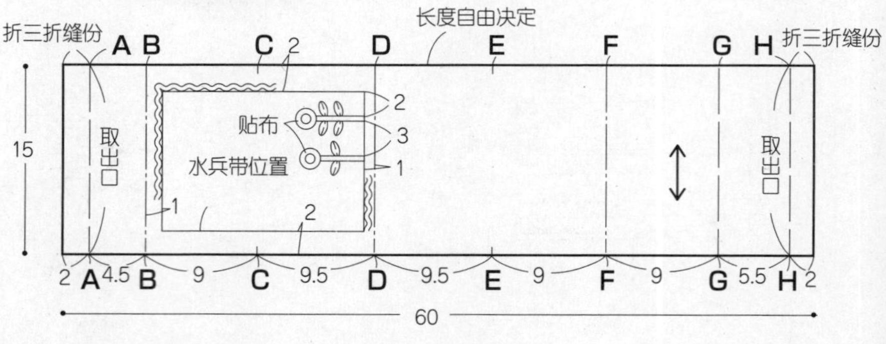

88、89的做法

1 把取出口1cm折三折后机缝。

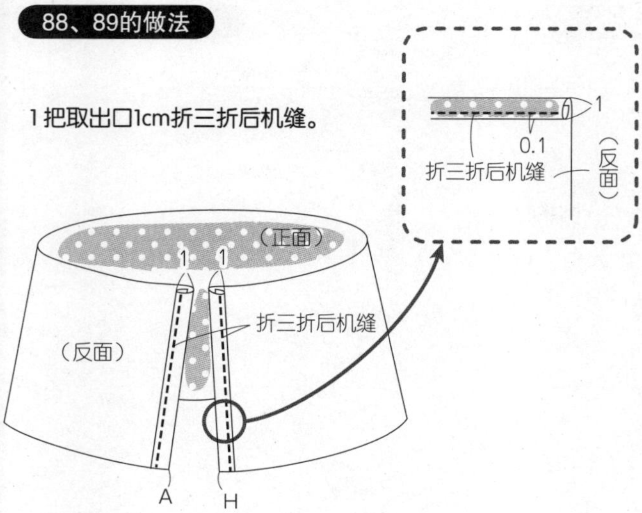

2 粘贴贴布，B、D、F、G按指定方法折。

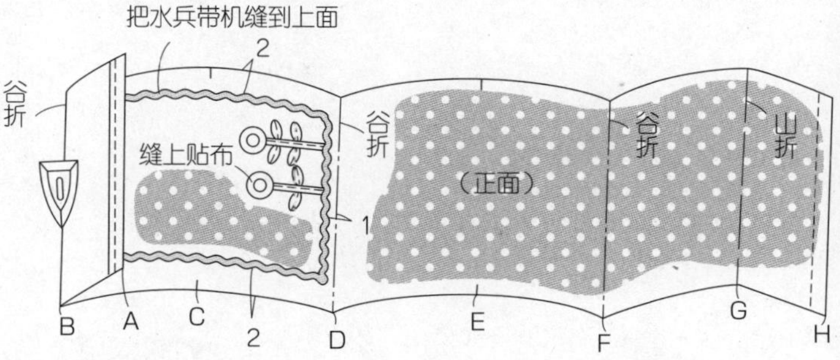

3 把取出口A和H重合1cm。

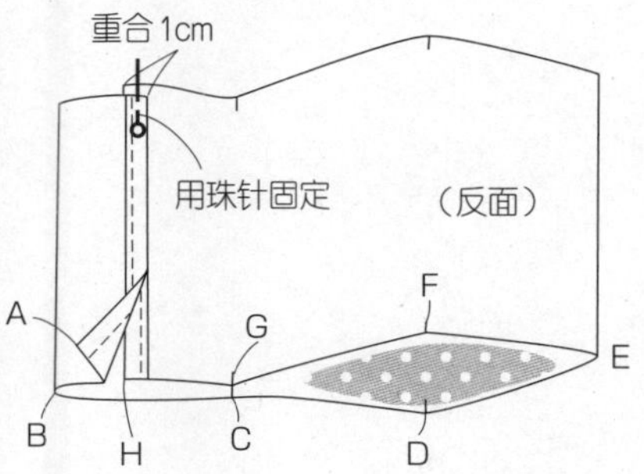

4 让B和F重合，缝边线。

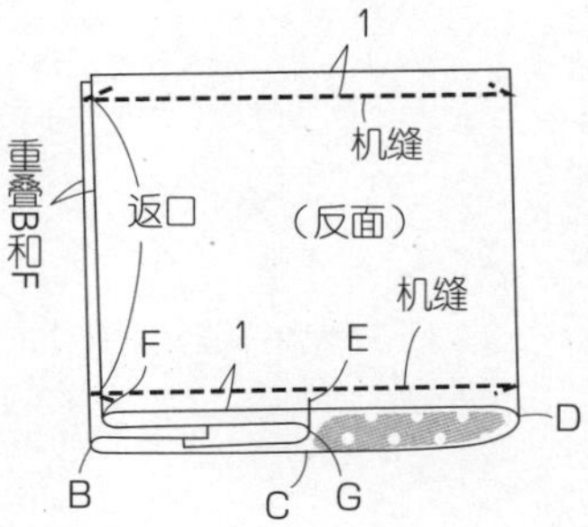

5 翻到正面。

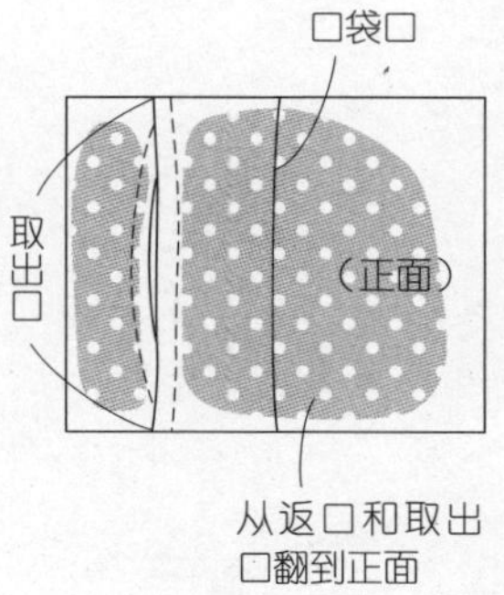

88的完成品

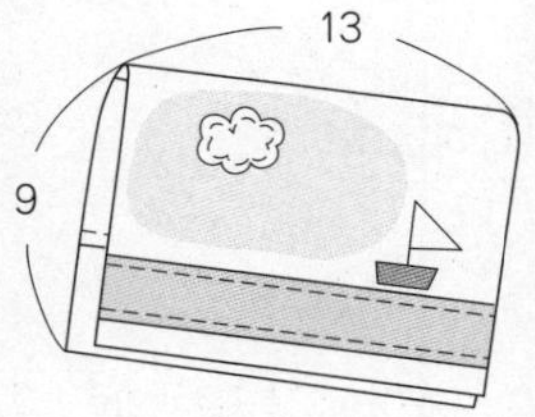

89的完成品

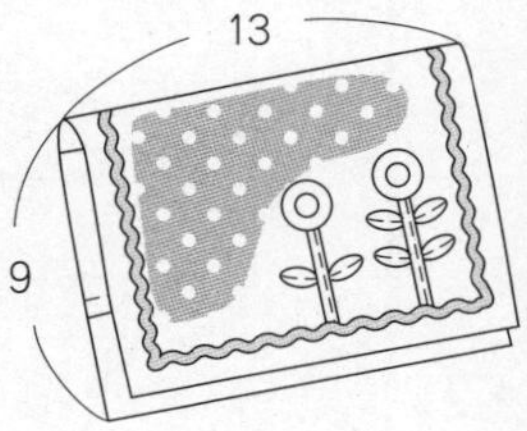

86实物大小的贴布图案

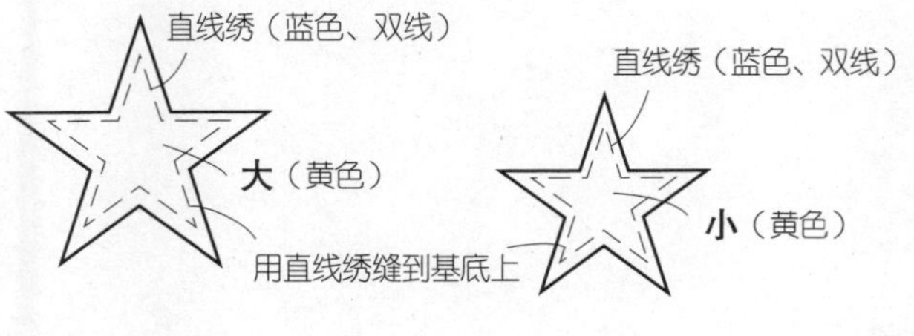

87实物大小的贴布图案

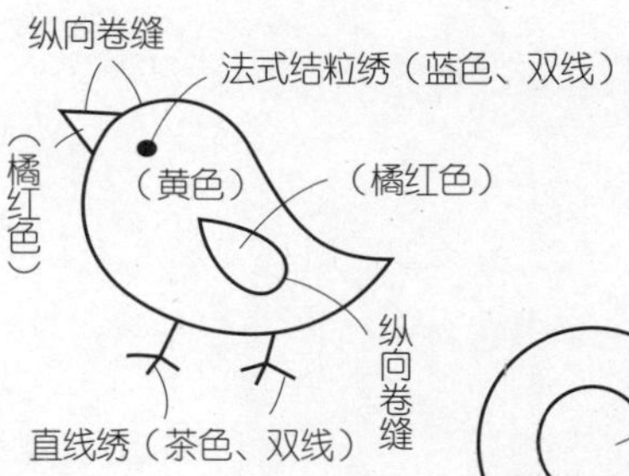

89实物大小的贴布图案

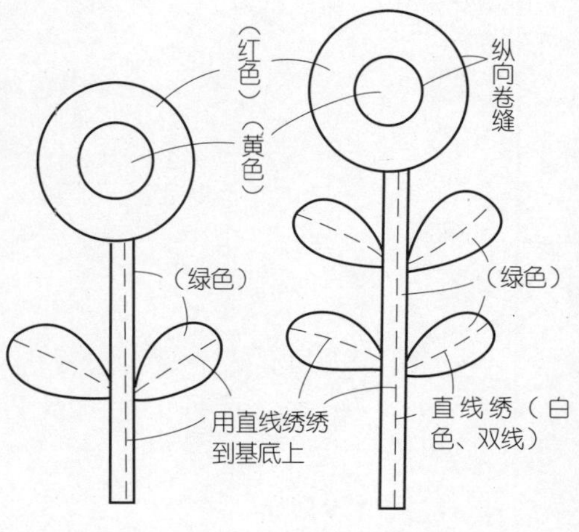

88实物大小的贴布图案

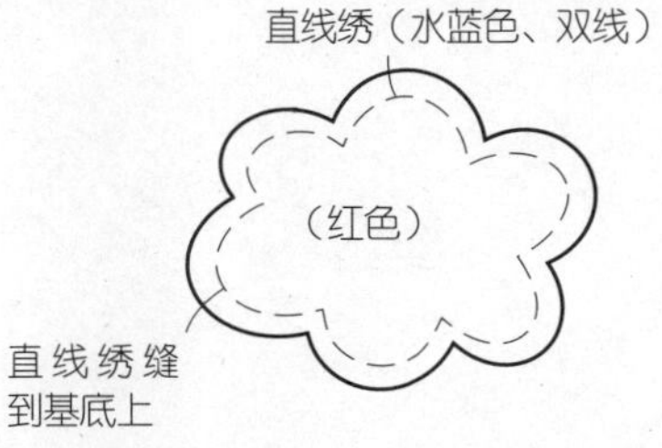

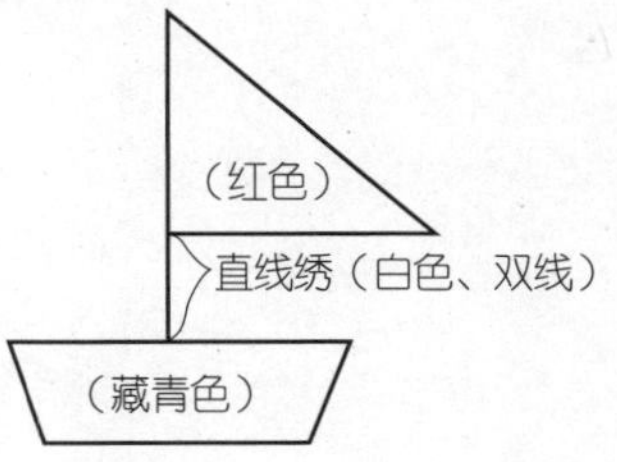

P56 **76、77**

小·手巾

76 的材料

- 表布（棉质印花）15cm×10cm
- 贴布布（棉质）5cm×5cm 4块
- 彩色线绳0.6cm粗 13cm长
- 手巾（33cm×36cm）1条
- 25号刺绣线（绿色）各少量

*未附布环垫布的纸样，请自行绘图。
*实物大小的贴布图案见纸样A面。
*□圈起来的数字指缝份的宽度。在裁布时请留出指定的缝份宽度。

77 的材料

- 表布（方格纹布）15cm×10cm
- 贴布布（棉质）5cm×5cm 4块
- 彩色线绳0.6cm粗 13cm长
- 手巾（33cm×36cm）1条
- 25号刺绣线（茶色）各少量

*未附布环垫布的纸样，请自行绘图。
*实物大小的贴布图案见纸样B面。
*□圈起来的数字指缝份的宽度。在裁布时请留出指定的缝份宽度。

76的制作图

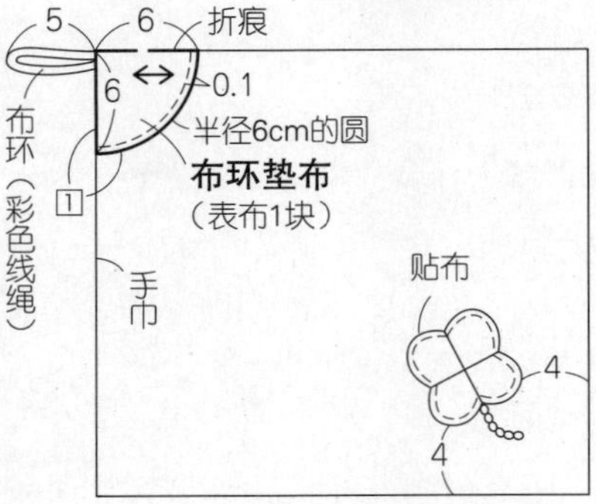

77的制作图

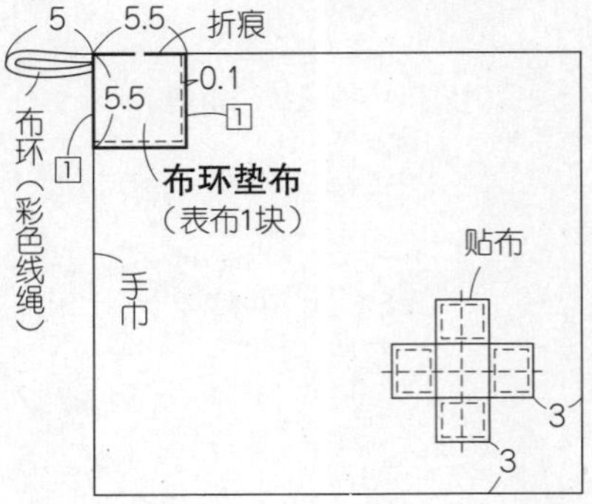

76、77的做法

1 制作布环垫布。

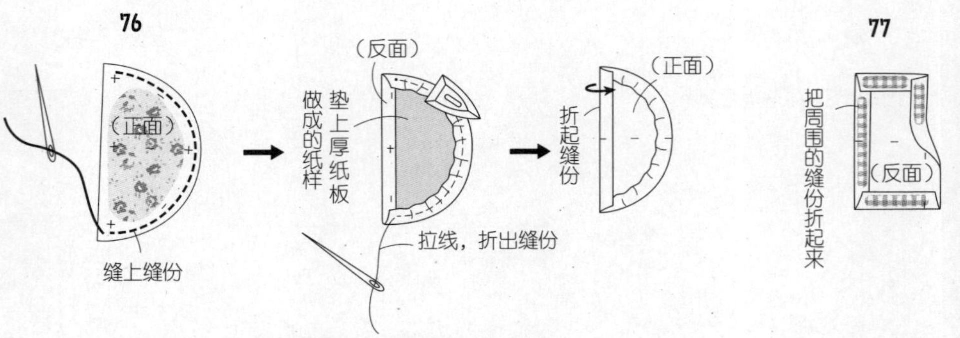

2 把布环缝到毛巾上。

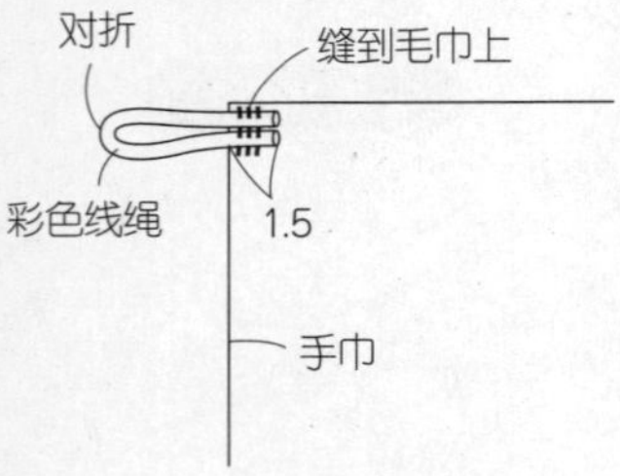

3 把布环垫布缝到毛巾上。

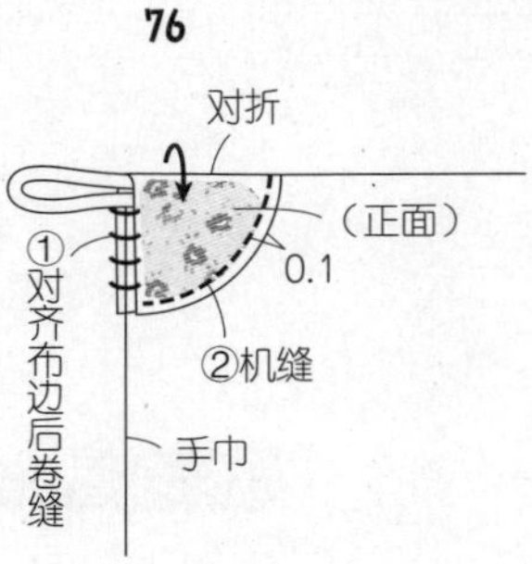

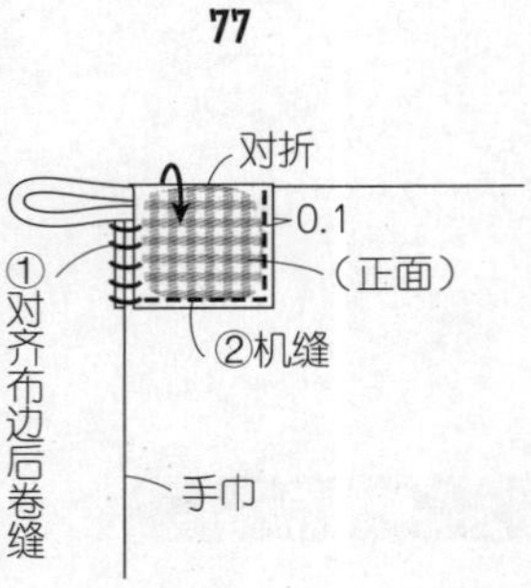

4 制作并粘贴贴布。

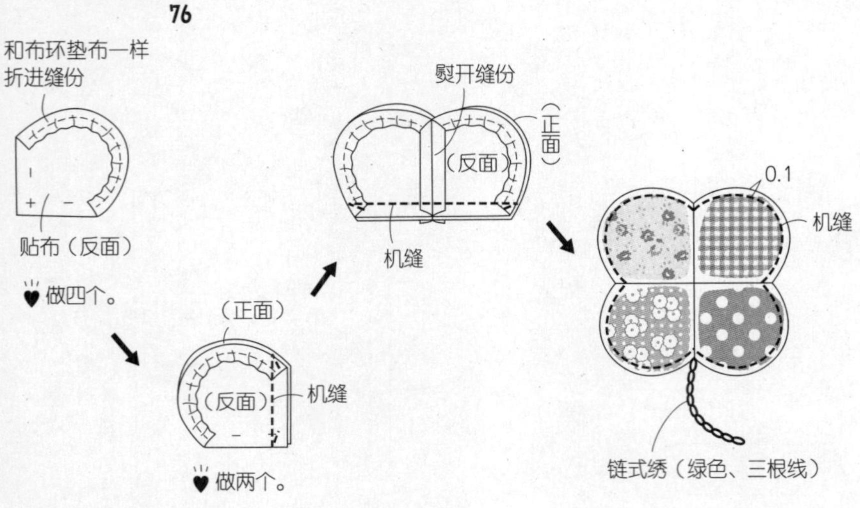

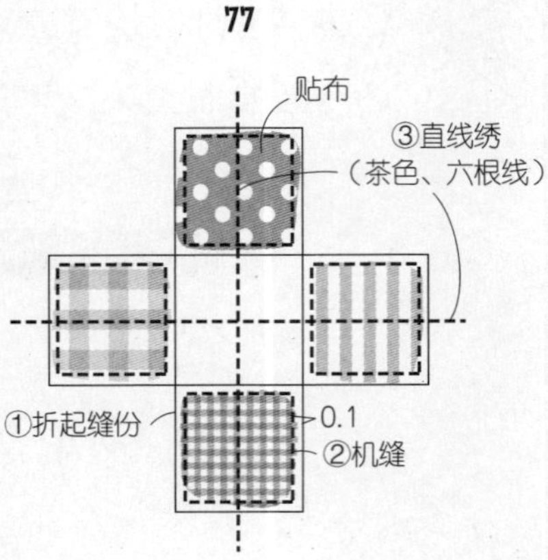

P63 **90～95**

姓名贴

◆◆◆◆◆◆◆◆◆◆◆◆◆◆◆

90 的材料

- 毡垫（蓝色、白色）各10cm×5cm
- 亚麻线绳0.3cm粗 15cm长
- 25号刺绣线（黄色）少量
- 姓名贴1张

＊实物大纸样见A面。

91 的材料

- 毡垫（粉色、淡茶色）各10cm×5cm
- 亚麻线绳0.3cm粗 15cm长
- 25号刺绣线（橘红色）少量
- 姓名贴1张

＊实物大纸样见A面。

92 的材料

- A布（圆点印花）15cm×15cm
- B布（素色）10cm×10cm
- 亚麻线绳0.3cm粗 30cm长
- 缩写姓名贴1张

＊未附纸样，请自行绘图。

＊□圈起来的数字指缝份的宽度。在裁布时请留出指定的缝份宽度。

93 的材料

- A布（麻质）15cm×15cm
- B布（印花）5cm×5cm
- 亚麻线绳0.3cm粗 30cm长
- 缩写姓名贴1张

＊未附袋子的纸样，请自行绘图。

＊□圈起来的数字指缝份的宽度。在裁布时请留出指定的缝份宽度。

94 的材料

- 毡垫（淡茶色）15cm×10cm
- 亚麻线绳0.3cm粗 30cm长
- 25号刺绣线（茶色）少量
- 姓名贴1张

＊实物大纸样见A面。

95 的材料

- 毡垫（蓝色）20cm×10cm
- 线绳0.3cm粗 30cm长
- 25号刺绣线（黑色）少量
- 姓名贴1张
- 手工用胶

＊实物大纸样见A面。

92的制作图

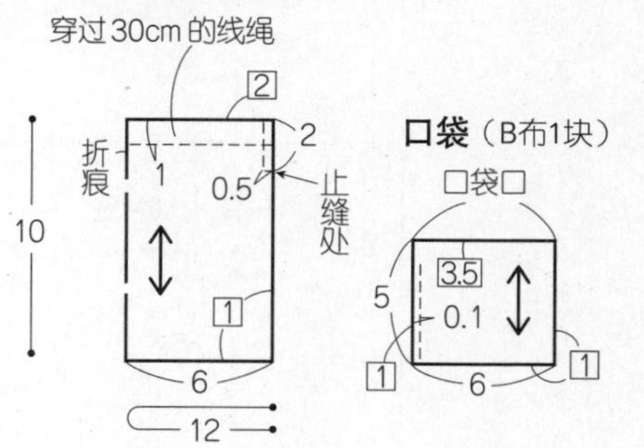

93的制作图

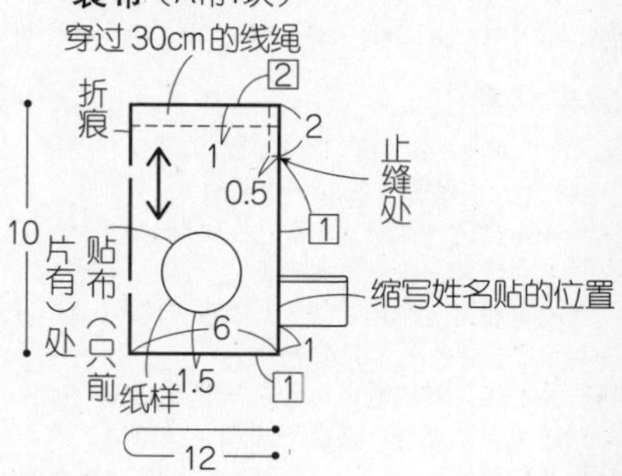

90、91的做法

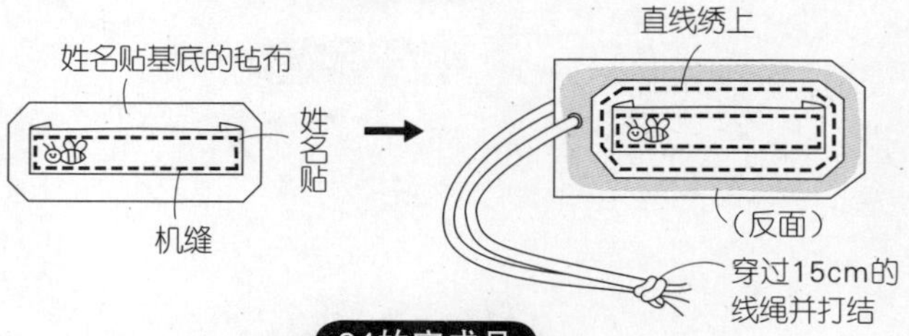

94、95的做法

94的完成品

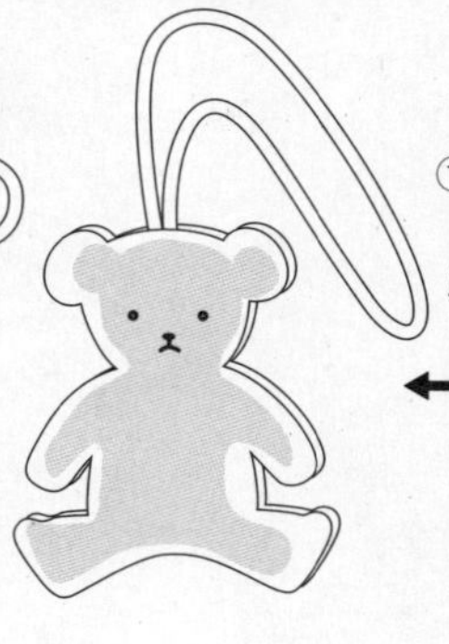

95的完成品

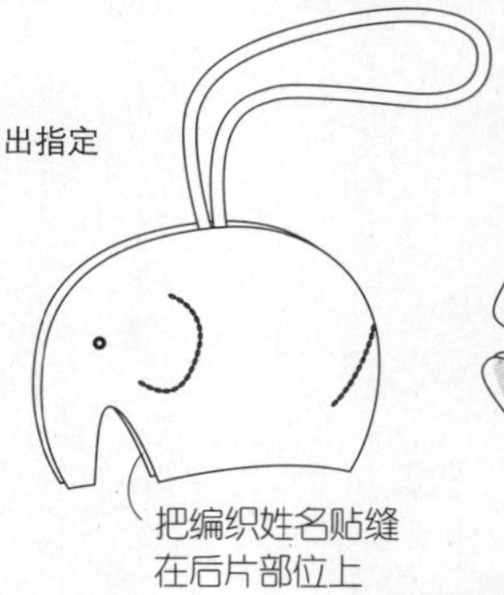

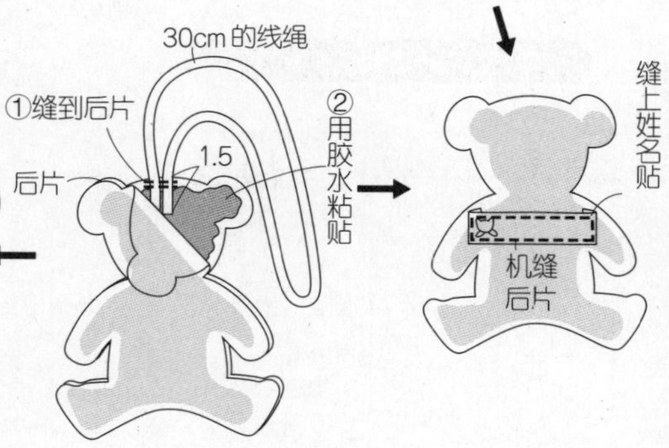

92的做法

制作并缝上口袋。

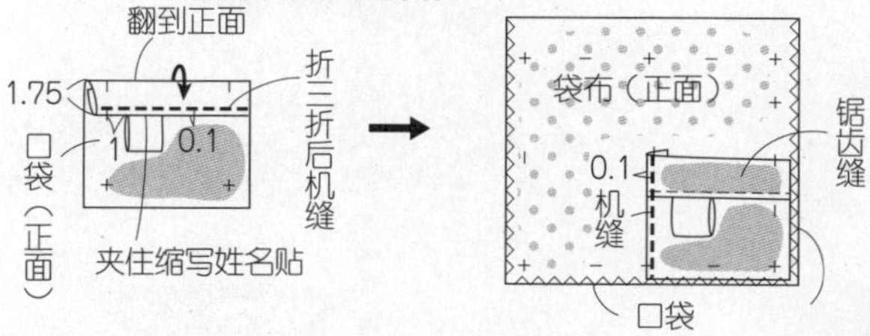

92的完成品

93的做法

◆袋子的做法参见P59的小口袋。

1 制作并粘贴贴布。

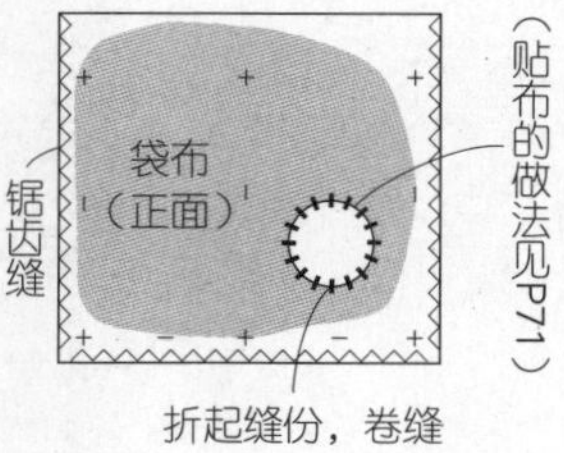

2 缝边线和底部边线。

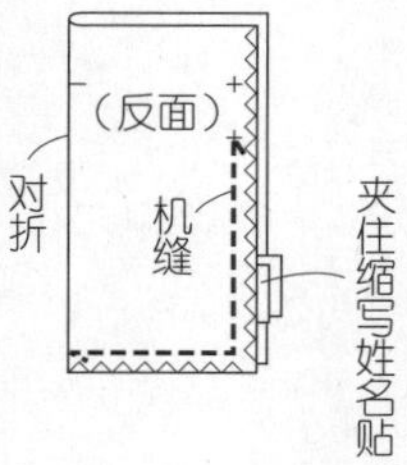

93的完成品

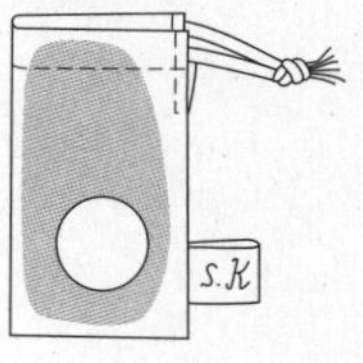

93的贴布图案

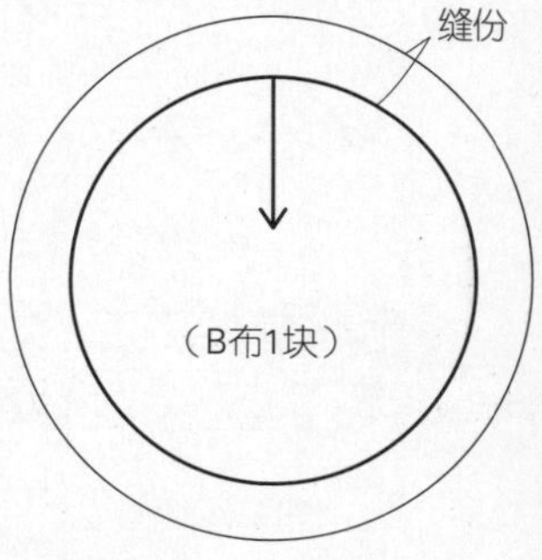

P53 **69、70**

音乐书包

69 的材料

- A布（双面绗缝布）70cm×80cm
- B布（方格纹布）25cm×20cm
- 毡布（白色、茶色、水蓝色）各5cm×5cm
- 毡布（黑色、粉色）各少量
- 25号刺绣线（白色、茶色、黑色、粉色、水蓝色）各少量
- 彩色布带2.5cm×90cm

＊口袋的纸样和实物大小的贴布图案见纸样B面。
＊没有书包的纸样，请自行绘图。
＊袋布使用A布蓝色面，表面的口袋使用A布水蓝色面。

70 的材料

- A布（牛津绗缝布）50cm×80cm
- B布（素色绗缝布）20cm×15cm
- C布（印染小花布）20cm×15cm
- 毡布（深粉色）15cm×15cm
- 25号刺绣线（深粉色、粉色）各少量
- 彩色布带2.5cm×90cm

＊口袋的纸样和实物大小的贴布图案见纸样B面。
＊没有书包的纸样，请自行绘图。

69的制作图

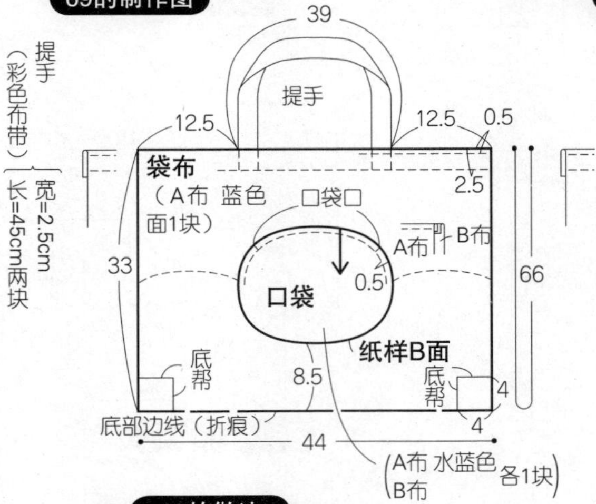

70的制作图

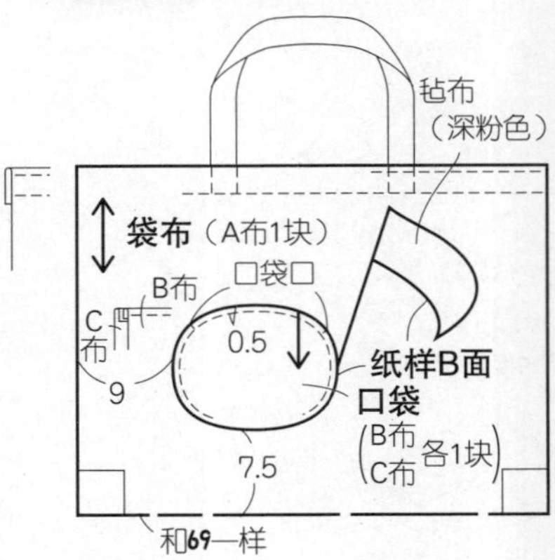

69的做法

1 粘贴贴布，制作口袋。

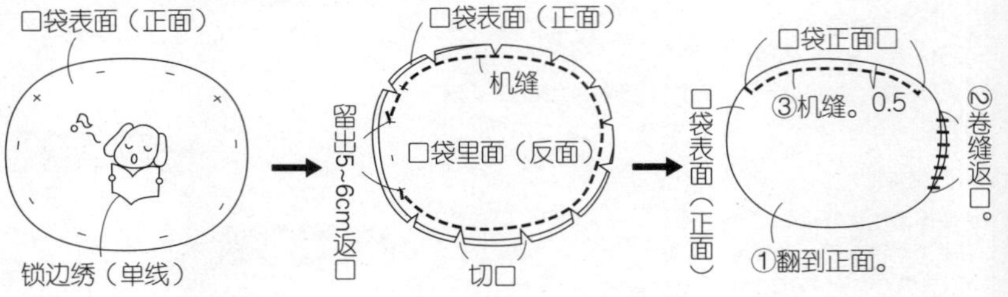

69、70A布的裁剪方法图

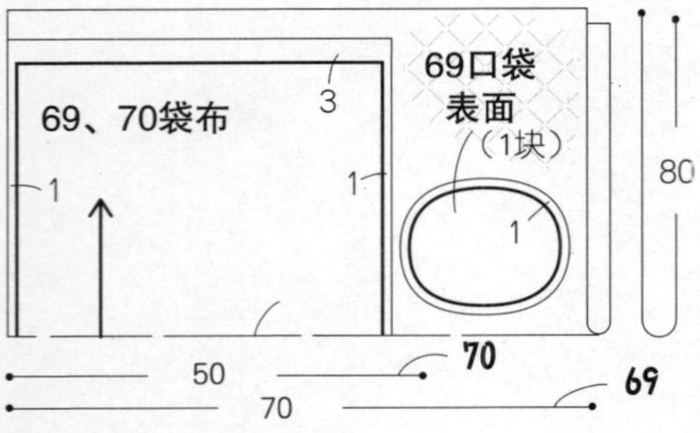

2 缝上口袋。
3 缝上提手。

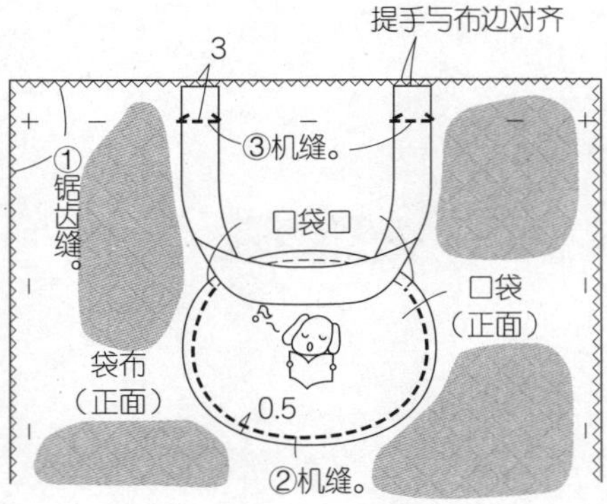

4 缝边线。

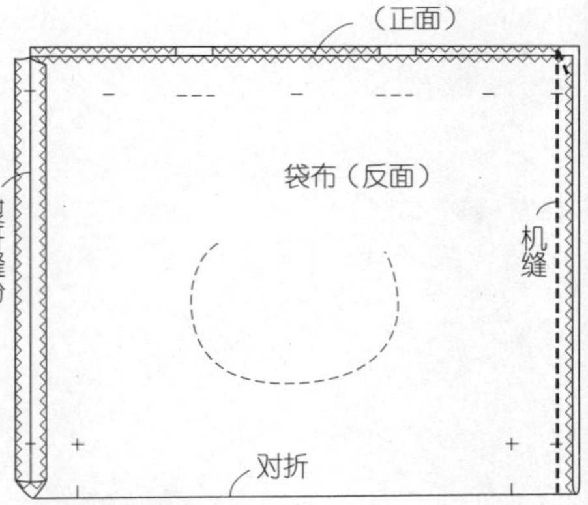

5 缝纫底帮。

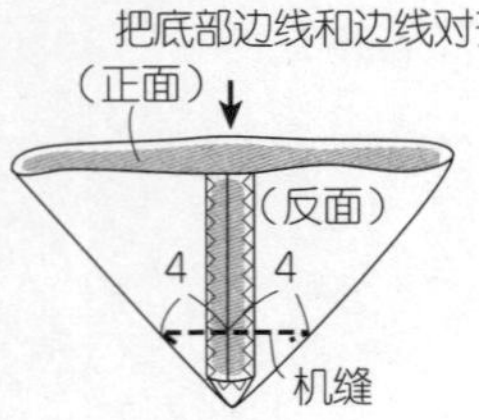

6 缝开口。

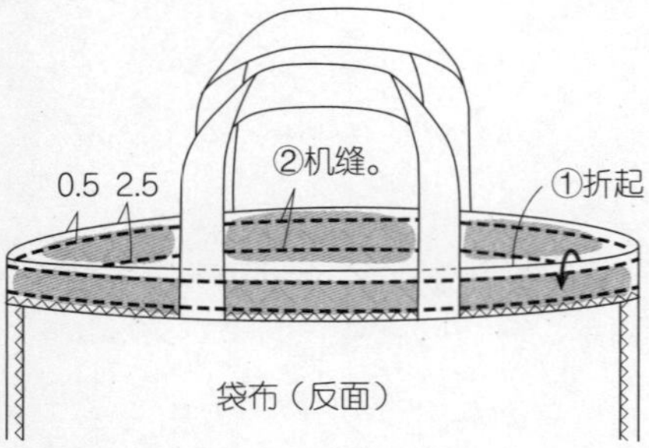

69的完成品

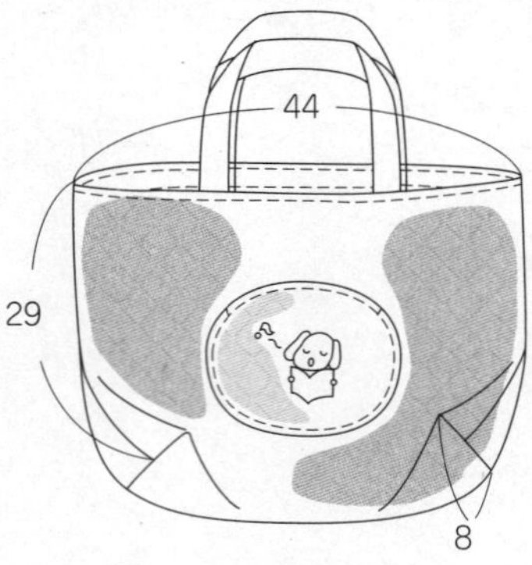

70的完成品

70 的做法参见69

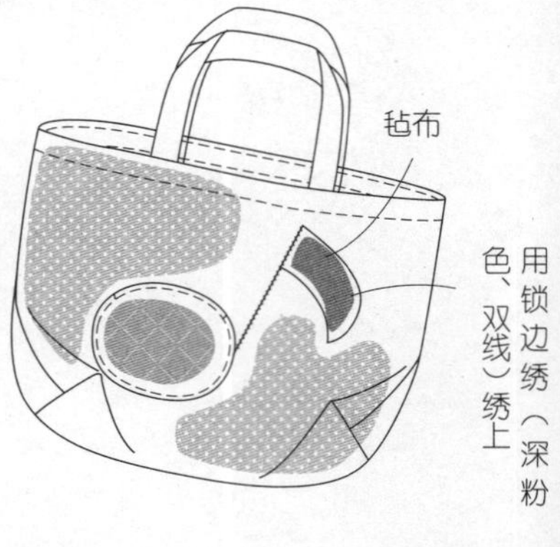

制作前的准备

校正布料

麻质布料在制作过程中熨烫时都会抽缩，是非常容易抽缩的布料。另外，不同的布料在清洗时也会发生不同程度的缩水，所以在制作前一定要校正布料。

校正布料的方法

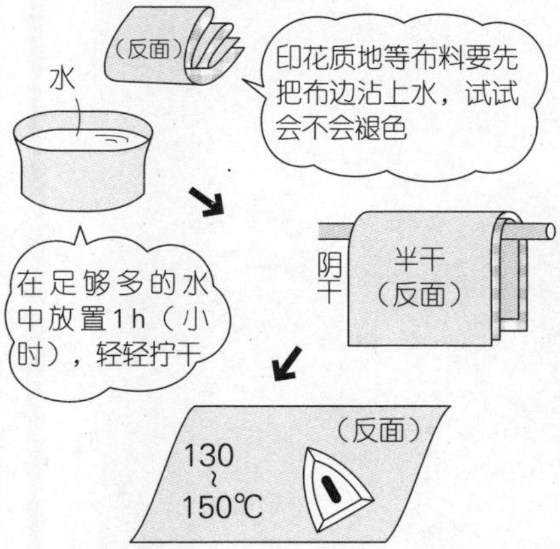

（反面）
印花质地等布料要先把布边沾上水，试试会不会褪色
水
在足够多的水中放置1h（小时），轻轻拧干
阴干
半干（反面）
（反面）
130~150℃

布纹熨烫平整

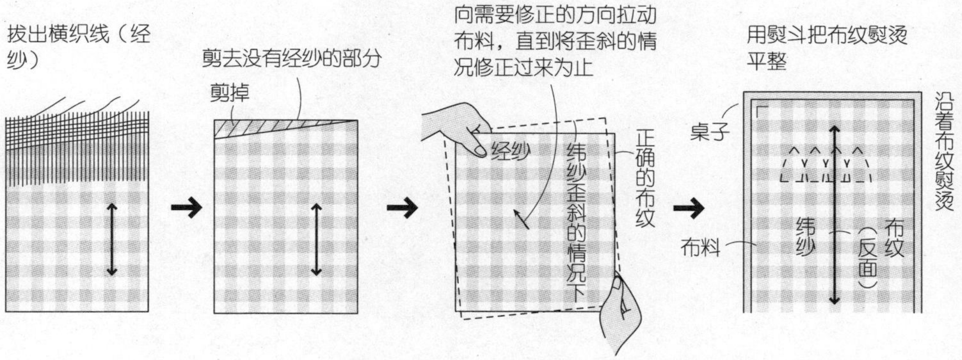

拔出横织线（经纱）
剪去没有经纱的部分
剪掉
向需要修正的方向拉动布料，直到将歪斜的情况修正过来为止
经纱
纬纱歪斜的情况下
正确的布纹
用熨斗把布纹熨烫平整
桌子
沿着布纹熨烫
布料
纬纱
布纹（反面）

布衬的粘贴方法

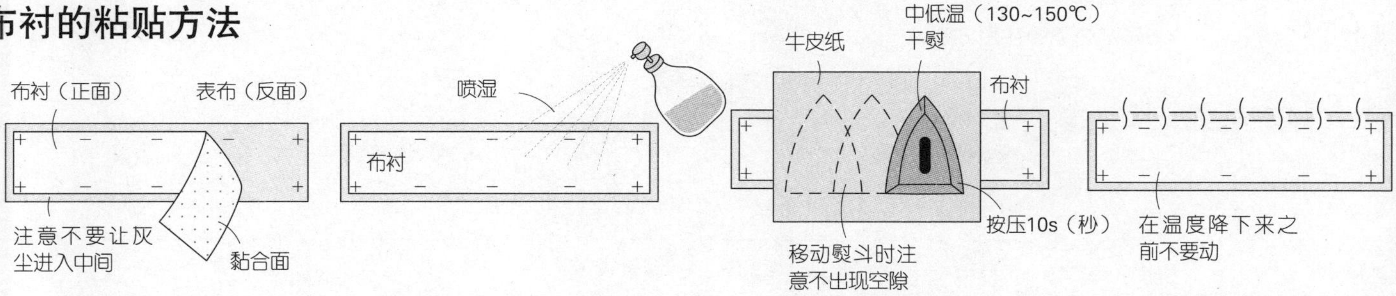

布衬（正面）
表布（反面）
注意不要让灰尘进入中间
黏合面
喷湿
布衬
牛皮纸
中低温（130~150℃）干熨
布衬
按压10s（秒）
移动熨斗时注意不出现空隙
在温度降下来之前不要动

1 把表布反面朝上放在熨台上，把布衬的黏面对准叠放在上面。

2 给布衬喷水。

3 把牛皮纸放在衬上，用130~150℃的干熨斗，用力按压10S（秒）左右。不要横向移动熨斗，而是要把熨斗提起来再移动。熨烫时注意不要出现间隙，使其完全粘贴住。

4 铺好布衬后，为避免脱落，一定要等温度降下来之后再缝制。

★如果布衬贴错了位置，就用蒸汽熨斗熨烫一下，趁热时将布衬揭下，揭下来的布衬无法再次使用。

绗缝材料的处理方法

熨烫

绗缝材料的缝纫部分非常容易出现褶皱，所以在熨烫时要沿着布纹，横向或纵向移动熨斗，整理布纹。

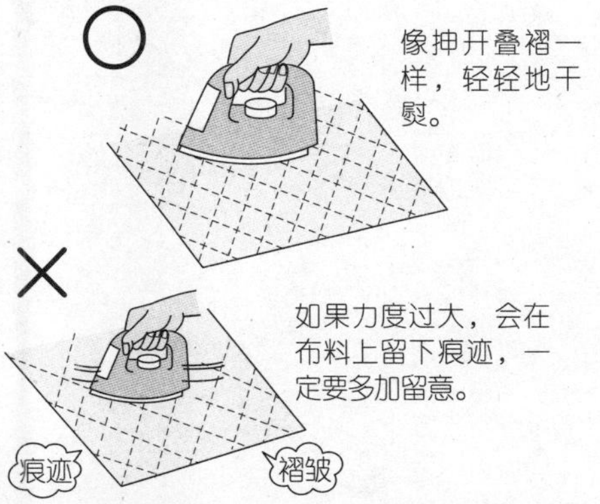

像抻开叠褶一样，轻轻地干熨。
如果力度过大，会在布料上留下痕迹，一定要多加留意。
痕迹
褶皱

裁剪

将布料对折，用珠针固定，以免布料移动。

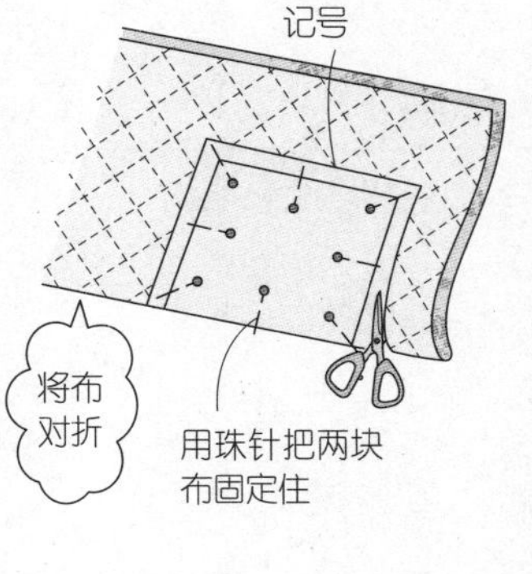

记号
将布对折
用珠针把两块布固定住

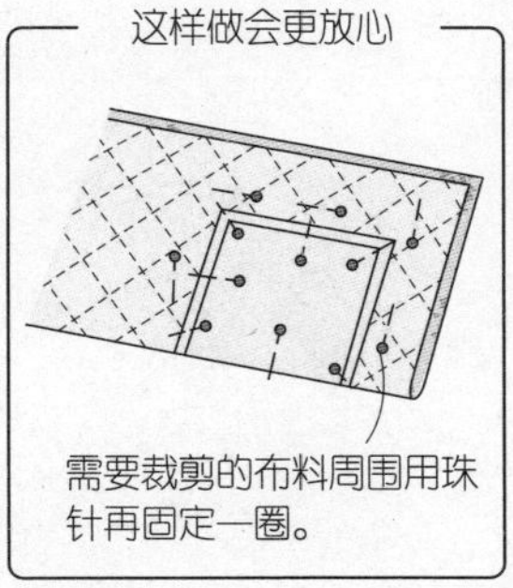

这样做会更放心
需要裁剪的布料周围用珠针再固定一圈。

缝纫

把两块布缝合到一起时，双手用力按住，轻轻推动缝纫机。

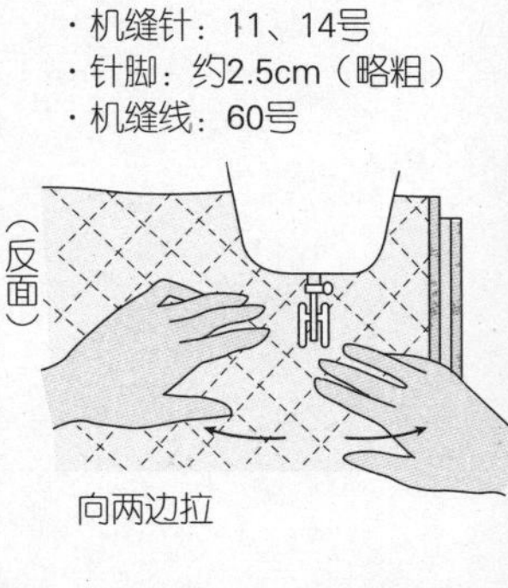

·机缝针：11、14号
·针脚：约2.5cm（略粗）
·机缝线：60号
（反面）
向两边拉

小件物品的测量方法和尺寸的算法

A=纵向尺寸　B=横向尺寸　C=幅宽或余布的尺寸
D=周围的尺寸　○=贴布　●=空余量

放便当

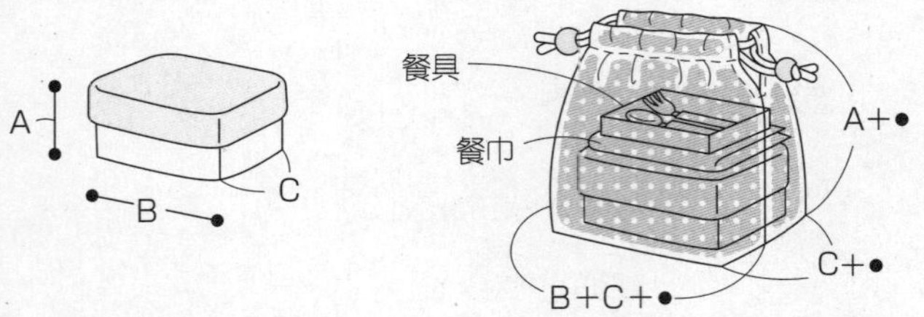

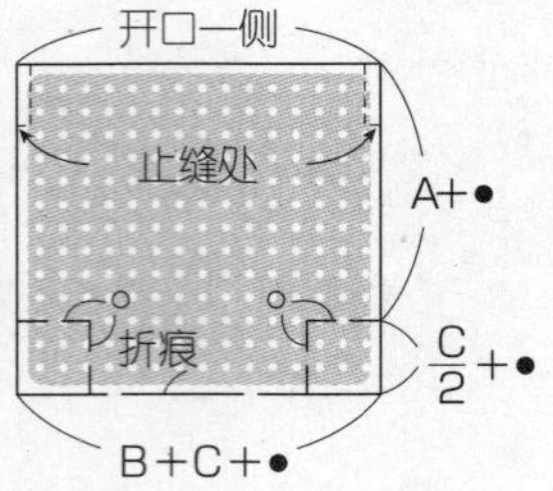

测量便当盒时，最好把餐巾和餐具都放进去一起测量。A的纵向尺寸要加上拉紧开口后的空余量●。

有底帮的书包

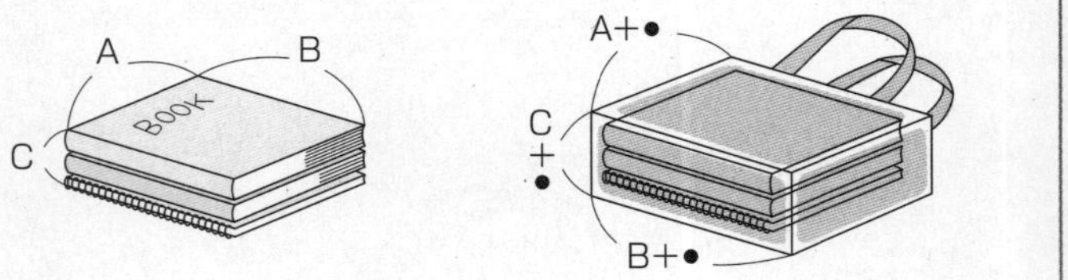

由于书本大小、尺寸都不一样，所以布袋的宽度最好能够自由调整。横向手提袋和纵向手提袋的变换只需将A与B的尺寸对调即可。在高度A上增加缝份部分●就是书包的尺寸（2~3cm）。

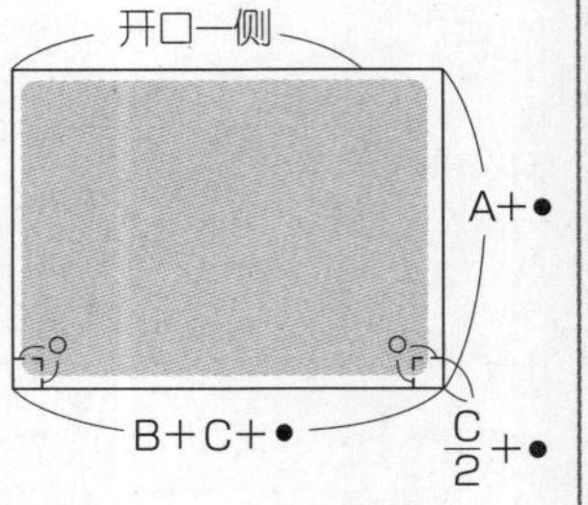

刺绣针法

25号刺绣线的使用方法

25号刺绣线的线头只露出一点，将其拉出至使用的长度（约50cm）后剪断。有色号的那个标签不要拿掉，留在上面。

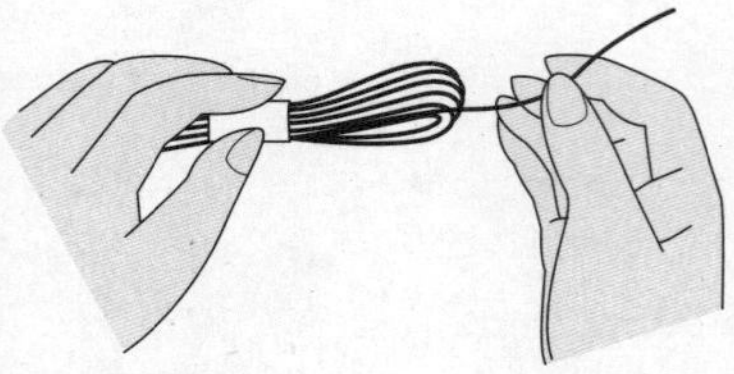

25号刺绣线由6根细线捻成，使用时把细线一根一根分开，按做法要求捻成指定的根数。

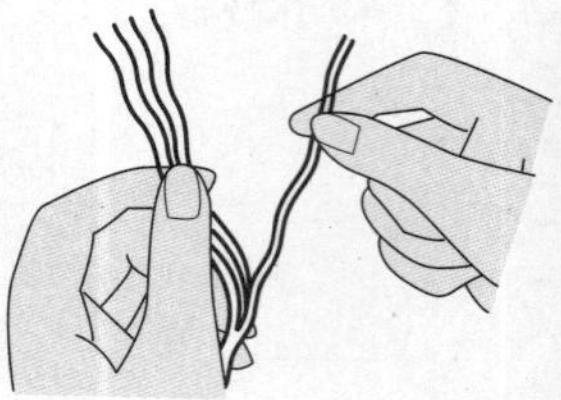

直线绣

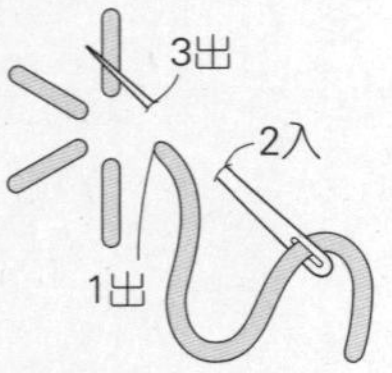

平针绣

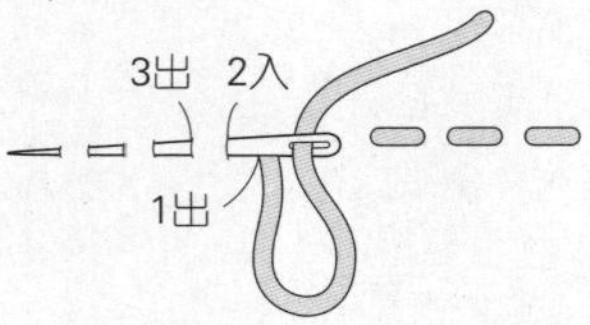

回针绣

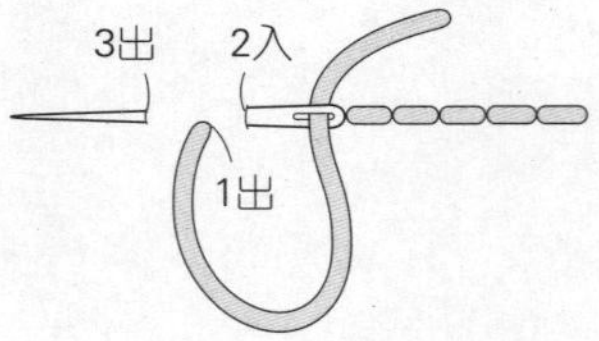

轮廓绣

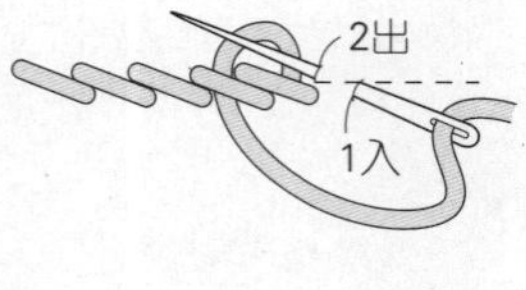

雏菊绣

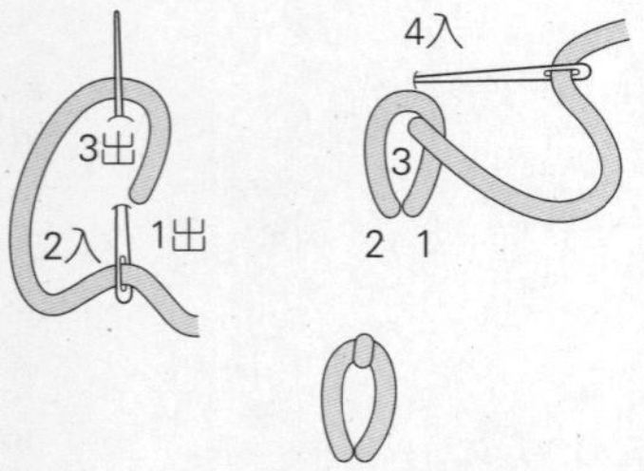

贴边绣

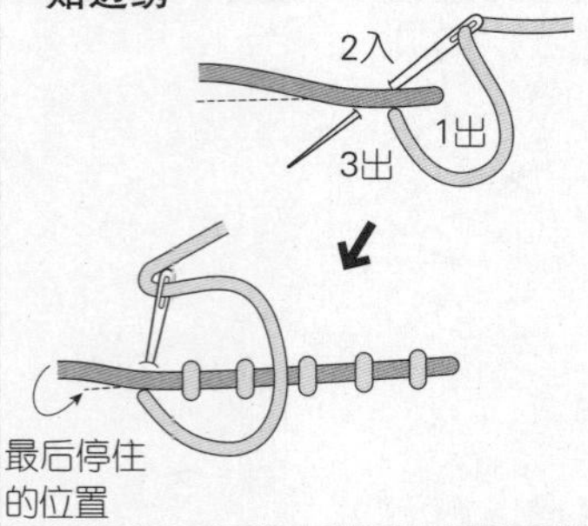

法式结粒绣

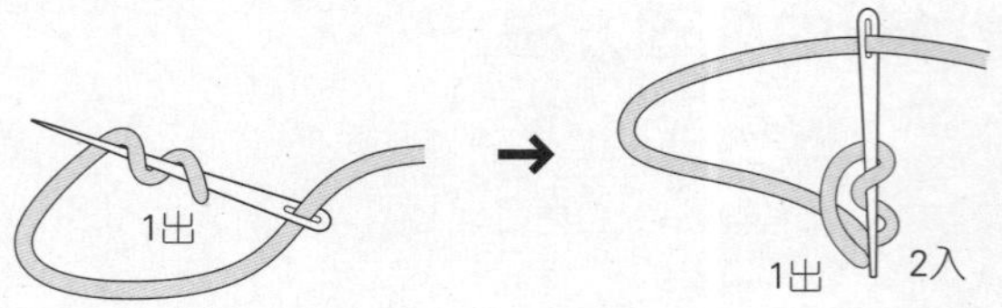

贴布的缝法

纵向卷缝

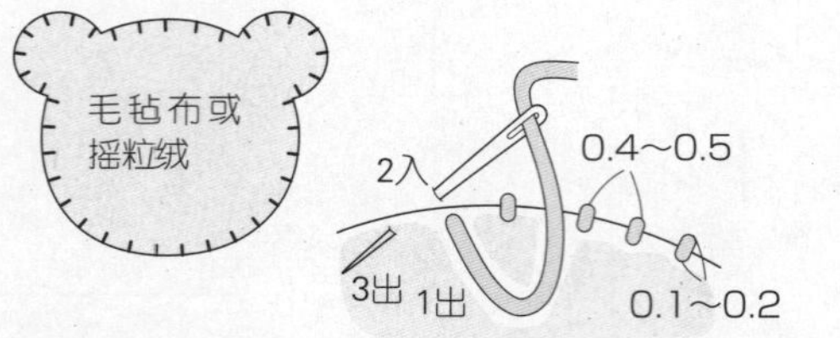

锁边绣

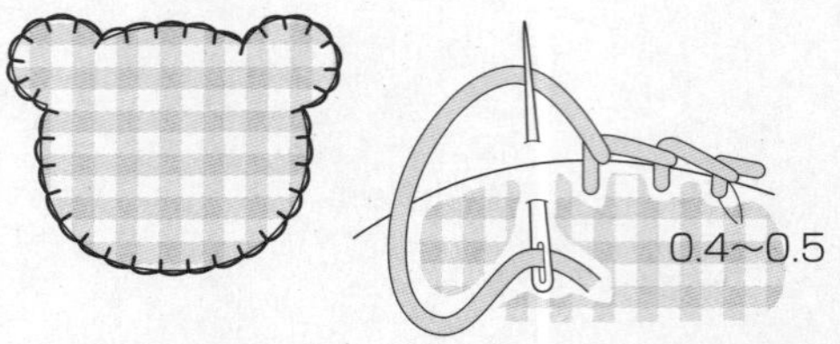

衣服尺寸的测量方法及参考尺寸表

可以参照右边的儿童服装尺寸表为孩子制作衣服。
当然，如果学会实际的测量方法效果会更好。

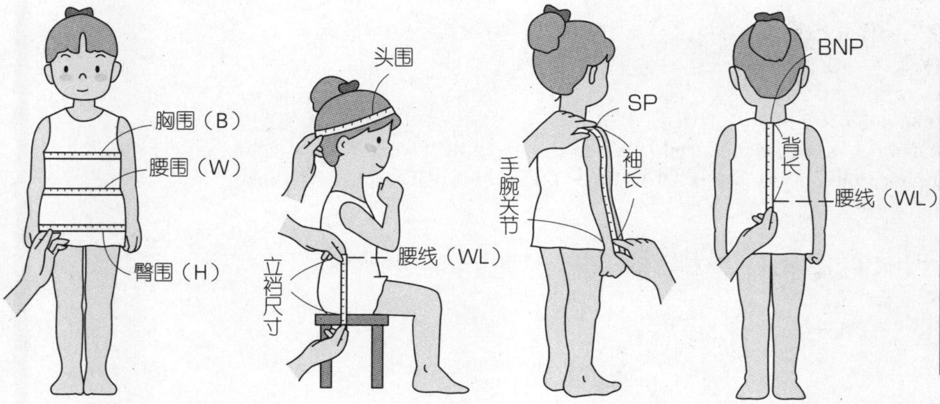

儿童服装参考尺寸表（单位cm）

部位＼年龄	2岁	3岁	4岁	5岁	6岁	7岁	8岁
胸围	52	53	54	56	58	60	62
腰围	49	50	51	52	53	54	55
臀围	52	55	57	59	61	63	66
背长	21	23	25	26	27	28	29
袖长	27	30	32	34	37	39	41
头围	50	52	53	53	54	55	55
身高	90	95	102	108	114	120	126

让孩子自然站立，用卷尺正确测量胸围、腰围、臀围、背长等。

实物大小纸样的使用方法

1 决定要做的作品。

*打开制作方法页，决定纸样或图案刊载在哪一面。
*把实物大小的纸样从切开线剪下来，铺到宽敞的地方。
*确认一下作品的纸样编号是在哪条线上标记，一共分成几张纸样。
※线有重合的时候，用记号笔把所用纸样的线描出来，会更方便。

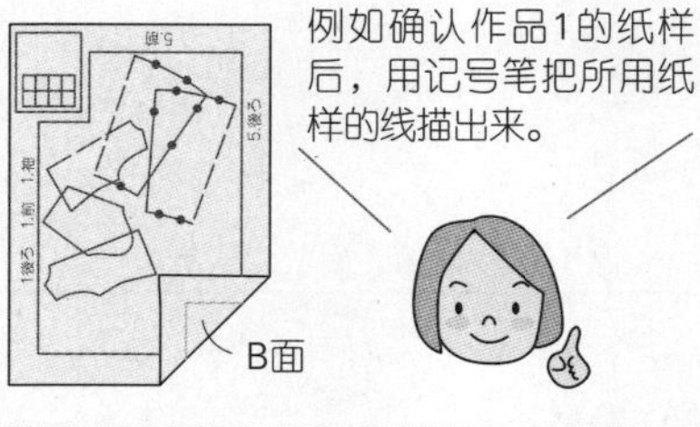

3 裁剪时纸样要加上缝份的尺寸。

*纸样的尺寸都不包括缝份，对照着裁剪方法图把缝份的线画出来。缝份和完成线平行着画。
*下摆线和袖口要留出空白，把缝份折起去剪。

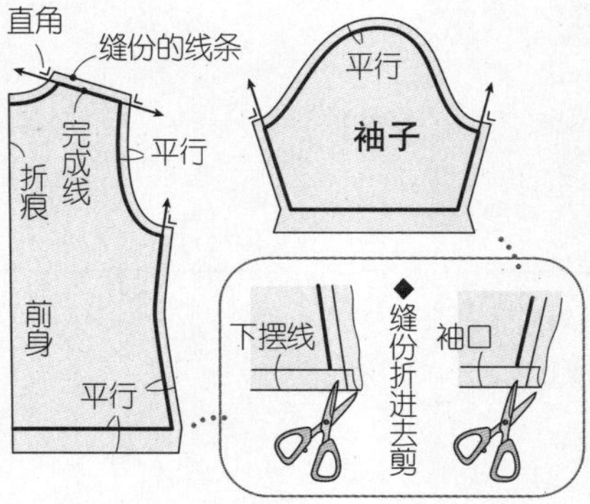

2 把纸样誊写到别的纸上。

誊到不透明的纸上

把纸样放在誊写的纸上，纸划粉夹在中间。用轮盘刀把纸样的线描下来。

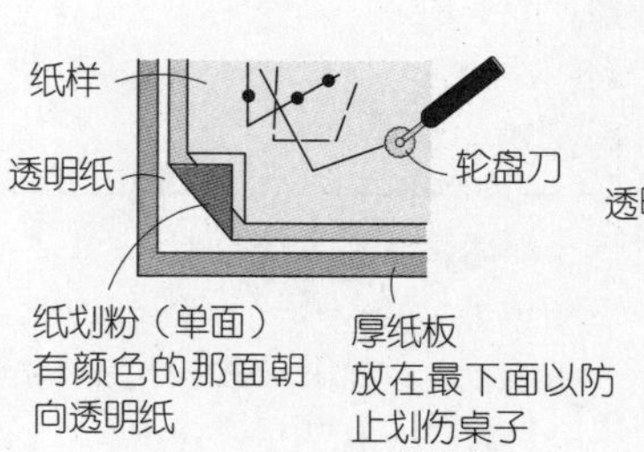

誊到透明的纸上

把透明的纸放在纸样上，用铅笔誊写下来。

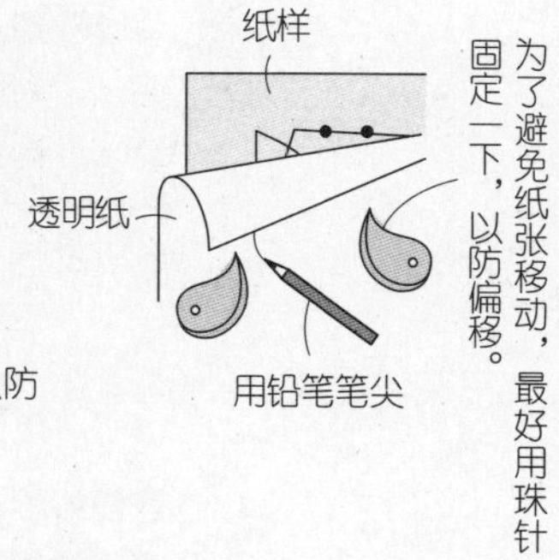

誊写纸样时的注意事项

*为了避免纸张移动，最好用珠针固定，以防偏移。
*“符号”、“布料纹理”等纸样上的文字或印记也不要忘了誊写下来。在最后写上部位名称。

图书在版编目（CIP）数据

宝贝最爱的95款布艺小物/（日）靓丽出版社编著；宋微译. — 郑州：河南科学技术出版社，2012.5

（巧手妈咪教你做）
ISBN 978-7-5349-5521-1

Ⅰ.①宝…　Ⅱ.①靓…②宋…　Ⅲ.①布料－手工艺品－制作　Ⅳ.①TS973.5
中国版本图书馆CIP数据核字(2012)第030706号

策划制作： 北京书锦缘咨询有限公司（www.booklink.com.cn）
总 策 划： 陈　庆
策　　划： 李　伟
装帧设计： 刘　艳

出版发行： 河南科学技术出版社
地址：郑州市经五路 66 号　　邮编：450002
电话：（0371）65737028　65788613
网址：www.hnstp.cn
责任编辑： 刘　欣　刘　瑞
责任校对： 李　琳
印　　刷： 北京旺都印务有限公司
经　　销： 全国新华书店
幅面尺寸： 210mm × 260mm　　**印张：** 6　　**字数：** 110 千字
版　　次： 2012年5月第1版　　2012年5月第1次印刷
定　　价： 29.80元

如发现印、装质量问题，影响阅读，请与出版社联系